国家重点研发计划"东北春玉米产量与效率层次差异
　　形成机制与丰产增效途径"（2016YFD0300103）课题　资助
国家现代农业产业技术体系（CARS-02）

东北春玉米
产量与效率差异及调控

李从锋　王志刚　王永军　等　著

中国农业出版社
北　京

图书在版编目（CIP）数据

东北春玉米产量与效率差异及调控 / 李从锋等著
. —北京：中国农业出版社，2022.12
ISBN 978-7-109-30300-3

Ⅰ.①东… Ⅱ.①李… Ⅲ.①春玉米－栽培技术②春玉米－粮食产量－研究－东北地区 Ⅳ.①S513②F326.11

中国版本图书馆 CIP 数据核字（2022）第 235104 号

中国农业出版社出版

地址：北京市朝阳区麦子店街 18 号楼
邮编：100125
责任编辑：廖　宁　李　辉
版式设计：王　晨　责任校对：周丽芳
印刷：北京通州皇家印刷厂
版次：2022 年 12 月第 1 版
印次：2022 年 12 月北京第 1 次印刷
发行：新华书店北京发行所
开本：787mm×1092mm　1/16
印张：13.75
字数：330 千字
定价：168.00 元

著　者

李从锋　王志刚　王永军　顾万荣

姜　英　赵　明　周文彬　张仁和

齐　华　曹玉军　李克民　孙继颖

任传友　吕艳杰　任　红　徐文华

周宝元　侯　帅　姚凡云　田　甜

粮食生产是安天下、稳民心的战略产业。未来粮食增产和环境安全将主要依靠单产和资源效率的协同提升，缩小不同作物种植系统的单产差距，是进一步提高单产的主攻方向。作物产量差的研究始于 20 世纪 70 年代中期，研究对象为作物光温理论产量、高产纪录产量、试验站产量和农户产量之间的差异。中国学者定量了玉米生产体系产量潜力及产量差的区域特征，确定了影响作物实际产量和生产潜力之间产量差的资源制约因子及限制程度，这对主要粮食作物可持续增产具有重要作用。

近年来，关于作物产量与效率差异的多数研究以不同生产模式或单项技术条件下养分、水分等资源效率差异及其生理机制为主。我国东北春玉米区域内生态类型多样，玉米品种熟期跨度大，旱作雨养区自然资源差异大。这种情况下，不同生态区产量差与效率差的定量特征如何？造成产量与光温肥水效率差异的主控因子有哪些？产量与效率层次差异形成的驱动机制是什么？如何通过技术组合优化消减产量与效率的层次差异？这些问题迫切需要通过系统研究来回答。

"十三五"以来，我们依托国家重点研发计划项目的"东北春玉米产量与效率层次差异形成机制与丰产增效途径"课题、国家现代农业产业技术体系等项目支持，围绕春玉米产量与效率差异定量化、机制解析、途径探索及综合栽培管理开展了系列研究，并将成果汇总成本书。

本书分章节阐述了目前玉米生产现状与限制因素（第一章）、明确了春玉米产量与效率层次差异的定量特征及限制因子（第二章、第三章）、重点讲述了春玉米产量与效率层次差异的光温匹配协调机制、肥水调控机制、耕层驱动机制（第四至六章），分别揭示了产量与效率层次差异的逆境适应机制、同化物运输机制及化学调控机制（第七至九章），最后提出了东北春玉米缩差增效技术及典型案例（第十章）。本书内容上突出了系统性、新颖性和引领性，旨在丰富和发展玉米产量差与效率差研究的相关理论与实践，可为推动我国春玉米丰产增效协同发展提供有益的借鉴。

本书是玉米产量与效率研究的阶段性总结与归纳，由于研究方法及作者水平所限，书中难免会有许多不足之处，希望得到同行的批评与指正。

著　者

2022 年 4 月于北京

【目录】

第一章

玉米生产现状与限制因素

第一节 国内外玉米生产现状与技术特征

一、玉米总体分布

(一)世界玉米生产概况

1. 玉米的用途 玉米是世界上分布较广的作物之一，从北纬58°至南纬35°～40°的地区，均有栽培。20世纪80年代以来，随着高产杂交种的培育、新技术的应用和化肥用量的增加，世界玉米发展迅速。玉米的用途主要有饲用、工业用和食用。玉米主要作为饲料原料消费；其余用于食用、种用和工业消费，工业消费主要用于生产淀粉、燃料乙醇和深加工等，直接食用消费占比不足10%。2017年，持续多年的玉米生产量大于消费量的局势开始逆转，全球玉米消费量大于生产量，全球库存处于消耗阶段。2018—2019年度，全球玉米消费量更创历史新高，消费总量达到11.26亿t。

2. 玉米产量分布 全球玉米总产量从2012年的8.74亿t增长到2019年的11.19亿t，平均年增长率为3.92%，2019年底全球玉米库存为3.29亿t。中长期来看，国际玉米生产形势保持稳定。从主产国分布看，美国和中国仍然是世界两大玉米生产国，分别占全球玉米产量的32.73%和23%。美国玉米播种面积大、单产高，奠定了其玉米总产第一大国的地位。我国玉米单产在全球位于中等偏上水平，种植面积居全球首位，总产量居全球第二位。

全球玉米生产呈现分散分布的发展趋势，巴西、阿根廷等国潜力较大。从主产国的玉米生产看，美国和中国均因种植面积基本稳定，总产量占全球玉米产量的比重都有所降低。巴西、阿根廷和乌克兰玉米产量比重均呈现增长趋势，具有较大的发展潜力。其中，2019年巴西玉米产量占比为8.94%，这主要是因为巴西全年气温适宜，玉米种植一年两季且单产提高较快，2019年单产同比增长15.6%。阿根廷则是因为种植面积大，政策扶持力度大，2019年单产增产35.1%。丰富的黑土资源则为乌克兰的玉米生产提供了巨大潜力，2019年单产增长44.1%。

（二）我国玉米生产现状与分布

1. 我国玉米生产现状　2010—2020 年，我国玉米年均需求增长率为 3% 左右。为满足畜禽产业、深加工业发展，预计今后我国玉米需求年增长率仍将保持在 2% 左右。按年增 600 万 t 计，预计 2025 年玉米需求将达到 3 亿 t 以上。近年来，我国玉米生产供给稳定，面对需求增加，总体上能保持 95% 以上的自给率。如果考虑燃料乙醇等受国际形势和我国政策变化影响，未来 5～10 年玉米消费需求将会有很大的不确定性。

随着国内居民收入水平提高，对肉蛋奶需求增加，我国畜牧养殖业持续发展，饲用玉米消费需求也呈现增长趋势。我国玉米用途以饲用消费和工业原料加工为主，食用消费和种用消费所占比重较小且基本稳定。21 世纪以来，随着经济持续增长和畜牧业发展，我国饲用玉米消费持续较快增长。预计 2025 年，国内玉米饲用消费将增加到 2 亿 t 以上。近年来，玉米深加工行业新建扩建项目较多，深加工产能已达约 1.2 亿 t，并且还在继续扩大，进一步刺激了玉米的工业消费。

2. 我国玉米生产分布　我国幅员辽阔，玉米的分布极广。东至台湾和沿海各省，西至新疆及西藏，南至北纬 18° 的海南岛，北至北纬 53° 的黑龙江黑河以北地区都有栽培。但主要集中分布在东北、华北和西南山区，大致形成一个从东北向西南的斜长形地带。在这一地带内包括黑龙江、吉林、辽宁、河北、山东、河南、山西、陕西、四川、贵州、广西和云南 12 个省份，其播种面积占全国玉米总面积的 80% 以上。在这个斜长形地带以外，新疆内陆灌溉区和东南沿海江苏、浙江等省的丘陵山区玉米分布也比较集中。根据各地的自然条件、栽培制度等，全国可以划分为以下 6 个玉米区。

（1）北方春玉米区。本区大部分位于北纬 40° 以北，包括黑龙江、吉林、辽宁、内蒙古、宁夏及河北、陕西两省的北部，山西的大部分和甘肃的一部分地区。这是我国玉米主要产区之一，约占全国玉米播种面积的 40%。

本区属寒温带湿润或半湿润气候。无霜期短，冬季温度低，夏季平均气温在 20 ℃ 以上，平均年降水量在 500 mm 以上且降水量的 60% 集中在夏季，可以满足玉米抽雄灌浆期对水分的要求，但春季蒸发量大，容易形成春旱。本区由于玉米生育期间雨水充沛，温度适宜，日光充足，就构成了玉米高产的自然因素。

本区玉米栽培制度基本上为春播一年一熟制，以玉米单种、玉米-大豆轮作为主要栽培方式，但南部地区有向一年两熟制发展的趋势。

（2）黄淮平原夏播玉米区。本区位于淮河秦岭以北，包括河南、山东全省，河北中南部、陕西中部、山西南部，以及江苏、安徽北部，是我国最大的玉米产区，约占全国玉米播种面积的 35%。

本区属温带半湿润气候。除个别高山地区外，每年 4—10 月的日平均气温都在 15 ℃ 以上。全年降水量 500～600 mm。日照多数地区在 2 000 h 以上。本区由于温度较高，无霜期较长，日照、降水量均较充足等，适于玉米栽培。

本区玉米栽培制度，主要有 2 种栽培方式。一是一年两熟制（冬小麦-夏玉米），在山东、河南、河北省南部和陕西省中部地区多采用此方式；二是两年三熟制（春玉米-冬小麦-夏玉米），在北京、保定附近，由于气温较低，冬小麦播种期早，多采用此方式。

（3）西南山地丘陵玉米区。本区东界从湖北襄阳向西南到宜昌，入湖南常德南下至邵阳，经贵州到云南，北以甘肃省的白龙江向东至秦岭与黄淮平原春、夏播玉米区相接，西与青藏高原玉米区为界。本区包括四川、云南、贵州全省，湖北、湖南省西部，陕西省南部，甘肃省的小部分。本区亦为我国主要的玉米产区之一，约占全国玉米总播种面积到 5%。

本区属亚热带、温带的湿润和半湿润气候，各地因受地形地势的影响，气候变化较为复杂。除个别高山外，4—10 月的日平均气温均在 15 ℃以上。玉米生长的有效期一般都在 205 d 以上，南部及低谷地带多在 300 d 左右，即使在高山地带玉米生育期也超过 100 d 以上。全年降水量在 1 000 mm 左右，多集中在 4—10 月，雨量分布比较均匀，有利于多季玉米栽培。但阴天过多（一般在 200 d 左右）、日照不足，是本区玉米栽培的主要不利因素。

本区栽培制度因受地理环境的影响，主要有以下 3 种栽培方式：一是高山地区以一年一熟春玉米为主。二是丘陵地区以两年五熟的春玉米或一年两熟的夏玉米为主。三是平原地区以一年三熟的秋玉米为主。其中，两年五熟制、一年两熟制是本区的主要栽培方式。

（4）南方丘陵玉米区。本区北与黄淮平原春、夏播玉米区相连，西接西南山地丘陵玉米区，东南接东海、南海，包括广东、广西、浙江、福建、台湾、江西全省，江苏、安徽两省南部，湖北、湖南两省东部。本区为我国水稻主要产区，玉米栽培面积不大，约占全国玉米总播种面积的 5%。本区属亚热带、热带的湿润气候。其气候特点是气温高、霜雪少、生长期长。一般 3—10 月的平均气温在 20 ℃左右，适于玉米生长的有效温度日数在 250 d 以上。年降水量多，一般均在 1 000 mm 以上，有的地方达到 1 700 mm 左右。这些气候条件有利于多季玉米的发展。本区玉米栽培制度，过去以一年二熟制为主，改制后在部分地区推广秋玉米。

（5）西北内陆玉米区。本区东以乌鞘岭为界，包括甘肃河西走廊和新疆全部。玉米播种面积约占全国玉米总播种面积的 10%。

本区属大陆性气候。气候干燥，全年降水量在 200 mm 以下，甚至有的地方全年无雨。温度在北疆及甘肃河西走廊较低，但 4—10 月的平均气温均超过 15 ℃；南疆和吐鲁番盆地温度较高，4—10 月的平均气温多在 20 ℃以上。日照充足，生长期短。本区栽培制度以一年一熟春玉米为主。

（6）青藏高原玉米区。包括青海和西藏，以畜牧业为主，玉米栽培历史短，播种面积小。根据近年来生产情况，玉米表现高产，今后颇有发展前途。本区因海拔高，地势复杂，气候差别很大。一般高山寒冷，低地温和雨量分布不匀，南部在 1 000 mm 以上，北部不足 500 mm。生长期在 120～140 d。

（三）我国玉米生产环境形势分析

我国耕地面积、质量下降，气候变暖导致降水结构变化，农业水资源匮乏，生产资源约束加剧。2010 年来，我国耕地面积呈现稳定增长趋势。但随着城市化进程加快，自 2015 年起增速放缓，2018 年以来出现下降趋势，且现有耕地质量普遍下降，黑土层变薄、土壤酸化、耕作层变浅等问题凸显，东北黑土耕作层土壤有机质含量下降 1/3，部分地区下降 50%。

气候变暖也是生产资源约束的重要方面。自 1951 年以来，我国地表年平均气温每 10 年上升 0.24 ℃。气候变暖导致降水结构出现变化，年平均雨日总体呈下降趋势，主要是小雨日数减少比较明显，而暴雨日数反而呈现增加趋势，这也增加了干旱、涝害等极端天气发生的风险。

农业用水资源短缺也影响了玉米生产。近 60 年来，我国人均水资源占有量仅为世界平均水平的约 1/4，特别是近年来极端气候频发，农业供水总量已连续多年呈现下降趋势。

化肥施用量呈现持续减少趋势。2018 年我国农用化肥施用总量为 5 653.4 万 t，较 2015 年历史最高点减少近 370 万 t，降幅超过 6%。其中，氮肥减少总量较钾、磷肥更高。但与美国、欧洲等发达国家相比，我国化肥利用率差距明显。以单位面积氮肥施用量为例，2008—2017 年，我国氮肥施用量为 240 kg/hm²，是美国施用量的 4 倍、欧洲的 5 倍。

二、区域产量水平差异

1. 世界玉米产量水平差异　对世界各地的玉米产量提升空间的对比研究结果表明，发达国家由于栽培管理水平相对较高，玉米产量提升空间较小。在非洲热带玉米种植区，由于栽培管理条件较差，养分严重缺乏，水分胁迫及病虫害的影响，造成玉米产量很低，玉米产量的提升空间高达 80% 以上（Lobell D B，2009）。与玉米相比，小麦和水稻的灌溉条件较好，目前产量已经接近其最高产量（潜在产量），产量的提升空间较小。例如，印度北部地区灌溉小麦的产量提升空间为 5%～56%（FAO，2003）。孟加拉国、中国、印度、印度尼西亚、尼泊尔和缅甸灌溉水稻的提升空间分别为 15%、22%、39%、17%、16% 和 18%（Duwayri M，2000）。中国早稻、单季稻和晚稻的产量提升空间分别为 20%、17% 和 27%（Zhu D，2000）。

2. 我国玉米产量水平差异　近年来，我国对有关"中国主要作物产量差"开展了一些研究工作，取得了有意义的进展。这些研究定量了东北春玉米、华北冬小麦-夏玉米和南方水稻生产体系产量潜力及产量差的区域特征（Wu D，2006；Liang W，2011；李克南，2012；王静，2012），确定了影响作物实际产量和生产潜力之间产量差的资源制约因子及限制程度（王纯枝，2005；陈健，2008；刘建刚，2012；侯鹏，2013）。主要研究结果表明，东北地区春玉米的实际产量仅达到潜在产量 50% 左右，通过增加投入，提高技术水平等措施可以提升的产量空间为 5 t/hm²。在年降水量小于 500 mm 的地区，水分是限制当地玉米产量的主要限制因子，当降水量增加到 500～700 mm 时，水分不再是限制玉米产量的主要限制因子；而在年降水量高于 700 mm 的地区，水分已经不再是限制当地玉米生产的因子（Liu Z，2012）。华北地区、西北地区和华南地区玉米潜在产量与实际产量间的产量差相对值均大于东北地区（高于 50%），全国平均来看，玉米潜在产量与实际产量之间的产量差约为 55%（Meng Q，2013）。

3. 作物产量差限制因素分析　在过去的几十年中，全球玉米产量呈现增加的趋势，对美国玉米产量增加的原因分析结果表明，自 20 世纪 30 年代以来，美国玉米产量增长的 40％～50％归功于农田管理、肥料和栽培技术的提高，50％～60％归功于玉米杂种优势的利用（Duvick D N，1999；Duvick D N，2005）。对产量提升有重要贡献的栽培管理措施包括施肥量、灌溉量、播种密度的增加和机械化程度的提高等等（Egli D B，2008）。在解析产量差限制因素时，应将田间试验方法、数理统计方法和作物生长模型相结合，充分利用作物生长模型的优势，设置不同的情景，依次解析不同要素对作物产量的限制程度，并结合实际生产对其研究结果进行验证。

三、玉米生产技术体系限制因素

1. 玉米生产体系和经营体系分析　我国玉米生产体系和经营体系形式不足主要体现以下方面。

第一，生产高度分散，经营规模过小。我国玉米生产经营方式和手段普遍落后，商品率低，没有形成规模优势，表现为粗放、分散、家庭式的小规模生产方式。我国农户玉米耕种规模过小和非农就业增加导致农户玉米种植收入占家庭收入中的重要性越来越低。虽然随着近期我国土地流转和农业社会化服务的发展，我国玉米的经营面积开始呈现上升趋势，但这种趋势依然较为缓慢，我国户均玉米经营面积依然显著低于美国等土地资源丰富的国家，也低于欧洲许多国家。

第二，现阶段我国玉米生产主要以农民家庭为主，由于我国人多地少，在玉米产区，平均每个农户只能提供 1 t 左右商品玉米；而美国每个农业劳动力平均播种玉米面积 2 600 多亩*，收获玉米达 1 500 t。与农业发达国家相比，我国玉米生产明显缺乏规模效应。我国高度分散的小农经营组织方式既不利于玉米单产水平提高，还导致采用新技术增加的效益总量有限，在技术上严重影响我国玉米生产农艺标准的统一和农业机械化推进，影响我国农业生产水平提升。

第三，生产组织化程度低，集约化程度不高。玉米生产组织化程度与规模化种植有关，但二者又非等同。目前，我国通过土地流转使得规模化经营取得了一定进展，但是现实中很多经营主体依旧各自独立，玉米生产的组织化程度依然不高。区域内社会化服务难以满足经营主体产前、产中和产后各种服务要求，难以实现更大规模的玉米生产田间作业甚至管理。

第四，在农村劳动力农业投入机会成本不断上升的情况下，农户对玉米生产投入和新技术采用的积极性持续下降，粗放经营问题越来越严重，农户缺乏采用新技术的积极性，许多新技术无法得到大面积推广，生产的集约化程度也受到严重制约。

2. 玉米单产竞争力比较　与世界各国相比，我国玉米在市场竞争形势方面的不足主要体现在单产优势不明显、生产成本过高、机械化水平不足和品种质量较低等方面。

第一，我国玉米单产明显低于西班牙和美国等国。根据联合国粮农组织的数据，2018 年我国玉米单产为 407 kg/亩，略高于阿根廷（406 kg/亩），但明显低于西班牙和美国，

---

　　*　亩为非法定计量单位，1 亩＝1/15 公顷。——编者

分别只有西班牙玉米单产（795 kg/亩）和美国玉米单产（791 kg/亩）的 51.1%和 51.5%。

第二，我国玉米生产成本明显高于美国，市场竞争力弱。2008 年以来，我国农村劳动力成本上升、玉米临时收储政策托市价格、规模经营导致地租上升等因素导致我国玉米市场价格和生产成本持续上升，市场竞争力持续大幅下降。即便 2015 年后玉米价补分离政策的实施生产成本和价格都大幅回落，2017 年我国玉米单产产品总成本仍然高达 1.98 元/kg，远高于美国 0.96 元/kg。

第三，我国玉米生产人工投入过高，机械化水平不足。人工投入过高会导致生产成本上涨，而机械化程度低则会制约玉米单产提升。我国玉米人工成本远高于美国，机械投入占比低。2013—2017 年，我国玉米生产人工成本占比均超过 43%，而美国只有 4%左右；机械成本占比我国只有 14%，美国则达到了 30%。我国人工成本大幅上升、机械投入占比较低是我国玉米生产成本过高和竞争力低下的最主要原因，机械化节本增效作用亟须强化。

第四，我国玉米品种单一，质量不高。目前我国生产的基本都是普通玉米，适合食品加工和工业加工的特用玉米较少。我国玉米专用化选育和加工利用方面刚刚起步，食用玉米品质较差，农村普遍用玉米原粮做饲料，深加工玉米比例不到 10%。与美国等玉米大国相比，我国玉米商品品质的稳定性和一致性不高，玉米籽粒容重不合格率占 1/3，收获期含水量高，在收储、运输中会造成玉米质量不稳定。

第二节 玉米产量-效率差异研究方法与进展

一、玉米产量差与效率差的概念

产量差研究始于 20 世纪 70 年代中期。1974 年，国际水稻研究所（IRRI）从亚洲 6个国家抽调研究人员组成了一个工作小组，致力于水稻生产力的限制因子研究，并在孟加拉国、印度、印度尼西亚、巴基斯坦和菲律宾等亚洲 6 国开展了产量差的系列研究，Barker 等发表了该研究组的研究结果（Barker R K，1979）。产量差（yield gap）的概念是 De Datta 在 1981 年首先明确提出的，在此概念中产量差被定义为农田实际产量与试验站潜在产量的差距，将产量差分成 2 个等级，产量差 I 是试验站潜在产量和潜在农田产量之间的产量差，造成该产量差的主要原因是一些不可能应用到田间的技术和环境因子的限制，产量差 II 是潜在农田产量和农田实际产量之间的产量差，造成该产量差的主要因素是生物限制和社会经济限制，前者包括品种、病虫草害、土壤、灌溉及施肥等因素，后者包括投入产出比、政策、文化水平及传统观念等因素（图 1 - 1）（De Datta S K.，1981）。Fresco 进一步完善了产量差概念模型的内涵，除用"潜在田块产量"的"技术上限产量"概念外，又引入了一个"经济上限产量"的概念（Fresco L O.，1984）。而后，De Bie 在2000 年详细总结了不同定义下的各级产量差，并对各级产量差的主要限制因子进行了分类，加入"模拟试验站潜在产量"，分为两大部分内容，一个是在试验站水平上，一个是在农田水平上，主要有 3 个产量差等级（图 1-2）（De Bie，2000）。

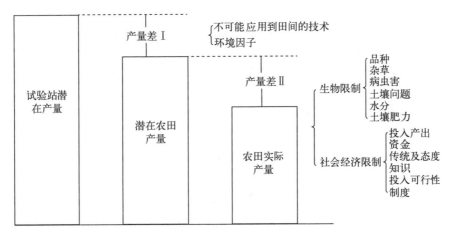

图 1-1　产量差定义及其主要限制因素（De Datta，1981）

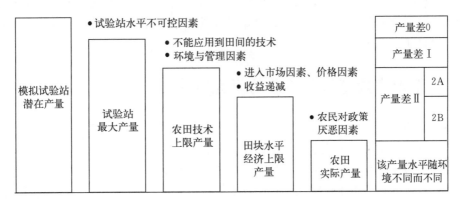

图 1-2　部分产量差及其主要限制因素（De Bie，2000）

Lobell 和 Ivan Ortiz-Monasterio 于 2006 年又提出了新的定义，即田块产量差为农户田块最高产量与平均产量的差距（Lobell D B，2006）。因此，随着研究的逐步深入，产量差研究的内涵也在逐渐丰富。产量差概念发展至今，虽然众多学者都对其做了不同的定义及阐述，但总体而言，一般可以分为 4 个等级的产量水平（刘志娟，2013）。最大产量水平为潜在产量（potential yield），即作物在良好的生长状况下，不受水分、氮肥限制及病虫害的胁迫，并采用适宜作物品种获得的产量（Evans L T，1999；Grassini P，2009）。潜在产量代表一个地区作物基于适宜的土壤在较高管理水平下由光温条件所决定的产量。在既定的区域内，潜在产量即为该地区作物产量的上限。其次为可获得产量（attainable yield），是指确定的时间、确定的生态区，采用无物理、生物或经济学障碍下的最优栽培管理措施，试验田所获得的产量（van Ittersum M K，1997；Abeledo L G，2008）。农户潜在产量（potential farm yield），是指在现有农户栽培水平下，可以获得的最大产量。即假设农户不考虑各种市场因素及政策条件下，将现有栽培管理措施应用到所获得的最佳产量（De Datta S K，1978）。该产量可反映目前栽培水平下的产量潜力，即可以达到的最大产量。最后一个等级为农户实际产量（actual farmyield），是指一定区域内农户实际产量的平均状况，反映了在当地气候条件、土壤、品种以及农民实际栽培管理措施下获得的产量。针对这 4 个产量，可将产量差分为 3 个等级。分别为潜在产量与可获得产量的产量差、可获得产量与农户潜在产量的产量差、农户潜在产量与农户实际产量的产量差（刘志娟，2013）。

高投入带来的资源浪费和土壤酸化、温室气体排放量增加等严重的环境问题让我们意识到，在缩小产量差的同时，缩小效率差也不容忽视（Liu H，2016；Altieri M A，1996）。现阶段，农户为获得高产往往投入大量的水肥，多是高投入、高产量、低效率的模式，不仅不能发挥资源效益，还会带来环境代价。所以，农业生产必须从获得高产的目标转变为实现高产和高效相协同的目标，实现粮食增产和资源可持续发展（Shen J，2013）。国内学者对产量差与效率差协调缩减机制与途径展开大量研究（Fusuo Zhang，2012；Jin L，2012）。研究表明，通过优化栽培措施可以协同提高产量和肥料利用率，对农户栽培模式在密度、施肥量和施肥方式上进行优化，能够缩减产量差和效率差，实现增产 15%、增效 20%（王洪章，2019；杨哲，2018）。缩减产量差和效率差可以全面提升粮食作物生产能力和对资源的利用效率，产量差和效率差缩减技术途径研究成为促进粮食作物产量增加的迫切需要。

二、玉米产量差与效率差的研究方法

产量差研究分析中，通常是对不同生产水平之间的差异进行特定环境分析，不同生产水平包括潜在生产力、水分限制下的生产力、养分限制下的生产力和实际生产力。作物潜在生产力主要取决于作物属性及环境因素，只有在理想条件下才能获得作物的潜在生产力（Kropff M J，1994）。由于作物在生长季里很难获得充足的水肥，所以农民经营的田块里获得的实际产量通常大大低于其潜在生产力。因此，作物实际生长环境可以认为是一种亚生长环境，这种环境往往由于病虫害、杂草等限制因子决定了其产量（Rabbinge R，1986）。从 20 世纪 70 年代开始，研究人员对产量差进行了大量研究，总结起来主要是有两种实现途径：一种是试验调查及统计分析，另一种是运用作物模拟模型。前者概念简单，可操作性强，可以根据不同地区特点进行有针对性的分析，但是试验费用大，且要求足够的试验数据，有较强的主观性；后者可以利用计算机进行更多的处理设置，但却不能对实际生产中的所有管理措施进行精确定量化。

产量差研究的统计分析方法适用于重点讨论某个地区的产量差及其限制因素，主要研究方法是针对影响产量的一个或几个因子，严格控制其他因子，在试验站或农户田块布置特定处理，然后和 1 个预先设定好的处理进行比较研究。传统的经验分析方法主要采用以试验数据为基础的统计分析方法。该方法仅考虑外界条件对作物的影响而忽略作物本身，对短时间的极端情况对作物的危害不具有敏感性。利用气候资料估算很难获得不同气候年型的产量潜力（谷冬艳，2007）。近年来，作物生长模型的发展，能够定量精确的描述外界条件对作物生长发育的影响，并能够得出各个要素的胁迫时间和胁迫程度。具有可重复性强、覆盖面积广、节省人力物力、能动态表达作物生长过程、使用方便、功能强大等优点（谷冬艳，2007；王琳，2007）。曹云者等（2008）利用作物生长模拟模型（PS123）对河北玉米生产潜力进行研究发现，光温生产潜力限制因子在不同地区不尽相同。王琳等（2007）对 APSIM 模型在华北平原冬小麦-夏玉米连作的适应性进行了参数调试和有效性验证，在作物生物量和土壤水分方面具有较好的准确性，但对叶面积指数模拟误差稍大。Bhatia 等（2008）在印度雨养大豆的地区，对大豆模型进行了调参和验证，用此模型模拟了潜在产量（没有水分限制的产量），发现有水分限制的产量比无水分限制的产量低 28%，当地实际产量分别比水分限制和无水分限制下的产量低 2 020 kg/hm² 和 1 170 kg/hm²。Boling 等（2010）使用 ORYZA2000 模型对印度尼西亚爪哇岛玉米潜在产量、水分限制和 N 素限制的产量进行模拟。Anderson（2010）评估了澳大利亚西部小麦生长季节的降水量对小麦产量和理论潜在产量间产量差的影响，结果表明季节水分供应在 250 mm 以上时，降水量不再是产量的限制因子。Liu 等（2012）基于验证后的 APSIM-Maize 模型模拟了东北地区春玉米潜在产量及产量差，并初步分析了水分对该地区玉米产量的限制程度。

然而，模型也存在不足，对于许多生理生态过程的描述仍然是经验型的，并且区域参数难以获取，给模型区域应用增加了困难（林忠辉，2003）。在应用过程中和常规方法相结合有利于准确评价一个地区的作物生产潜力（谷冬艳，2007）。近些年，出现了作物模拟模型和遥感相结合的方法，用于区域产量差研究效果较好。然而，遥感数据对田块尺度的产量评估具有不确定性，其精确度远低于区域尺度（Lobell D B，2007）。作物模拟模型结合遥感信息进行区域尺度上的研究主要有强迫型和调控型，强迫型难度较大，调控型主要是通过利用遥感信息对作物模型的参变量进行初始化或参数化，提高模型的准确性。张黎等（2007）对国外作物模型进行了本地化和区域化，并结合遥感信息通过优化的方法在大范围内对华北平原进行了模型参数的估算，对华北平原冬小麦水分胁迫条件下的产量进行模拟，得到了很好的效果。王纯枝等（2005）把遥感获得的冠层温度信息引入作物生长模型，建立了遥感-作物模拟复合模型，用来估算作物实际产量。并且利用该模型对邯郸地区夏玉米不同水平（光温生产潜力、水分限制下的生产力和实际产量）的产量进行估算进而分析了产量差，此模型对于平原地区的夏玉米产量估测精度可达 90% 以上。不同的研究方法都有各自的优点及适用范围，在进行产量差研究中，需根据预期目的选择合适的方法，同时可以考虑将统计方法、作物模拟模型及遥感技术结合起来，充分利用各方法的优势。

三、玉米产量差与效率差的研究进展

(一)主要作物产量提升空间

气候变化对农作物产量潜力带来一定程度的正面（或负面）影响，同时农作物单位面积实际产量呈现上升的趋势，但是仍然低于当地的作物产量潜力，那么在这种气候变化背景下，农作物的产量还有多大的提升空间？这已经成为当今农业科学研究领域亟待明确的一个科学问题。近年来，针对这个问题国内外学者也做了大量的研究。由于世界各地实际栽培管理水平差异较大，使得地区间作物产量提升空间差异较大。另外，在同一地区内，由于数据来源、采用的研究方法等的差异，不同学者得出的作物产量提升空间的结果也有一定的差异。对世界各地的玉米产量提升空间的对比研究结果表明，发达国家由于栽培管理水平相对较高，玉米产量提升空间较小。在美国内布拉斯加州玉米产量的提升空间为11％（Grassini P，2011）。而在发展中国家玉米的产量提升空间达60％～70％（Pingali P L，2001）。在非洲的热带玉米种植区，由于栽培管理条件较差、养分严重缺乏、水分胁迫以及病虫害的影响，造成玉米产量很低，玉米产量的提升空间高达80％以上（Lobell D B，2009）。与玉米相比，小麦和水稻的灌溉条件较好，目前产量已经接近其最大产量（潜在产量），产量的提升空间较小。

（二）作物产量差限制因素分析

在过去的几十年中，全球玉米产量呈现增加的趋势，对美国玉米产量增加的原因分析结果表明，自20世纪30年代以来，美国玉米产量增长的40％～50％归功于农田管理、肥料和栽培技术的提高，50％～60％归功于玉米杂种优势的利用（Duvick D N，1999、2005）。对产量提升有重要贡献的栽培管理措施包括施肥量、灌溉量、播种密度的增加和机械化程度的提高等（Egli D B，2008）。已经有学者分别对这些栽培管理措施对产量提升的贡献做了一定的研究。Kucharik 和 Ramankutty 指出，在美国内布拉斯加州、堪萨斯州和得克萨斯州，自20世纪50年代以来灌溉使得当地玉米产量提升75％～90％（Kucharik C J，2005）。Kucharik 的研究指出，1979—2005 年美国内布拉斯加州等6个州播期的提前对玉米产量提升的贡献为19％～53％，且进一步研究表明，播期提前一天，产量增加 $0.06～0.14\ t/hm^2$（Kucharik C J，2008）。2012 年，*Nature* 杂志上的一项研究借助当时全球最全面的农作物产量及肥料使用数据，对主要作物的产量提升进行了研究，结果表明，通过改善养分管理和增加灌溉量，大部分农作物的产量增加 45％～70％是有可能的（Mueller N D，2012）。

近年来，中国也开展了一些有关栽培管理措施对作物产量提升的贡献的研究。如Wang 等（Wang J，2012）基于 1961—2007 年华北地区的小麦-玉米产量数据，典型站点农业气象站测定的作物数据，使用系统模型 APSIM 分析了栽培管理措施（两晚技术指在冬小麦、夏玉米种植区域内，通过适当推迟小麦播种期，延长玉米生育期，以充分发挥玉米生产潜力的高产和高效栽培技术）对于提升小麦-玉米体系产量的贡献。分析表明，两晚技术是一个成功的气候变化适应措施。充分利用了增加的热量资源，随着品种的适应和农业机械化程度的提高，华北平原玉米生长季延长，而传统的种植方式在未完全成熟期收获玉米，降低了玉米生产潜力。两晚技术的实施，可使玉米产量增加 7％～15％。而晚播小麦的产量可通过提高种植密度来补偿，小麦和玉米周年产量可增加 4％～6％。刘伟等（2010）通过玉米田间试验研究了种植密度对夏玉米产量的影响，结果表明，所选玉米品种在高密度条件下玉米籽粒产量和生物产量最高，与低密度相比，籽粒产量可增加48％～72％，生物产量可增加 112％～152％，高密度条件下玉米通过增加群体库来提高产量。因此，在解析产量差限制因素时，应将田间试验方法、数理统计方法和作物生长模型相结合，充分利用作物生长模型的优势，设置不同的情景，依次解析不同要素对作物产量的限制程度，并结合实际生产对其研究结果进行验证。

（三）中国产量差研究进展

近年来，中国对有关"中国主要作物产量差"开展了一些研究工作，取得了有意义的进展。这些研究定量了东北春玉米、华北冬小麦-夏玉米和南方水稻生产体系产量潜力及产量差的区域特征（Wu D，2006；Liang W，2011；李克南，2012；王静，2012），确定了影响作物实际产量和生产潜力之间产量差的资源制约因子及限制程度（王纯枝，2005；陈健，2008；刘建刚，2012；侯鹏，2013）。研究结果表明，目前东北地区春玉米的实际产量仅达到潜在产量 50% 左右，通过增加投入、提高技术水平等措施可以提升的产量空间为 5 t/hm²；在年降水量小于 500 mm 的地区，水分是限制当地玉米产量的主要限制因子，当年降水量增加到 500～700 mm 时，水分不再是限制玉米产量的主要限制因子，而在年降水量高于 700 mm 的地区，水分已经不再是限制当地玉米生产的因子（Liu Z，2012）。华北地区、西北地区和华南地区玉米潜在产量与实际产量间的产量差相对值均大于东北地区（高于 50%），全国平均来看，玉米实际产量约为潜在产量之间的 55%（Meng Q，2013）。华北地区冬小麦产量差约为 30%（Lu C，2013）。对水稻的研究结果表明，全国早稻、单季稻和晚稻的可获得产量与实际产量的产量差分别为 20%、17% 和 27%（Zhu D，2000）。而南方地区早稻、单季稻和晚稻的潜在产量与农户实际产量的产量差分别为 63%、64% 和 64%（石全红，2012）。

（四）效率差研究进展

在实际农业生产中，前人针对不同生产问题进行了大量技术的优化改革，来实现粮食产量的持续增长和资源的高效利用。在集约种植制度下，通过适当减少氮肥投入量并合理施入，能够实现提高作物产量的同时缩小氮肥利用效率差距，减少氮肥损失与温室气体的排放，对于农业可持续发展和实现粮食及环境安全具有重要意义（Cui Z L，2014）。曹红竹等（2018）对夏玉米产量差和氮肥效率差进行研究表明，氮肥精准管理技术可以显著缩减玉米产量差和氮肥偏生产力差，实现产量与效率协同提高 32%。韩翔飞等（2019）研究表明，水肥一体化施氮处理在减氮的条件下依然能够保证玉米产量，且氮肥偏生产力和氮肥利用效率较农户处理分别增加 24.34% 和 21.38%，有效实现水氮资源的高效利用与产量的协同提高。蔡红光等（2012）将农民一次性施肥进行了优化，大幅度地缩减了氮肥利用效率差异，显著降低肥料氮在土壤中的残留，提高了氮肥利用率。提升产量与效率实际上是更加高效、精准地匹配品种和环境因子，并进行有效措施干预的综合结果（王永军，2019）。光能和热量资源同样作为玉米生产的重要因素，调节着玉米光合作用和呼吸作用，充分利用光热资源，提高作物光温生产效率是进一步提高产量的关键（崔晓朋，2013；陈立军，2008；程建峰，2010）。光热生产效率目前仍存在较大的挖掘空间（Long S P，2006）。提高群体光合性能是高产高效的必要条件（杨桂萍，1996；Slattery R A，2013）。选择适宜生育期的品种，合理密植能够增加群体的光合生产能力，有效截获光热资源，从而提高光合效率和群体对光热资源的利用（曹彩云，2013；赵英善，2015）。优化栽培管理措施对光温利用效率差的贡献率为 33.91%，通过优化栽培管理措施可缩减光温利用效率差 0.43 g/MJ 和 0.27 kg/(hm² · ℃)（王洪章，2019）。

第三节 春玉米生产现状与限制因素

一、春玉米区域分布

春玉米（spring maize）指春季播种的玉米。因播种期早，中国北方农民又称之为早玉米，在中国种植地域较广。春玉米区域分布根据中国耕作制度区划，包括中国东北、西北以及华北北部地区，根据农作制区划，主要包括东北平原丘陵半湿润温凉一熟农林区、北部低中高原半干旱凉温旱作区、西北干旱中温绿洲灌溉农作区、青藏高原干旱半干旱高寒牧区，根据行政区划，主要包括黑龙江、吉林、辽宁、内蒙古、宁夏、甘肃、青海、西藏、新疆等省份以及河北北部、陕西北部、四川西北部和山西大部。

（一）气候资源特点

该区属寒温带，湿润、半湿润气候，冬季气温低，无霜期短。年均气温 6.9 ℃，平均最高气温 13.6 ℃，最低气温 1.3 ℃。日平均温度、日最高温度和最低气温由北向南呈逐渐递增趋势，温差 12.3 ℃，≥10 ℃活动积温平均为 3 176 ℃，由北向南递增，辽宁西部和南部、内蒙古西部与东南部、陕西北部、山西中部、宁夏中部和北部地区具有较高的积温。4 月 15 日至 10 月 10 日是适合玉米生长的季节，平均气温为 17.6 ℃，平均最高气温为 24.0 ℃，最低气温为 11.8 ℃，温差 12.2 ℃，≥0 ℃积温为 3 131.4 ℃。玉米主要种植区无霜期平均为 130～170 d，由北向南递增。适于玉米生长发育的日数，北部地区为 120 d 左右、中部为 150 d 左右、南部为 180 d 左右，活动积温（≥10 ℃）北部、中部、南部地区分别为 2 000 ℃、2 700 ℃ 和 3 200 ℃。平均年降水量 469 mm，从西向东、由北向南递增，其中，黑龙江、吉林、辽宁的东、中部降水量较大。该区约60% 降水集中在 7～9 月，雨热同期。该区全年日照时数平均为 2 633 h，从东向西、从南向北呈递增趋势，以内蒙古中西部和东南部地区日照时数最长，其次为宁夏中北部。

（二）种植制度

东北平原地势平坦，土壤肥沃，以黑土、淤土和棕壤为主。大部分地区温度适宜，日照充足，对玉米生长发育极为有利，该区也是中国大豆、水稻、高粱的主要产区。东北春播玉米区主要为雨养玉米区，玉米主要种植在旱地上，有灌溉条件的不足 10%，玉米单产为 4 500～7 900 kg/hm²，最高单产达 22 000 kg/hm² 以上。该区为中国主要春播玉米区，为一年一熟制。种植方式主要以玉米单作为主，占玉米总播种面积的 90% 以上，有少部分玉米与大豆间作或与春小麦套种。玉米以连作为主，20 世纪 70 年代以前，玉米与大豆间作方式占 40% 左右，80 年代后这种方式大幅度减少。该区土壤、气候条件优越，科学种田水平较高，玉米不仅产量高，而且产品品质好，商品玉米占全国 60% 以上，出口量占全国 90%，已成为我国重要的商品粮基地、优质玉米生产和出口基地。近年来，随着黑龙江压缩小麦、大豆等作物面积，改种玉米，宁夏引黄和扬黄灌区面积增大，以及甘肃等半干旱地区推广双膜双垄沟播技术，该区玉米种植面积有较快的增长。

（三）生产特点

北方春播玉米区地域广阔，纬度相差很大，春季低温，常有倒春寒现象；后期气温低、初霜早、籽粒灌浆、脱水缓慢、灌浆期短，影响产量和品质。近年来随着气候变暖，晚熟品种的种植面积逐年扩大，但有些年份受延迟型低温冷害的影响，常造成减产。因此，选择培育熟期适中、前期耐低温、后期籽粒灌浆速度和脱水速度快的中、早熟玉米杂交种，发展密植、机械化生产技术，既可以充分利用热量资源，又可以在初霜前安全成熟，实现玉米增产增效。同时，要发展玉米烘干机械和仓储设施，加速玉米收获后籽粒脱水，解决玉米安全储存、运输、流通及增值问题。玉米是喜光温、短日照作物，对光温反应敏感。在北方春播玉米区，玉米播种越早，低温长日照性越强，玉米生长发育相对越慢，越有利于幼穗分化孕育大穗。北方春播玉米区属雨养农业，降水量 70% 以上集中在 6～8 月，雨季常伴有短时大风，容易导致玉米倒伏。因此，应种植抗倒性强的品种。同时，该区尽管全年降水总量较多，但季节性干旱十分严重。特别是在吉林、辽宁、黑龙江西部和山西、河北北部，常出现春旱、伏旱、秋旱现象，尤其春旱频发，有"十年九春旱"之说，严重影响出苗。因此，选择耐旱品种、推广有效接纳自然降水的耕作栽培技术和补充灌溉技术非常重要。20 世纪 70 年代以后，由于玉米种植面积大幅度增加，大面积玉米的连作，破坏了合理的轮作体系，土壤养分消耗大，且病虫草害有加重趋势。由于缺少大马力拖拉机和配套的深松机具，玉米田耕作以小型动力为主，常年旋耕替代翻耕及深松作业，造成土壤板结、犁底层厚而硬、耕层有效土壤锐减、接纳大气降水能力和抗逆性减弱，影响玉米根系发育，使生产能力不断降低，所以需要大力发展深松改土、秸秆还田技术，以培肥地力。该区玉米病虫害有日趋加重趋势，要求杂交种具有抗丝黑穗病、大斑病、灰斑病、弯孢菌叶斑病、茎腐病、黑粉病和螟虫等的能力，在河北和山西北部地区，还应抗病毒病。北方春播玉米区单产水平较高，户均土地面积较大，加强耐密、早熟、抗倒，适应机械收获玉米品种的推广，发展机械化生产是未来该区玉米的发展方向。

二、区域产量差异

以北方春玉米区 2017—2019 年玉米实际单产的平均值代表近期大田生产水平，以此为基数分析产量增产潜力值。以各省份近 3 年（2017—2019 年）试验站产量作为大田玉米切实可行的产量目标，试验产量与大田平均产量之差为产量差 I，即春玉米各省份玉米大面积可实现的增产潜力（表 1-1），黑龙江、吉林、辽宁、内蒙古、宁夏、甘肃、新疆分别为 3.51 t/hm²、3.99 t/hm²、3.66 t/hm²、3.78 t/hm²、5.26 t/hm²、6.55 t/hm²、3.94 t/hm²；以各省份高产纪录产量（当地玉米最高产量水平）与大田平均产量水平之差为产量差Ⅱ，即各省份达到玉米最高产纪录的增产潜力，黑龙江、吉林、辽宁、内蒙古、宁夏、甘肃、新疆分别为 11.75 t/hm²、11.76 t/hm²、11.67 t/hm²、13.39 t/hm²、12.02 t/hm²、10.27 t/hm²、15.31 t/hm²；以光温理论产量（当地光温资源的生产能力）与大田平均产量之差为产量差Ⅲ，即各省份达到玉米光温理论产量水平的增产潜力，黑龙江、吉林、辽宁、内蒙古、宁夏、甘肃、新疆分别为 24.12 t/hm²、23.64 t/hm²、28.88 t/hm²、31.67 t/hm²、32.92 t/hm²、38.72 t/hm²、40.04 t/hm²。

由表1-1可知，我国春玉米不同省份光温理论产量分布在 30.56（黑龙江）～47.49 t/hm²（新疆），高产纪录产量分布在 16.25（甘肃）～22.76 t/hm²（新疆），试验产量分布在 9.95（黑龙江）～12.95 t/hm²（宁夏）；大田平均产量分布在 5.98（甘肃）～7.69（新疆）t/hm²。

表1-1 春玉米不同区域产量差异（t/hm²）

产区	光温理论产量	高产纪录产量	试验产量	大田平均产量	产量差Ⅰ	产量差Ⅱ	产量差Ⅲ
黑龙江	30.56	18.19	9.95	6.44	3.51	11.75	24.12
吉林	30.85	18.97	11.20	7.21	3.99	11.76	23.64
辽宁	35.49	18.28	10.27	6.61	3.66	11.67	28.88
内蒙古	38.91	20.63	11.02	7.24	3.78	13.39	31.67
宁夏	40.61	19.71	12.95	7.69	5.26	12.02	32.92
甘肃	44.70	16.25	12.53	5.98	6.55	10.27	38.72
新疆	47.49	22.76	11.39	7.45	3.94	15.31	40.04

资料来源：大田平均产量来自不同省份2017—2019年统计年鉴数据；试验产量根据各省份玉米区试验汇总整理；高产纪录产量来自不同省份玉米高产田相关文献或报道。

三、主要限制因素

（一）气候因素的限制

1. 干旱的影响 干旱是各生态区普遍存在和制约我国玉米生产的首要气候因素，在优先解决的自然因素中居第一位。春玉米区约75%的种植面积依靠自然降水，其中有许多是丘陵和山区，灌溉条件有限，遇干旱常因水源不足而得不到灌溉或灌溉不足导致减产20%～50%，绝收现象也常有发生。东北春玉米区主要是春旱影响玉米的适时播种，吉林省的半干旱区域春旱发生率在90%以上，半湿润区的春旱发生率也可达50%以上。据初步估计，在全国范围内，玉米旱灾的面积占到了全年成灾面积的一半，大面积旱灾几乎是每3年一遇。1997年全国发生大面积干旱，东北、西北春玉米主产区各省减产平均达14.3%～31.8%，全国玉米平均产量下降15.7%。2000年，全国因干旱玉米减产15%左右。2009年，东北严重干旱，辽宁全省玉米平均减产达到20%以上。

干旱对玉米生长的影响研究表明，当叶水势低于−0.3 MPa时，玉米净光合速率开始下降，呼吸强度迅速上升，呼吸释放的能量以热的形式散失，影响了代谢过程；叶水势在−0.8 MPa时，叶片基本停止伸长，穗位叶水势在−0.9 MPa时，花丝基本停止伸长。干旱条件下，玉米植株水分平衡遭到破坏，外部形态表现为暂时萎蔫，可使蒸腾失水减少80％以上。当水分降到凋萎系数时，迫使叶片从植株各部位吸取水分，根毛开始死亡，便发生永久萎蔫现象。当用土壤含水量作为水分亏缺指标时，沙壤土含水量12％为出苗下限，10％～11％为重度干旱，7％～9％则无法正常出苗；黏土地含水量17％为出苗下限，13％～14％为重度干旱，10％～12％则无法正常出苗；沙土地含水量10％为出苗下限，9％为重度干旱，6％则无法正常出苗。用田间持水量的百分率（％）作为干指标时，玉米营养生长期以田间持水量的60％～70％为适宜含水量，＜50％为中度干旱胁迫；开花期以田间持水量的70％～80％为适宜含水量，＜60％时出现干旱症状，＜40％为中度干旱胁迫，将造成花粉死亡，花丝枯萎，不能正常授粉。玉米全生育期供水量在适宜量±20％以内，对产量无显著影响；若供水量亏缺60％时，将导致减产30％左右。若干旱伴随着高温，危害更严重。随着全球气候变暖趋势的日渐明显，在我国春玉米产区干旱的危害也将日益突出。

2. 有效积温不足　北方春播玉米区无霜期偏短、有效积温不足，秋霜前玉米不能正常成熟而导致减产，一般玉米生育后期如遇15 ℃以下日平均气温，会造成灌浆停止而降低产量。此外，品种越区种植现象也较为严重，特别是在黑龙江省这种现象尤为突出。为了提高玉米产量，黑龙江省部分地区特别是中南部部分地区把适宜种植在吉林省、辽宁省等晚熟和极晚熟品种引到本区域种植，结果导致黑龙江省玉米生产存在较大的风险，很多年份玉米不能完全成熟，致使"水玉米"现象更显突出，使收获时玉米含水量高达40％以上，含水量高的玉米籽粒外观颜色差、内含物少、容重低，大大降低了商品品质，使得黑龙江省玉米市场竞争力差、农民生产玉米的效益下降。

（二）栽培技术因素

1. 播种质量不高、苗不齐不全、种植密度低　播种质量不高、玉米苗不齐不全、收获密度低等问题在我国北方春玉米区较为突出（图1-3）。一般小农户田块种植密度或保苗数不足，"三类苗"现象到处可见、收获密度较低和小穗比例较大是限制产量提高的重要因素。主要原因有以下几方面。

图1-3　玉米苗不全、不齐（2018年6月3日拍摄于吉林桦甸）

（1）播种质量差。首先表现在整地质量较差，覆土与镇压不规范，导致播种深浅不一，出现苗不齐现象；其次是施肥深度不够，种肥不能有效隔离，发生烧苗现象，导致苗不齐不全；此外采用人工拉、推式的简易机械播种，容易漏籽，这也是导致密度偏低、苗不齐不全的原因。

（2）自然条件与生产条件的限制。表现在播种期间土壤干旱或湿度大、温度低，前期病虫危害及使用发芽势低的陈种子等都会对出苗造成影响；另外，因土壤瘠薄、干旱胁迫、施肥不足、担心生育后期倒伏，农民不敢密植。

（3）受传统观念影响。我国多数地区农民习惯于长期种植高秆大穗型品种，种植密度偏稀。我国玉米平均种植密度通常仅有 60 000 株/hm² 左右，与美国 20 世纪 90 年代的水平相当，远低于美国当前的 75 000 株/hm² 水平。根据调查，辽宁省玉米生产上的实际种植密度在 45 000～57 000 株/hm²，黑龙江省大部分地区玉米种植密度 45 000～60 000 株/hm²，吉林省大部分农户玉米种植密度也基本不足 60 000 株/hm²（图 1-4）。前人大量研究表明，要提高玉米单产，须通过选择耐密植物品种，增加单位面积的株数，降低空秆率，提高单位面积收获穗数来提高玉米的产量。

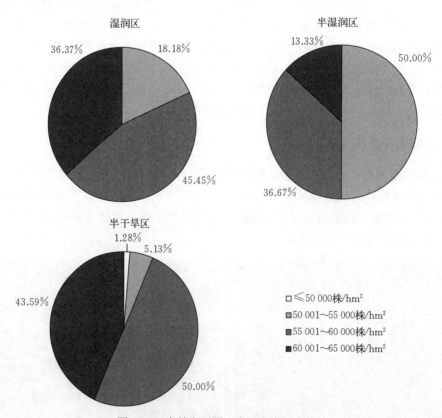

图 1-4　吉林省不同生态区密度调查统计

2. 施肥不科学　生产中施肥不科学，盲目施肥现象严重。主要表现在大部分农民对土壤养分状况不明确，施肥存在着很大的盲目性。通过对辽东、辽南地区的生产调查结果发现，长期以来，许多农田只施用化肥，不施用或很少施用农家肥，而且施用的化肥多以磷酸二铵为主，偏重施用氮肥和磷肥，土壤的磷素相对富集，钾、锌、硫、硼等营养元素相对不足，此外，长期以来许多农田只施用化肥，不施或很少施用农家，导致土壤板结，透气性差，有机质含量严重降低，养分失衡，影响玉米的生长发育，加重病害的发生。

近几年，市面上出现了玉米专用肥，特别是一次性深施玉米专用缓释肥被广泛宣传，很多农户采用"一炮轰"施肥方式进行一次性施肥，生育期间不再追肥，这些专用肥虽加入了钾肥的成分，对玉米所需的一些微量元素有一定的补充作用，但有些肥料的肥力持续时间不够或养分释放时期与玉米养分需求时期不匹配，导致一些玉米田后期脱肥，影响后期玉米籽粒灌浆，穗上部秃尖增加，粒重降低，品质下降。此外，深施肥由于一次性施肥量大，如果操作不当，如施肥深度不够，不能实现种肥隔离，易造成大片缺苗断垄，严重地块甚至发生毁种现象，严重影响玉米产量，给农民造成较大损失。

与此同时，在较长的一段时间内，玉米生产存在对肥料高度依赖的现象，形成了大水大肥才能高产的错误观念，而对氮肥过度投入的问题尤其严重。近年来，中国氮肥用量位居世界第一，但实际农业生产中由于氮肥的过量不合理施用致使我国玉米氮肥利用率不足35%，远低于美国50%～60%的水平，而生育前期的氮肥利用率仅为10%左右，通过氨挥发、反硝化和淋洗损失的氮肥超过 270 kg/hm^2，造成了严重的大气和水污染以及土壤酸化。大量田间试验表明，在不损失玉米产量的情况下，氮肥用量可减少40%左右，氮素养分利用率可提高50%以上。

（三）土壤因素

深厚肥沃的耕层不仅能满足玉米对养分的需求，而且抗旱、抗涝、抗倒能力强。耕层变浅，犁底层加厚，耕层有效土壤数量明显减少，耕层土壤理化性状趋于恶化的问题在全国玉米各产区普遍存在，在东北地区尤为突出。相关资料表明，开垦前吉林省黑土腐殖质厚度多为 30～70 cm，目前已很少超过 30 cm，土壤容重由 0.7 g/cm^3 增至 1.06 g/cm^3，相应的总空隙度从69.7%下降到58.9%，而且黑土退化有越演越烈的趋势。2008年，国家玉米产业技术体系在我国主产区多样点调查结果表明，我国玉米田土壤耕层明显变浅、土壤结构明显紧实、耕层土壤量大幅度减少，全国平均耕层厚度为 16.5 cm，而东北地区仅为 15.1 cm，与美国的 35 cm 相差甚远，全国玉米田平均耕层土壤容重达 1.39 g/cm^3，犁底层容重 1.52 g/cm^3，已严重超过适宜玉米根系生长发育的 1.1～1.3 g/cm^3 容重范围，高的土壤容重和犁底层阻碍了根系生长和延伸，限制了水分和养分的吸收，严重制约着玉米产量的提高。

耕层变浅的主要原因主要是自实行家庭联产承包责任制、土地分散到户经营的 30 多年里，农户主要采用畜力或小马力农机具进行土壤浅层旋耕和连续多次作业，农田长期得不到深翻、深耕导致耕层下层 15～40 cm 处形成坚硬的犁底层，土壤透气性和蓄水蓄热及保墒培肥地力的作用明显降低，直接影响玉米根系下扎，在坡度较大地区和地块还易造成水蚀。此外，不合理的土壤耕作造成严重的土壤流失，部分地区风蚀、沙漠化和石漠化现象严重。

深松和深翻是打破犁底层、加深耕层最直接有效的办法。通过深松可以使板结的土壤结构达到蓬松状态，打破犁底层，加深耕层，实现改土、蓄水保水、抗旱除涝、减少水土流失，保护生态环境和增产增收。国外研究资料表明，通过深松，土层每加深 1 cm，可多储存 3 mm 降水，增加蓄水 30 t/hm²。据东北春玉米区大量的研究和调查数据表明，深松、深翻措施可提高玉米产量 5.1% 以上，干旱年份效果更明显。例如，2013 年吉林省梨树县和黑龙江省绥化市遭到了百年不遇的干旱，经过深松、深翻的田块表现出明显的抗旱能力，比一般生产田增产 15% 以上。然而，目前生产中采用深松、深翻作业面积的比例仍非常小。据统计，目前，辽宁、吉林和黑龙江及内蒙古的三市一盟地区能够进行机械深松、深翻作业的面积不足总面积的 15%。

(四) 品种和种子质量

1. 品种的影响 过去的几十年中，世界玉米单产大幅度提高，品种改良和更替发挥了巨大作用。20 世纪 70 年代，高产品种的应用对发展中国家粮食单产和总产的贡献率分别占到了 21% 和 17%；而到了 20 世纪末，这一比例分别提高到了 50% 和 40%。我国改革开放后，玉米品种经历了从农家种、品间杂交种、双交种、三交种再到单交种的更替，随着品种的更替，玉米产量也随之大幅度提高。在 20 世纪 50～90 年代，品种的产量潜力以 126 kg/hm² 年的速率提高，单产净增 2.85 倍。但目前玉米种质遗传资源缺乏、同质化现象较为严重，缺乏高产抗逆稳产新品种。

此外，玉米品种多、杂、乱等现象在一些地区仍较为突出，农民购种表现出明显的盲目性。市场上很多玉米品种遗传背景相近、差异性不大，同时同种异名现象也较为普遍，造成用种混乱现象。据调查，现在辽宁省销售的玉米品种多达上百个，各品种的生育期、种植密度、籽粒品质等特性差异很大，农民并不十分了解品种的特征特性、适宜种植区等相关信息，主要以种子经销人员的推销为依据。使其不能正确选择品种和科学使用品种。由于不能充分掌握品种特征特性，不能采取切实有效的良种良法配套栽培，使新品种的优良性状未能充分发挥出来，达不到应有的增产增收效果。

2. 种子质量 种子质量差主要包括种子纯度不高、发芽率和活力低、大小不均匀，种植在田间表现为弱株较多、生长不整齐、保苗率差，成为限制产量提高的重要因素。种子质量不高的原因有以下几个方面。

（1）种子生产企业生产水平参差不齐，不少种子公司没有自己稳定的制种基地，技术力量薄弱，管理、生产和储藏等技术与条件落后。同时，在现行农村土地经营方式下，靠千万农户在承包地生产，手工播种、去雄、去杂、收获和晾晒，机械化程度及集约化程度低，管理和技术措施难以落实到位。

（2）一些制种单位重经营，对自交系保纯、提纯和更新工作重视不够。亲本遗传性状不稳定、多代利用发生变异、亲本繁殖发生生物与机械混杂等是造成亲本纯度不高的主要原因。还有一些育种企业急功近利，用尚未稳定的自交系组配杂交种，或在隔离不严格情况下繁殖亲本，配置的杂交种分离严重、纯度不高，加速了混杂退化。

（3）冻害问题较为突出，影响发芽率。目前我国制种基地主要在西北地区，由于品种生育期偏长，后期脱水速度慢，部分年份不能完全达到生理成熟，种子含水量高，易受低温冻害，影响种子发芽率。

东北春玉米产量与效率层次差异的定量特征

针对我国春玉米产区地域跨度大、积温和降雨空间分布不均、生产方式多样、产量效率差异大等问题，明确不同生态区春玉米产量及效率层次差异的定量特征，确定产量与资源利用效率协同提高的关键障碍因子，提出春玉米消减产和效率差的技术调控途径，实现东北春玉米大面积试验区产量和效率缩差 10%～15%，综合增效 20%以上。

第一节 研究方法与实施方案

一、研究方法

项目采用模型模拟、遥感监测、生理生态、多点联合试验、农户调查以及历史资料数据分析的方法，通过设置控制性试验，设计东北春玉米 4 个不同产量水平的共性试验，包括超高产水平（模拟高产纪录）、高产高效水平（高产水平）、农户产量水平（农户平均产量）和基础地力产量水平，利用作物产量性能分析方法（产量＝平均叶面积指数×平均净同化速率×生育期天数×收获指数＝亩穗数×穗粒数×千粒重）和产量-资源关系分析方法（产量＝资源投入量×资源截获率×资源转化率×收获指数），结合光温生产潜力模拟与计算分析，系统研究东北春玉米产量和效率差异分布特征及定量化解析；综合运用作物栽培学、作物生理生态学、农业信息学和农业气象学等方法，研究揭示东北春玉米高产突破与产量效率协同提升的作用机制；针对不同区域特征，采用析因试验、参与式评估，探寻上述影响因素对作物群体性能和产量效率差异的主要驱动调节效应，确定作物群体性能转化和产量、效率层次提升的主控因子及优先序，进而深入解析关键主控因子对产量和效率的作用，揭示东北春玉米不同产量和效率层次差异的主控过程及调控机制，提出缩差增产增效的技术途径和优化模式。

二、实施方案

通过广泛生产调研、数据分析和模型模拟确定不同产量层次差异，以此为基础，确定不同产量水平的共性试验设计，进行研究限制产量、效率提升的关键因子的析因试验研究，明确区域限制产量效率的关键因子或技术，结合当地适用的技术进行集成，形成春玉米消减产量和效率差的技术调控途径,并进行大区展示验证。

1. 生产调研试验 按照项目总体生产调研方案要求,在东北不同生态区域及其周边为重点核心区域,设置超高产水平、高产高效水平和农户产量水平3个产量层次,开展生产调研,并对应开展春玉米不同产量水平制约因素与技术优先序评估。

2. 共性定位试验 在东北平原不同生态区15个共性试验点同时进行,试验设计见表2-1。选择品种为先玉335、郑单958,试验设4个管理水平处理,大区设计;各处理面积不小于667 m²。除表中管理措施差异外,其他管理如水分管理(雨养/灌溉)、除草剂喷施、虫害防控等一致。试验全部采用机播机管,定位试验4年。

表2-1 试验因子计划表

层级处理	品种	密度(株/亩)	耕作	肥料	化学调控
基础地力产量	先玉335/郑单958	4 000	浅旋15 cm	无	无
农户产量	先玉335/郑单958	4 000	浅旋15 cm	过量"一炮轰"(270 kg/亩+150 kg/亩+0)	无
高产高效	先玉335/郑单958	5 000	深松/深翻30 cm	平衡减量(225 kg/亩+105 kg/亩+60 kg/亩)+氮肥分期(2:8)	无
超高产	先玉335/利民33	6 000	深翻秸秆还田35 cm+亩施有机肥2 t	平衡增肥(270 kg/亩+115 kg/亩+60 kg/亩)+中微(S+Zn)+氮肥分期(2:8)	化学调控/叶片杀菌剂

主要测定指标:①产量及其构成因子:完熟期(R6)测定;②生物量、叶面积:拔节期(V6)、大喇叭期(V12)、吐丝期(R1)、乳熟期(R3)、完熟期(R6)测定;③植株含氮量:R1、R6测定;④光能利用:V6、V12、R1、R3、R6测定,采用Sunscan冠层分析系统测定IPAR/PAR/LAI,获取生育期间逐日气象数据(包括辐射量/日照时数);⑤水分利用:土壤含水量测定+灌溉定量+降水量计算;⑥氮素农学利用效率(NUE)和氮肥偏生产力(PFP_N)。

<h2 align="center">第二节 东北春玉米产量层次差异的时空分布特征</h2>

一、春玉米产量层次差异及光温生产当量

2017—2020年,在东北平原不同生态区设置15个共性平台试验(4个产量水平:基础产量水平ISP、农户产量水平FP、高产高效水平HH与超高产水平SH)。产量水平方面,超高产水平、高产高效水平、农户产量水平和基础产量水平分别达到光温生产潜力水

平（YP）的 60%、50%、40% 和 30% 左右，其中基础产量水平与农户产量水平的产量差平均为 2.8 t/hm² 左右，农户产量水平与高产高效水平的产量差平均为 2.5 t/hm² 左右，而高产高效水平与超高产水平的产量差平均为 2.5 t/hm² 左右，超高产水平与光温生产潜力的产量差平均为 9.9 t/hm²（图 2-1）。光温生产当量（TPPE）指不同层次实际产量与当地光温生产潜力产量的比值。不同生态区间 4 年产量时空分布表明，东北西部灌区春玉米的产量潜力最高，不同产量水平的光温生产当量均有明显优势，而高产高效水平与农户产量水平为西部和中部最高；春玉米高产高效水平与超高产水平产量差西部最大，产量差平均为 2.3 t/hm²；农户产量水平与高产高效水平的产量差异为南部最大，产量差平均为 2.0 t/hm²（图 2-1、图 2-2）。Gap1＝FP—ISP，即农户产量水平试验与基础产量水平试验的产量差；Gap2＝HH—FP，即高产高效水平试验与农户产量水平试验的产量差；Gap3＝SH—HH，即超高产水平试验与高产高效水平试验的产量差；Gap4＝YP—SH，即光温生产潜力水平与超高产水平试验的产量差。

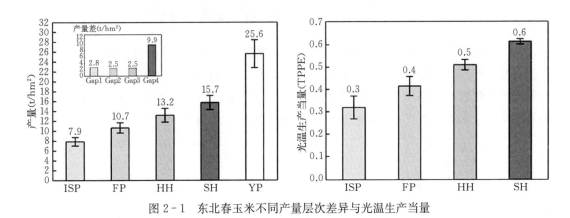

图 2-1 东北春玉米不同产量层次差异与光温生产当量

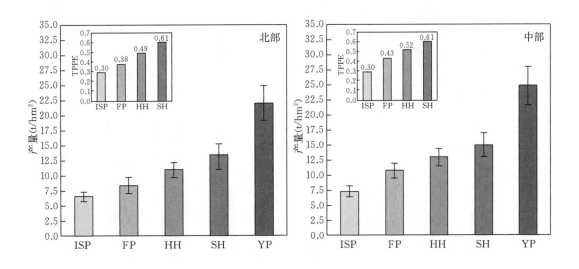

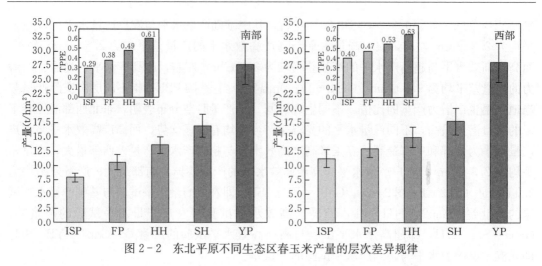

图 2-2 东北平原不同生态区春玉米产量的层次差异规律

二、产量层次差异区域分布及区域产量差异成因

不同生态区间产量时空分布表明，东北西部灌区春玉米的产量潜力最高，不同产量水平的光温生产当量均有明显优势，而高产高效水平与农户产量水平为西部和中部最高；春玉米高产高效水平与超高产水平产量差西部最大，产量差平均为 2.3 t/hm²，农户产量水平与高产高效水平的产量差为南部最大，产量差平均为 2.0 t/hm²（图 2-3）。

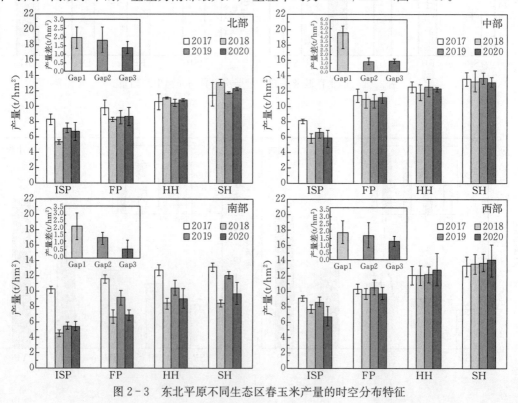

图 2-3 东北平原不同生态区春玉米产量的时空分布特征

一、氮素效率层次差异及分布

氮素利用效率（NUE）：超高产水平相比高产高效水平，北部、中部、南部、西部分别提高25%、20%、15%、12%；高产高效水平相比农户产量水平，北部、西部、中部、南部分别提高65%、28%、16%、15%。采用反距离权重（IDW）插值法，明确了不同生态区春玉米产量差及氮效率层次差异的空间分布特征，同生态区光、温等资源的利用效率与其产量变化趋势基本一致（图2-4）。

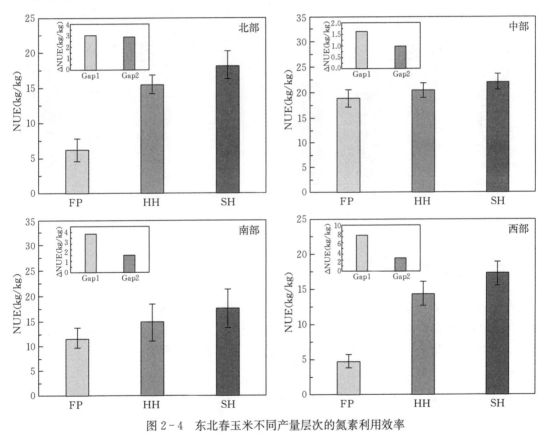

图2-4　东北春玉米不同产量层次的氮素利用效率

二、光能效率层次差异及分布

光能利用效率（RUE）：超高产水平与高产高效水平均西部最高，北部数值较低；对不同区域产量差异进一步分析高产高效水平与超高产水平之间差异表现为西部最大，差异为0.25kg/MJ，北部次之；高产高效水平和农户产量水平之间差异同样表现为西部最大为 0.35 kg/MJ，北部次之（图 2-5）。

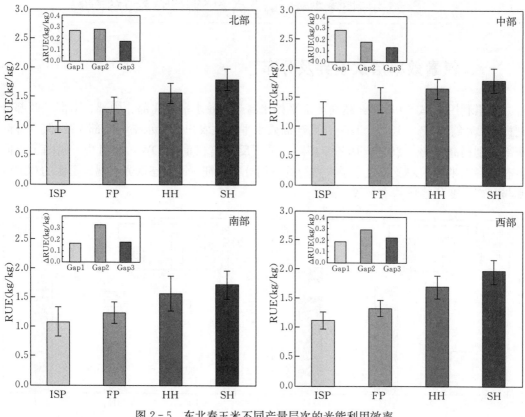

图 2-5　东北春玉米不同产量层次的光能利用效率

三、热量效率层次差异及分布

热量生产效率（HUE）：超高产水平与高产高效水平均表现为西部最高，中部次之，北部数值较低；高产高效水平与超高产水平之间差异表现为中部最大，西部次之；高产高效水平和农户产量水平之间差异表现为西部最大，南部次之（图 2-6）。

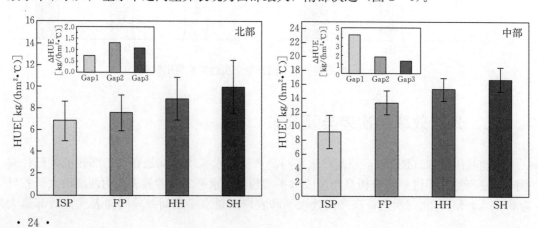

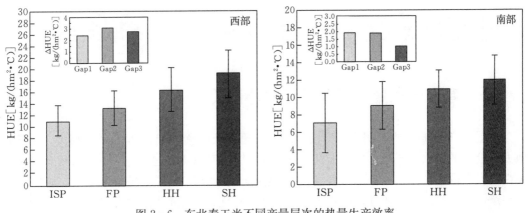

图 2-6 东北春玉米不同产量层次的热量生产效率

四、水分效率层次差异及分布

水分生产效率（WUE）：超高产水平与高产高效水平均西部最高，中部次之，北部数值较低，中部地区超高产水平和高产高效水平之间水分利用差异最大，高产高效水平和农户产量水平中表现为西部水分利用差异最大（图 2-7）。

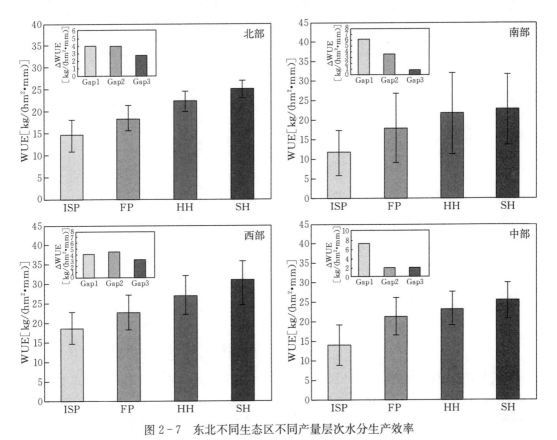

图 2-7 东北不同生态区不同产量层次水分生产效率

一、春玉米产量与资源效率的协同关系

由图 2-8 回归分析表明，高产高效水平与超高产水平与 RUE 呈直线正相关，而基础地力产量水平与农户产量水平与 RUE 关系不密切；产量提升过程与 NUE 均具有一定相关性，但产量水平大于 800 kg/亩，特别是超高产水平与 NUE 呈显著正相关。表明春玉米在产量提升的过程，通过合理农艺综合管理措施优化，光能及氮素等资源效率也可协同提升。

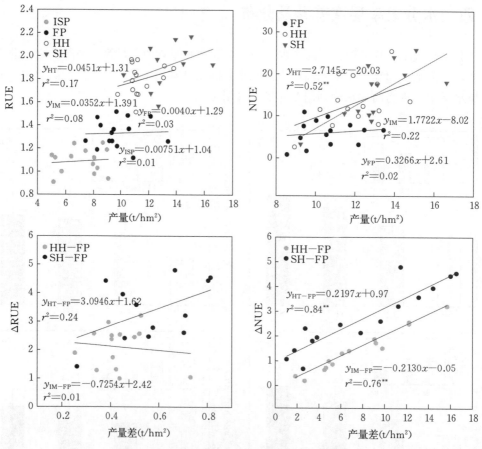

图 2-8 不同产量水平春玉米与资源效率的关系

研究证明，不同产量群体间产量差与光、热资源利用效率差和氮肥利用效率差呈显著正相关。产量差每消减 1 t/hm²，光能生产效率差同步消减 0.2 g/MJ，热量生产效率差同步消减 1.3 kg/(hm²·℃)，氮肥利用效率差同步消减 3.9 kg/kg（图 2-9）。

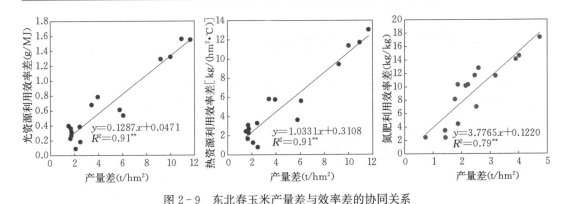

图 2-9　东北春玉米产量差与效率差的协同关系

二、不同层次春玉米产量差与光热资源的关系

研究证明不同层次产量差对光热资源响应主要取决于花后生物量层次差异，高产高效—农户水平产量差异主要受限于群体容量大小，而超高产—农户水平产量差异取决于光热生产潜力；有效积温（GDD）每增加 100 ℃和太阳辐射量（SR）每增加 100 MJ/m²，超高产—农户水平产量差异分别增加 0.5 t/hm² 和 0.2 t/hm²，高产高效—农户水平产量差异增长不显著（图 2-10）。

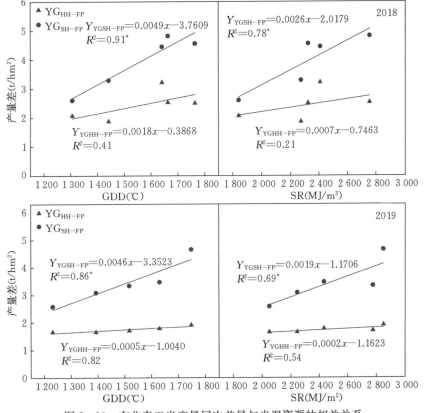

图 2-10　东北春玉米产量层次差异与光温资源的相关关系

三、不同层次春玉米产量差与氮效率的关系

研究表明东北区域光热有限区域重点缩小截获率差，光热充足地区氮肥转化效率空间大；随 GDD 和 SR 的增加超高产－农户水平的氮利用效率差异（ΔNUE）显著提高，而高产高效－农户水平无变化；GDD 每增加 100 ℃，SR 每增加 100 MJ/m²，超高产－农户水平的 ΔNUE 提高 1.0 kg/kg 和 0.5 kg/kg（图 2-11）。

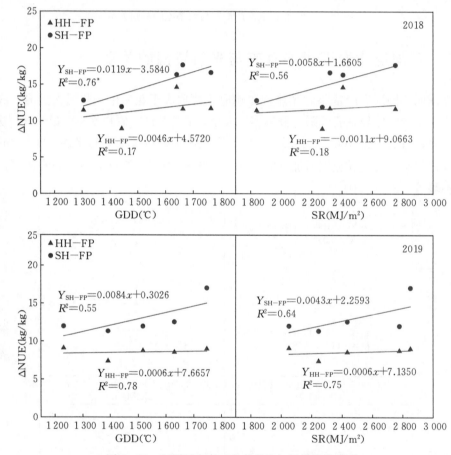

图 2-11　不同层次春玉米产量差与氮效率的关系

四、不同层次春玉米光能利用效率差与光热资源的关系

研究表明，光热有限区域重点缩小截获率差；光热充足地区挖掘群体效率是关键；随 GDD 和 SR 的增加，超高产－农户水平的光能利用效率差异（ΔRPE）显著提高，而高产高效－农户水平无变化；GDD 每增加 100 ℃，SR 每增加 100 MJ/m²，高产高效－农户水平的 ΔRPE 增加 0.07 MJ/m² 和 0.03 MJ/m²（图 2-12）。

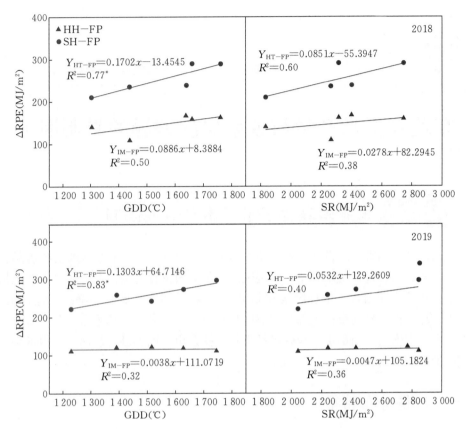

图 2-12　不同产量层次光能利用效率差与光热资源的关系

东北春玉米产量与效率层次差异的限制因子

第一节 东北雨养春玉米产量与效率限制因子分析

采用入户调查的方式对吉林省不同生态区农户 2015—2017 年的玉米生产情况进行了问卷调查。调查内容包括玉米产量、限制玉米产量和效率提升的限制因子（主要包括社会经济因素、栽培管理因素、生物因素和非生物因素）。调查区域东部湿润区包括东辽市、梅河口市、舒兰市、桦甸市；中部半湿润区包括双辽市、九台、德惠市、公主岭市、梨树县、榆树市、农安县；西部半干旱区包括乾县、扶余市、前郭县、洮南市、镇赉县，共计整理 260 份有效问卷。

一、产量分布特征

调查结果显示，吉林省东部湿润区农户玉米产量最高，所调查农户中，2015—2017 年玉米平均年产量在 650 kg/hm² 以上的占所调查农户总数的 95.93％，其中，651～700 kg/hm² 占 18.69％，701～750 kg/hm² 占 15.45％，750 kg/hm² 以上的占到了 61.79％；中部半湿润区玉米产量≤500 kg/hm² 占 12.71％、产量在 501～550 kg/hm²、551～600 kg/hm²、601～650 kg/hm²、651～700 kg/hm²、701～750 kg/hm² 及 750 kg/hm² 以上的分别占 3.38％、10.16％、4.24％、27.11％、3.39％和 38.98％；西部半干旱区玉米平均产量较低，产量不足 500 kg/hm² 达 34.09％、产量在 750 kg/hm² 以上的仅占 5.30％，而产量在 501～550 kg/hm²、551～600 kg/hm²、601～650 kg/hm²、651～700 kg/hm² 分别占 6.82％、15.91％、6.06％、25.00％、6.82％（图 3-1）。

二、限制因子优先序

针对限制玉米产量因子优先序，吉林省农业科学院通过对吉林省不同生态区对农户调研结果如下。

东部湿润区：栽培技术落后＞施肥技术落后＞土壤保肥性差＞土壤肥力贫瘠＞耕作技术落后＞无霜期短＞倒伏严重＞区域高产品种缺乏＞生长期积温不足＞耕层浅＞耕性差＞病虫害＞现有品种增产潜力有限＞伏涝＞春低温危害＞早衰＞杂草害＞春涝。其中，增产

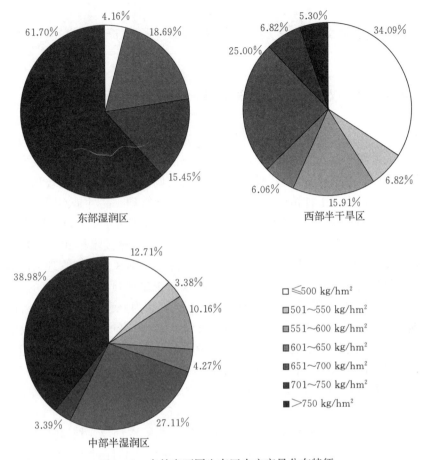

图 3-1　吉林省不同生态区农户产量分布特征

增效配套技术是主要限制因子；农业气候因子中，无霜期短是主要限制因子；土壤因子中，供肥性能是主要限制因子，主要表现为土壤基础肥力贫瘠，保肥性能较差；作物因子中，缺乏区域高产品种和倒伏现象是主要限制因子。

中部半湿润区：栽培技术落后＞耕层浅＞伏旱＞施肥技术落后＞耕作技术落后＞倒伏＞春旱＞无霜期短＞区域高产品种缺乏＞耕性差＞现有品种增产潜力有限＞病虫害＞生长期积温不足＞春低温＞伏涝＞土壤保肥性差＞土壤肥力贫瘠＞杂草害。其中，农业气候因子中的伏旱是主要限制因子；其次为土壤因子中的耕层较浅，配套管理技术仍是中部半湿润区玉米高产的主要限制因子，表现为栽培技术、施肥技术、耕作技术及其相应的技术集成落后。

西部半干旱区：伏旱＞春旱＞施肥技术落后＞栽培技术落后＞耕作技术落后＞耕层浅＞倒伏严重＞早衰严重＞土壤保肥性差＞土壤肥力贫瘠＞区域高产品种缺乏＞病虫害＞无霜期短＞耕性差＞现有品种增产潜力有限＞生长期积温不足＞伏涝＞杂草害＞春低温危害。其中，农业气候因子中伏旱和春旱是主要限制因子；其次为配套管理技术，即栽培技术、施肥技术、耕作技术及其相应的技术集成落后；土壤因子中，耕作性能和供肥性能均为主要限制因子，主要表现为耕层浅、土壤肥力贫瘠、保肥性差；作物因子中，倒伏和早衰现象是主要限制因子。

第二节 主要栽培因子对东北雨养春玉米产量效率的贡献率

一、栽培因子对雨养春玉米产量与效率的贡献率

玉米生产是一个综合管理的系统过程，受气候、社会、栽培管理措施、遗传潜力等多因素影响。前人采用开放式问卷和参与式评估等方法，将栽培管理措施及技术到位率列为当前东北春玉米产区产量提升的第一制约因素。通过调研农户、高产高效和超高产3个产量水平的生产模式，确定了种植密度、耕作方式、氮素管理、品种是不同生产模式玉米产量与氮素效率提升的主要技术因子，在此基础上设置了超高产（SH）模式、高产高效（HH）模式和农户（FP）模式3个不同产量水平的综合管理技术模式，针对不同模式中的技术因子设计了裂区试验，以耕作方式为主区、品种为副区、氮肥管理为副副区、密度为副副副区，分析增（减）技术因子对不同生产模式玉米产量及氮素效率的技术贡献率。结果表明，FP模式中技术因子对产量贡献率的大小依次为氮素管理、种植密度、土壤耕作和品种，贡献率分别为9.9%、6.0%、4.4%和2.5%；高产高效模式中栽培因子对产量贡献率的大小依次为种植密度、土壤耕作、氮素管理和品种贡献率采用数值的绝对值。同一因子增减的贡献率采用二者绝对值平均值表示。平均贡献率分别为7.65%、5.2%、4.4%和4.3%；超高产模式中栽培措施对产量贡献率大小依次为种植密度、氮素管理、土壤耕作和品种，贡献率分别为8.9%、7.3%、6.5%和5.1%（表3-1）。而3种模式中，栽培技术因子对氮素效率贡献率从高到低依次均为氮素管理、种植密度、土壤耕作和品种。其中，FP模式，氮素管理、种植密度、土壤耕作和品种对氮素效率的贡献率分别为30.5%、6.0%、4.4%和2.5%，HH模式分别为19.7%、7.7%、5.2%和4.3%，SH模式分别为25.4%、8.9%、6.4%和5.1%（表3-2）。

表3-1 增（减）技术因子形成的产量差及技术因子对产量的贡献率

技术模式	栽培因子	2017年		2018年		平均	
		产量差 (kg/hm²)	贡献率 (%)	产量差 (kg/hm²)	贡献率 (%)	产量差 (kg/hm²)	贡献率 (%)
FP模式	与FP比较 +土壤耕作	361.9	3.5	523.6	5.1	442.8	4.4
	+氮素管理	1 050.5	10.3	960	9.5	1 005.3	9.9
	+密度	770.8	7.6	440.9	4.4	609.9	6.0
	+品种	294.6	2.9	205.7	2.1	250.2	2.5
HH模式	与HH比较 -土壤耕作	-594.0	-4.7	-678.1	-5.7	-571.1	-5.2
	-氮素管理	-556.2	-4.4	-513.8	-4.3	-510.0	-4.4
	-密度	-1 209.3	-9.6	-1 279.1	-10.8	-1 244.2	-10.2
	++密度	760.6	6.0	483.8	4.1	622.2	5.1
	+品种	434.5	3.5	599.8	5.1	542.2	4.3

（续）

技术模式	栽培因子	2017 年		2018 年		平均	
		产量差 (kg/hm²)	贡献率 (%)	产量差 (kg/hm²)	贡献率 (%)	产量差 (kg/hm²)	贡献率 (%)
SH 模式	与 SH 比较 一土壤耕作	−498.5	−3.6	−1 182.7	−9.1	−840.6	−6.5
	一氮素管理	−1 114.1	−8.0	−833.1	−6.4	−973.6	−7.3
	一密度	−1 507.0	−10.9	−908.3	−6.9	−1 207.7	−8.9
	+品种	557.4	4.0	799.2	6.2	678.3	5.1

表 3-2　增（减）技术因子形成的养分效率差及技术因子对氮素效率的贡献率

技术模式	栽培因子	2017 年		2018 年		平均	
		产量差 (kg/hm²)	贡献率 (%)	产量差 (kg/hm²)	贡献率 (%)	产量差 (kg/hm²)	贡献率 (%)
FP 模式	与 FP 比较 +土壤耕作	1.3	3.5	1.9	5.1	1.64	4.4
	+氮素管理	12.2	31.2	11.8	29.8	12.0	30.5
	+密度	2.8	7.6	1.6	4.5	2.2	6.0
	+品种	1.1	2.9	0.8	2.1	0.9	2.5
HH 模式	与 HH 比较 一土壤耕作	−2.6	−4.7	−3.0	−5.7	−2.8	−5.2
	一氮素管理	−10.7	−19.0	−10.7	−20.3	−10.7	−19.7
	一密度	−5.4	−9.6	−5.7	−10.8	−5.5	−10.2
	++密度	3.6	6.0	2.2	4.1	2.9	5.2
	+品种	1.9	3.5	2.8	5.1	2.4	4.3
SH 模式	与 SH 比较 一土壤耕作	−1.4	−3.6	−3.3	−9.1	−2.3	−6.4
	一氮素管理	8.7	23.5	8.9	27.3	8.8	25.4
	一密度	−4.2	−10.9	−2.5	−6.9	−3.4	−8.9
	+品种	1.5	4.0	2.2	6.2	1.9	5.1

二、不同产量层次提升的限制因子

　　栽培技术因子对氮素效率贡献率从高到低均为氮素管理、种植密度、土壤耕作、品种。当前农户水平下氮素管理方式对产量的贡献率居首位，高产水平下种植密度和土壤耕作对产量贡献较大，而不同产量水平下氮素效率差异主要取决于氮素管理方式（图 3-2）。

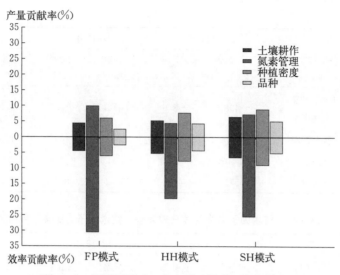

图 3-2　栽培因子对玉米产量及效率贡献的优先序

第三节　东北灌溉春玉米产量与效率限制因子分析

一、产量分布特征

（一）农户调研

2016—2017 年，通过在内蒙古呼伦贝尔市、兴安盟、通辽市和赤峰市玉米主产区的 4 个旗县 10 个乡（镇）开展玉米生产农户调研分析，调研采用问卷方式，通过访谈式交流，详细记录玉米生产信息（表 3-3）。通过数据整理汇总，分析确定生产上限制玉米产量和效率提高的主要栽培因子。

表 3-3　内蒙古玉米生产调研样点情况

市（盟）	县（旗）	有效问卷（份）	
		2016 年	2017 年
呼伦贝尔市	阿荣旗（向阳峪、亚东镇）	66	55
兴安盟	突泉县（突泉镇、学田乡）	68	59
通辽市	开鲁县（开鲁镇、建华镇、幸福镇）	61	41
赤峰市	松山区（太平地镇、夏家店乡、安庆镇）	43	55
合计		238	210

（二）农户产量分析

连续 2 年的农户调研结果显示（图 3-3、图 3-4），灌溉区玉米平均产量 12.5 t/hm² 显著高于旱作区 6.6 t/hm²。2016 年灌溉区农户平均产量为 12.7 t/hm²，产量在 10.5～

12 t/hm²、12.1～13.5 t/hm²、13.6～15 t/hm² 的农户分别占到总样本量的 19%、23% 和 49%；2017 年灌溉区农户平均产量为 12.3 t/hm²，产量 10.5～12 t/hm²、12.1～13.5 t/hm²、13.6～15 t/hm² 的农户分别占到总样本量的 32%、30% 和 32%。总体来说，不同区域、不同农户间、不同年际间玉米产量差异较大，产量稳产性不高，各区域皆具有较大增产潜力。

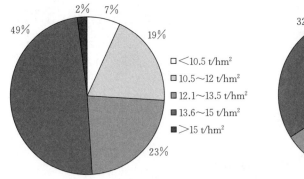
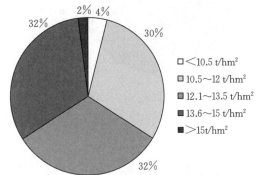

图 3-3　2016 年灌溉玉米区产量分布　　　　图 3-4　2017 年灌溉玉米区产量分布

二、栽培因子的影响

为了充分掌握玉米生产限制因子，问卷调查中，共设计了农艺管理、土壤条件、生物与非生物因素 4 个方面的与玉米生产紧密相关的 21 项限制因子，供农户按影响优先序排序，经统计并结合生产实际，本研究选择了其中排名前 5 位的因子进行深入统计分析。

（一）品种的影响

调研结果显示，以西辽河平原为中心的灌溉区，种植的玉米品种有 28 个，其中，京科 968 占到总调研样本的 44.6%，郑单 958、伟科 702、奥玉 3804 都占到 6% 的种植比例，其他品种合计占到总样本量的 14%。旱作区种植的品种有 82 个，其中，先玉 335 占11%，其他品种占比在 5%～10% 的仅有 3 个。总体来看，灌溉区的主导品种相对突出，但旱作区的品种多、乱、杂的现象并未改观，表现好于先玉 335 的抗逆耐密品种较少（图 3-5）。

（二）密度影响

灌溉区种植密度在 6 万～7.5 万株/hm² 占中样本的 88%，平均种植密度在 6.75 万株/hm² 左右。旱作区平均密度为 6 万株/hm² 左右，种植密度小于 6 万株/hm² 和 6～6.75 万株/hm² 的分别占 26% 和 32%。总体来看，灌溉区种植密度高于旱作区，但实际成苗密度受播种质量、墒情等影响，应皆低于播种密度，即灌溉区成苗密度不高于 6.75 万株/hm²，而旱作区则低于 6 万株/hm²，有 0.75 万～1.5 万株/hm² 的增密空间（图 3-6）。

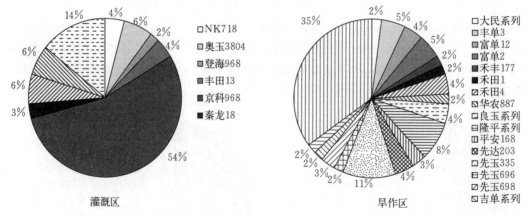

图 3-5　内蒙古玉米主产区种植品种统计

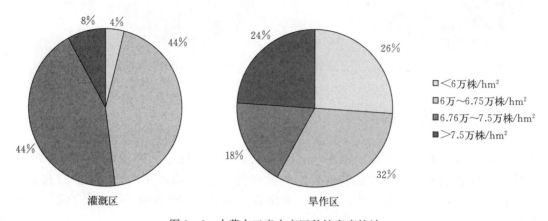

图 3-6　内蒙古玉米主产区种植密度统计

（三）土壤管理

由图 3-7 调研结果来看，94%的农户采用播前整地，64%的农户采用浅旋耕灭茬整地方式，仅有 24%的农户进行以根茬还田为主的粉碎覆盖秸秆还田，64%的农户不进行秸秆还田。可见，农户受省时省工动机驱动，土壤耕作不合理，是导致耕层浅、结构差、耕地质量降低的重要原因。

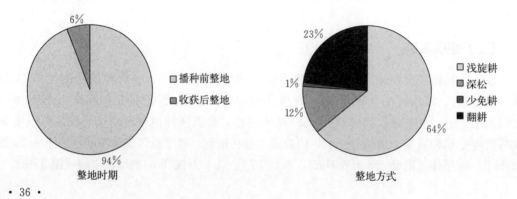

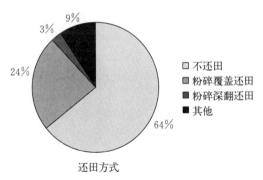

图 3-7　内蒙古玉米主产区土壤管理统计

(四) 养分管理

灌溉区，有 56% 和 25% 的农户施 N 量在 181～360 kg/hm² 和大于 360 kg/hm²，有 75% 和 11% 的农户施 P_2O_5 量在 90～180 kg/hm² 和 181～360 kg/hm²，而 77% 和 17% 的农户施 K_2O 量在 45～90 kg/hm² 和小于 45 kg/hm²；旱作区，有 43% 和 24% 的农户施 N 量在 136～180 kg/hm² 和 181～225 kg/hm²，有 51% 和 25% 的农户施 P_2O_5 量在 45～90 kg/hm² 和大于 135 kg/hm²，而 43% 和 56% 的农户施 K_2O 量分别为小于 45 kg/hm² 和 45～90 kg/hm²（图 3-8、图 3-9）。

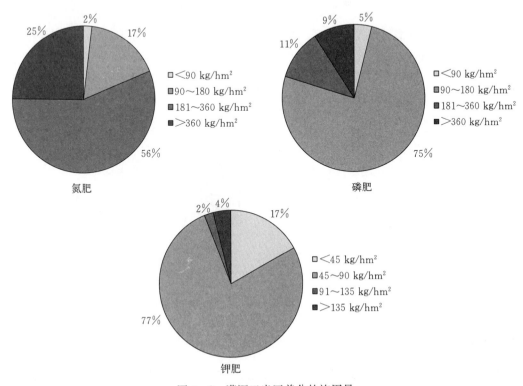

图 3-8　灌溉玉米区养分的施用量

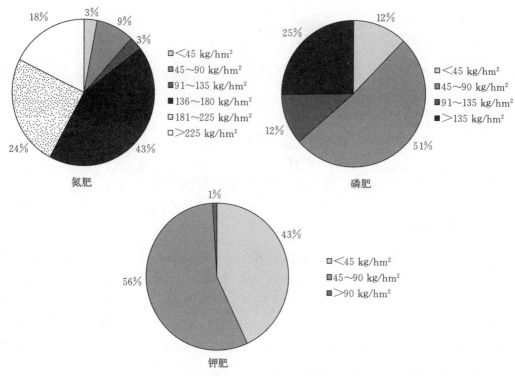

图 3-9 旱作玉米区养分的施用量

可见，无论是灌溉区还是旱作区，总体上存在 N、P_2O_5 过量而 K_2O 不足的不平衡现象。总体用量上看，过量和不足的现象并存，农户间施肥量变异较大。从施肥方式来看，播种时"一炮轰"的施肥方式在灌溉区和旱作区分别占总样本的 42% 和 35%（图 3-10），养分损失和玉米后期脱肥风险较大。

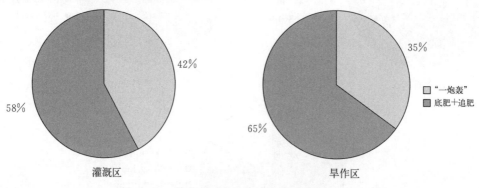

图 3-10 内蒙古玉米主产区农户施肥方式统计

（五）病虫害防治

限制玉米产量的非生物因素主要是干旱和低温，生物因素主要是玉米螟和大斑病、小斑病，分别占总样本量的 52% 和 19%。农户对化学调控技术的应用并不重视，69% 的农户从不应用化学调控技术，而年年应用的农户仅占到10％的比例。因玉米螟的防治需要大区域范围的统防统治，单个农户的防治效果较差，技术优化难度较大；但当前气候变化和密植为导向生产条件下，病害防治和化学调控技术对于玉米抗倒防衰稳定增产的作用会日益凸显。

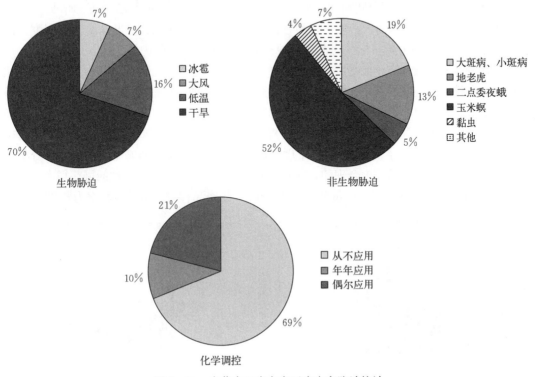

图 3-11　内蒙古玉米主产区病虫害防治统计

三、限制因子优先序

（一）文献综述

根据李少昆等对我国玉米生产技术创新历程的分析，2000年之后我国玉米生产进入新一轮技术革新。因此，本文对2000年以来我国玉米在品种、密度、养分管理、耕作方式、病害防治（喷施甲氧基丙烯酸酯类杀菌剂，兼具化学调控延衰功能）的研究文献数据进行统计分析。

文献的筛选条件为：一是试验区域为中国玉米主产区。二是涉及的各栽培管理因素的基本要求。品种，包含耐密品种与常规品种的产量；种植密度，包含至少3个密度处理的产量，除密度不同外，其他栽培措施相同；耕作方式，包含深松（深翻）试验组产量和浅旋为参照的对照组产量；养分管理，包括农户习惯施肥和优化施肥管理的产量；防病，包含喷施甲氧基丙烯酸酯类杀菌剂的防病处理产量和喷清水（或不喷）为参照的对照组产量。三是剔除试验地点、试验年份、作物种类、试验数据相同的文献。共获得有效文献114篇，其中，品种、密度相关文献30篇，土壤耕作方式相关文献39篇，养分管理相关文献 29 篇，喷施甲氧基丙烯酸酯类生长调节剂防病相关文献 16 篇。具体涉及的研究地点分布与我国玉米主产区布局基本吻合。

（二）品种耐密性对春玉米产量的贡献

由图 3 - 12 （a） 回归分析可见，耐密品种和常规品种的产量都随密度的增加呈单峰曲线变化，在 4.9 万株/hm² 密度下，耐密品种和常规品种的产量相当，低于此密度，以株型平展、稀植大穗为典型特征的常规品种充分发挥了单株生产优势 ［图 3 - 12 （b）］，产量高于耐密品种产量；高于此密度，常规品种单株产量迅速降低，而耐密品种则通过维持相对较高的单株产量，使其群体籽粒产量则明显高于常规品种。耐密品种在 10.0 万株/hm² 密度下获得最大产量 13.2 t/hm²，常规品种在 9.1 万株/hm² 下达到最大产量 11.1 t/hm²。杨锦忠等对我国玉米产量-密度关系的 Meta 分析表明，当前农户技术管理水平下的安全生产密度为 6.0 万株/hm²。为了消除密度因素的影响，在 6.0 万株/hm² 的安全生产密度下分析品种耐密性对产量的贡献是较为合理的。在此密度下，耐密品种和常规品种的可获得产量分别为 11.2 t/hm² 和 10.5 t/hm²，产量差为 0.7 t/hm²，耐密品种对产量的贡献率为 6.3%。

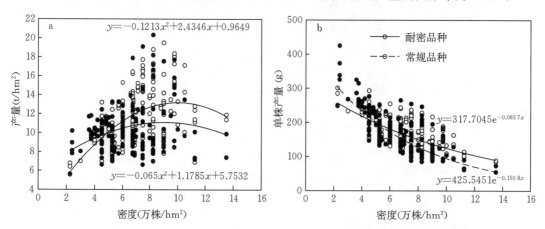

图 3 - 12　不同耐密型玉米品种产量和单株产量对密度响应的回归分析

（三）种植密度对春玉米产量的贡献

从所引文献数据来看，耐密品种实际为生产上主推的以先玉 335 和郑单 958 为代表的紧凑耐密型品种。因此，密度对产量的贡献应以耐密品种的产量-密度回归模型为依据进行分析。当前生产实际平均密度 6 万株/hm² 对应产量为 11.2 t/hm²；若以耐密品种产量峰值密度 10.0 万株为密植目标，对应产量为 13.2 t/hm²。两密度之间的产量差为 2.0 t/hm²，密度对产量的贡献为 15.1%。

（四）耕作方式对春玉米产量的贡献

由于长期浅旋灭茬作业，我国北方春玉米区农田耕层变浅、结构紧实，已成为限制春玉米增产增效的重要限制因子之一，通过深耕（深松或深翻）打破犁底层、加深耕层深度是解决这一问题的主要途径。综合 39 篇研究文献的结果来看，耕作方式对玉米产量有显著影响（图 3-13），浅旋耕作的玉米产量在 4.9～15.2 t/hm²，平均为 9.6 t/hm²；深耕的玉米产量在 6.0～17.0 t/hm²，平均为 10.4 t/hm²。深耕作业较浅旋产量提高 0.8 t/hm²，对产量的贡献率为 7.7%。

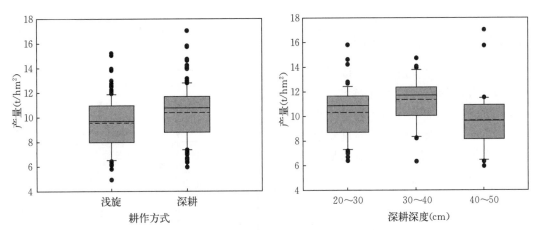

图 3-13 不同耕作措施和耕作深度下春玉米产量比较

注：箱线图中实线为中位数；虚线为平均值；箱上下边分别代表上下四分位；实心圆点为异常值。

从不同深耕深度对玉米产量的影响来看，耕深为 20～30 cm 的产量平均为 10.3 t/hm²，30～40 cm 耕深的产量平均为 11.4 t/hm²，但当耕深达 40～50 cm 时，其产量则明显降低，平均为 9.7 t/hm²，与浅旋耕作无显著差异。说明虽然深耕改土后具备明显增产效益，但耕作深度不宜过深。

（五）养分管理对春玉米产量的贡献

由图 3-14 可知，农户习惯施肥的产量在 5.0～12.4 t/hm²，平均为 8.9 t/hm²；优化养分管理的产量在 5.2～13.6 t/hm²，平均为 9.9 t/hm²；优化养分管理较农户习惯施肥平均增产 1.0 t/hm²，对产量的贡献为 10.1%。

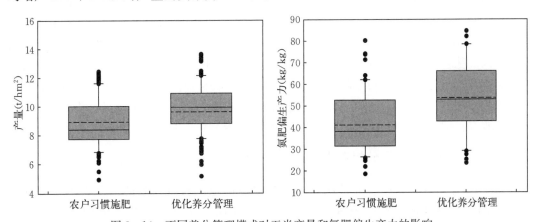

图 3-14 不同养分管理模式对玉米产量和氮肥偏生产力的影响

注：箱线图中实线为中位数；虚线为平均值；箱上下边分别代表上下四分位；实心圆点为异常值。

从文献统计结果来看，农户习惯施肥平均氮肥投入为 234.1 kg/hm²，氮肥偏生产力（PFP$_N$）为 40.5 kg/hm²；优化养分管理平均氮肥投入为 202.5 kg/hm²，PFP$_N$ 为 52.6 kg/kg。二者的 PFP$_N$ 效率差为 12.1 kg/kg，优化养分管理对氮肥生产效率的贡献达 23.0%。

（六）病害防治对春玉米产量的贡献

集约化栽培管理条件下，特别是高密度玉米群体的病害有加重趋势，且以叶片真菌病害加重为典型特征，玉米叶片病害防治是玉米安全高产的重要措施之一。甲氧基丙烯酸酯类杀菌剂是防治作物叶片真菌病害的主要农药，其同时具备延缓叶片衰老、增强持绿性的化学调控增产作用。由图 3-15 可知，喷施甲氧基丙烯酸酯类杀菌剂防病后，玉米的产量在 6.4～15.6 t/hm²，平均为 11.2 t/hm²；对照为喷清水（或不喷施）的产量为 5.0～13.2 t/hm²，平均为 10.2 t/hm²。喷施杀菌剂防病较对照增产 1.0 t/hm²，对产量的贡献率为 8.9%。

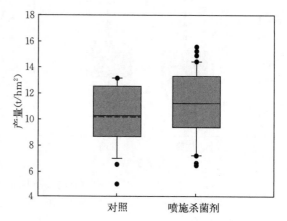

图 3-15　喷施甲氧基丙烯酸酯类杀菌剂对玉米产量的影响

注：箱线图中实线为中位数；虚线为平均值；箱上下边分别代表上下四分位；实心圆点为异常值。

四、产量与氮效率的主控因子

（一）基于产量性能分析的产量差异的主控因子

通过综合东北区域不同生态区 15 个共性试验点结果，证明作物因子对各产量水平的限制，分析发现，高产高效－农户产量水平缩差来自平均叶面积指数（MLAI）增加（5.0%～16%）及穗数（EN）增加（14%～28.5%），超高产－高产高效产量水平缩差来自 MLAI 提高及稳定收获指数；同时发现，西部较高的高产高效及超高产产量来自 MLAI 以及穗粒数（GN）同步增加（13%～35%）（图 3-16）。进一步研究发现，各不同产量水平均与花后干物质量显著正相关，超高产相关性更高；高产高效－农户及超高产－高产高效缩差过程中与花前干物质积累量相关性更高。随产量水平提高，花后干物质总量明显提高；但花前花后干物质比例保持相对稳定均为 0.5（图 3-16）。

（二）基于产量-资源分析方法的氮肥效率差异的主控因子

对不同生态区氮效率研究证明，东北平原西部地区获得较高的产量，主要是其拥有较高的氮肥截获率，同一地区产量差异相比发现高产高效水平具有较高的氮截获率及转化率支撑产量和 NUE 提升，超高产氮肥效率的提升受其氮肥截获率的明显制约（图 3-17）。

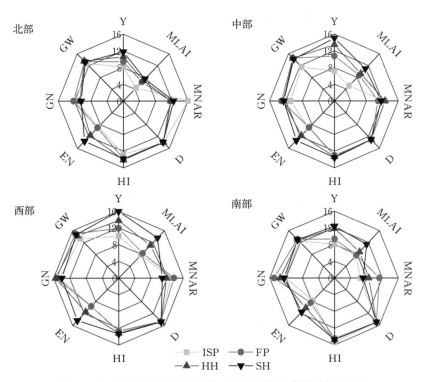

图 3-16 东北不同产量水平春玉米产量性能参数的定量分析

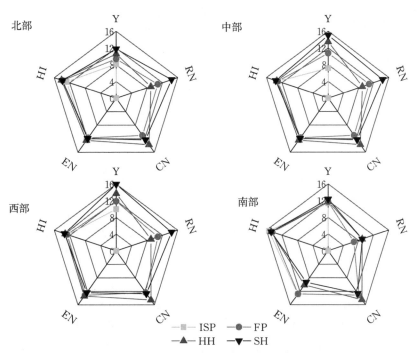

图 3-17 东北不同产量水平春玉米氮效率差异的定量分析

（三）基于产量性能的春玉米产量差形成原因解析

将田间因子替换试验各处理的产量差与其产量性能参数进行相关分析可知，产量差与群体生物量差及单位面积总粒数差显著正相关，而与收获指数差和千粒重差无显著相关性，说明各措施因子对玉米产量差的影响主要通过影响群体物质生产能力和群体库容量实现。由图 3-18 可见，产量差与平均叶面积指数（MLAI）差呈"线性+平台"关系，当 MLAI 差低于 0.53 时，随着 MLAI 差的增加产量差增大，说明此时因群体容量不够导致叶面积指数不足是产量差存在的主要因素，当 MLAI 差达到 0.53 以上时，随 MLAI 继续增加产量差则不再增大，说明群体增加到一定程度后叶源量饱和，继续增大群体对产量无益，而此时产量差与群体平均净同化率呈显著负相关，说明当群体容量饱和后，如何优化群体同化性能，提高光能利用效率和单位叶面积籽粒生产效率具有很大空间，是缩差增产的关键。

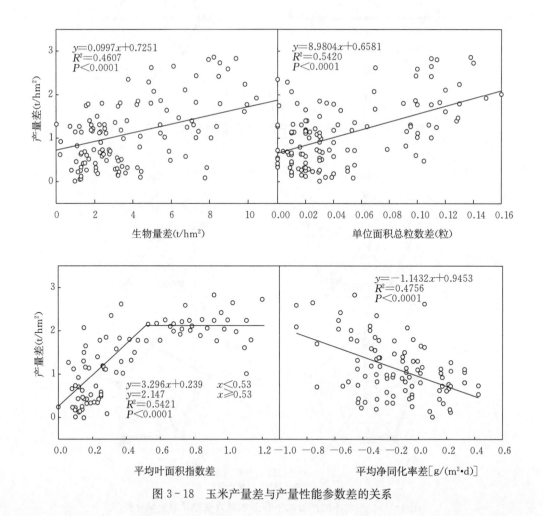

图 3-18　玉米产量差与产量性能参数差的关系

第四节 主要栽培因子对东北灌溉春玉米产量效率的贡献率

一、栽培措施因子替换试验

2017 年，在包头市土默特右旗沟门镇和赤峰市巴林右旗大板镇同步进行两点试验。以品种、密度、土壤耕作、养分管理、病害防治作为 5 大栽培管理措施因子。为了避免 5 个因子交互导致试验量过大的问题，本研究参照 Below 的不完全因子设计（Frederick E. Below，2015）。5 个因子都设两个水平，分别与农户（FP，农户产量）模式和超高产（SH，高产纪录）模式保持一致。

常规品种先玉 335（包头市土默特右旗沟门镇）、和田 4 号（赤峰市巴林右旗大板镇）代表农户模式水平，耐密品种华美 1 号（包头市土默特右旗沟门镇）、欧美亚 2 号（赤峰市巴林右旗大板镇）代表综合高产水平，分别用－品种、＋品种表示；密度为 6.0 万株/hm² 代表农户模式水平，9.0 万株/hm² 代表综合高产水平，分别用－密度、＋密度表示；土壤耕作为浅旋灭茬代表农户模式水平，秸秆深翻还田 35 cm＋有机肥（30 t/hm²）代表综合高产水平，分别用－土壤耕作、＋土壤耕作表示；养分管理为"一炮轰"，即每公顷施入养分纯量 N＋P_2O_5＋K_2O＝255 kg＋135 kg＋75 kg，结合整地一次把全部化肥施入土壤，生育期间不再追肥代表农户模式水平，平衡增量＋中微（S＋Zn）＋氮肥分期（底肥：追肥＝3：7），即底肥每公顷施入养分纯量 N＋P_2O_5＋K_2O＋S＋Zn＝81 kg＋105 kg＋86 kg＋3 kg＋6 kg，拔节期追施纯 N 量 189 kg/hm² 代表综合高产水平，分别用－养分管理、＋养分管理表示；病害防治为不喷施甲氧基丙烯酸酯类杀菌剂代表农户模式水平，喷施甲氧基丙烯酸酯类杀菌剂（兼具生长调节作用）在 8～12 叶展每公顷用量 750 mL 兑水675 L 均匀喷雾代表综合高产水平，分别用－防病、＋防病表示。

试验以 FP 和 SH 为双向对照，进行因子双向替换，即分别在 FP 模式基础上逐个优化因子、在 SH 模式基础上逐个劣化因子。试验采用不完全因子设计，随机区组排列，12 个处理（表 3 - 4）。

表 3 - 4 试验因子表

处理		栽培措施因子				
对照模式	增减措施因子	品种	密度（万株/hm²）	土壤耕作	养分管理	防病
农户模式	无	常规品种	6.0	浅旋灭茬	一炮轰	无
	＋品种	耐密品种	6.0	浅旋灭茬	一炮轰	无
	＋密度	常规品种	9.0	浅旋灭茬	一炮轰	无
	＋土壤耕作	常规品种	6.0	秸秆深翻还田＋有机肥	一炮轰	无
	＋养分管理	常规品种	6.0	浅旋灭茬	平衡增量＋中微＋氮肥分期	无
	＋防病	常规品种	6.0	浅旋灭茬	一炮轰	喷杀菌剂

（续）

处理		栽培措施因子				
对照模式	增减措施因子	品种	密度 （万株/hm²）	土壤耕作	养分管理	防病
超高产模式	无	耐密品种	9.0	秸秆深翻还田＋ 有机肥	平衡增量＋中微＋ 氮肥分期	喷杀菌剂
	一品种	常规品种	9.0	秸秆深翻还田＋ 有机肥	平衡增量＋中微＋ 氮肥分期	喷杀菌剂
	一密度	耐密品种	6.0	秸秆深翻还田＋ 有机肥	平衡增量＋中微＋ 氮肥分期	喷杀菌剂
	一土壤耕作	耐密品种	9.0	浅旋灭茬	平衡增量＋中微＋ 氮肥分期	喷杀菌剂
	一养分管理	耐密品种	9.0	秸秆深翻还田＋有机肥	一炮轰	喷杀菌剂
	一防病	耐密品种	9.0	秸秆深翻还田＋ 有机肥	平衡增量＋中微＋ 氮肥分期	无

二、对产量层次差异的贡献

（一）栽培措施因子对产量的影响

从模式间来看，超高产（SH）模式的产量最高。在农户（FP）模式上优化措施因子处理中（表3-5），除优化品种措施之外均表现增产，由于优化后的品种为耐高密品种，其在低密度条件下不具备产量优势。因此，在FP模式低密度条件下表现减产。从两试验点来看FP模式和在FP模式上优化措施因子的产量土默特右旗试验点均高于巴林右旗试验点。在FP模式上优化密度和养分管理措施较FP模式增产显著，其次是优化杀菌剂措施增产较多，优化耕作措施增产幅度较小。从两试验点来看，SH模式和在SH模式下劣化措施因子的产量土默特右旗试验点均高于巴林右旗试验点。在SH模式上劣化各措施因子，产量均表现减产，劣化密度和养分管理减产显著，其次是劣化杀菌剂和土壤耕作措施减产较多，劣化品种措施减产幅度最小。

表3-5 栽培措施因子对玉米产量的影响

处理		产量（t/hm²）		两点平均
对照模式	增减措施因子	土默特右旗	巴林右旗	（t/hm²）
农户模式		11.93	10.77	11.35
	＋土壤耕作	12.55	11.19	11.87
	＋养分管理	13.33*	11.88*	12.605*
	＋品种	11.69	10.44	11.065
	＋密度	13.73*	12.56*	13.145*
	＋杀菌剂	12.59	11.20	11.895

（续）

| 处理 | | 产量（t/hm²） | | 两点平均 |
对照模式	增减措施因子	土默特右旗	巴林右旗	(t/hm²)
超高产模式		13.83	12.91	13.37
	一土壤耕作	13.50	12.66	13.08
	一养分管理	12.65*	11.76*	12.205*
	一品种	13.59	12.65	13.12
	一密度	11.59*	10.50*	11.045*
	一杀菌剂	13.40	12.45	12.925

注：*表示在 0.05 水平上差异显著。

（二）栽培措施因子对产量的贡献分析

产量与产量差呈极显著正相关，FP 模式优化各措施因子的产量与产量差呈极显著正相关（$r=0.59$），SH 模式劣化各措施因子的产量与产量差呈极显著正相关（$r=0.77$），SH 模式下的产量与产量差相关性较大。

由表 3-6 可见，在 FP 模式基础上优化各措施因子，增加密度可增产 1.83 t/hm²，对产量的贡献为 16.11%；而在 SH 模式基础上降低密度至 FP 水平，则减产 2.33 t/hm²，对产量的贡献为 17.43%。两试验点间比较，密度在低产地区（巴林右旗）对产量的贡献要高于高产地区（土默特右旗），说明受积温限制的低产条件下，密度是弥补产量的重要措施之一。FP 模式和 SH 模式间比较来看，密度在 FP 模式下对产量的影响要低于在 SH 模式下的影响，说明在一般管理水平下增密的增产效应受其他因子如养分供应不足等限制。将 FP 模式和 SH 模式下替换密度措施的产量差平均，密度造成的产量差为 2.08 t/hm²，对产量的贡献为 16.77%。

在 FP 模式基础上优化养分管理措施可增产 1.26 t/hm²，对产量的贡献为 11.02%；在 SH 模式基础上养分管理替换至 FP 模式水平，减产 1.17 t/hm²，对产量的贡献 8.72%。两试验点间比较，养分管理在低产地区（巴林右旗）和高产地区（土默特右旗）对产量的贡献无显著差异。从 FP 模式和 SH 模式间比较来看，养分管理在 FP 模式下对产量的影响要高于在 SH 模式下的影响，说明在 FP 模式上优化养分管理，产量存在很大提升空间，SH 模式由于其他栽培措施的优化降低了养分管理对产量的影响。将 FP 模式和 SH 模式下替换养分管理措施的产量差平均，养分管理造成的产量差为 1.21 t/hm²，对产量的贡献为 9.87%。

在 FP 模式基础上喷施杀菌剂可增产 0.55 t/hm²，对产量的贡献为 4.76%；在 SH 模式上去除喷施杀菌剂，可减产 0.45 t/hm²，对产量的贡献为 3.34%。两试验点间比较，喷施杀菌剂措施在土默特右旗和巴林右旗试验点对产量的贡献无显著差异。从 FP 模式和 SH 模式间比较来看，喷施杀菌剂措施在 FP 模式下对产量的影响和在 HH 模式上无显著差异。将 FP 模式和 SH 模式下替换杀菌剂措施的产量差平均，杀菌剂措施造成的产量差为 0.50 t/hm²，对产量的贡献为 4.05%。

表3-6　栽培措施因子导致的产量差及其对玉米产量的贡献率

处理		包头市土默特右旗		赤峰市巴林右旗		平均	
对照模式	增减措施因子	产量差(t/hm^2)	贡献率(%)	产量差(t/hm^2)	贡献率(%)	产量差(t/hm^2)	贡献率(%)
	较FP模式增减						
农户模式	＋土壤耕作	0.62	5.20	0.42	3.90	0.52	4.55
	＋养分管理	1.40*	11.74*	1.11*	10.31*	1.26*	11.02*
	＋品种	−0.24	−2.01	−0.33	−3.06	−0.29	−2.54
	＋密度	1.86*	15.59*	1.79*	16.62*	1.83*	16.11*
	＋杀菌剂	0.66	5.53	0.43	3.99	0.55	4.76
	较SH模式增减						
超高产模式	−土壤耕作	−0.33	−2.39	−0.25	−1.94	−0.29	−2.16
	−养分管理	−1.18*	−8.53*	−1.15*	−8.91*	−1.17*	−8.72*
	−品种	−0.24	−1.74	−0.26	−2.01	−0.25	−1.87
	−密度	−2.24*	−16.20*	−2.41*	−18.07*	−2.33*	−17.43*
	−杀菌剂	−0.43	−3.11	−0.46	−3.56	−0.45	−3.34
超高产模式相比农户模式		1.90*	15.93*	2.14*	19.87*	2.02*	17.90*

注：*表示在0.05水平上差异显著。

在FP模式基础上优化土壤耕作措施可增产0.52 t/hm^2，对产量的贡献为4.55%；在SH模式上劣化土壤耕作措施减产0.29 t/hm^2，对产量的贡献为2.16%。两试验点间比较，土壤耕作措施在土默特右旗和巴林右旗试验点对产量的贡献无显著差异。从FP模式和SH模式间比较来看，土壤耕作措施在FP模式下对产量的影响要高于在SH模式下的影响，说明在FP模式上优化土壤耕作措施，产量有很大提升空间，SH模式由于其他栽培措施的优化降低了土壤耕作对产量的影响。将FP模式和SH模式下替换土壤耕作措施的产量差平均，土壤耕作措施造成的产量差为0.41 t/hm^2，对产量的贡献为3.35%。

本试验中，品种都选择耐高密宜机收品种。因此，耐密品种在农户模式低密度下不具备产量优势，更替后均表现减产，其贡献均以超高产栽培下进行估计，估计值偏低。在HH模式上劣化品种措施减产0.25 t/hm^2，对产量的贡献为1.87%。

综上可见，密度和养分管理是最关键的产量限制因子，对产量的贡献分别为（两试验点平均）16.77%、9.87%，对产量的限制因子依次是杀菌剂4.05%、土壤耕作3.35%、品种1.87%。主要栽培因子替换试验对产量贡献的优先序为：密度、养分管理、防病（兼化学调控）、土壤耕作、品种。

三、对产量差及效率差的贡献率

如表3-7所示，各地玉米生产系统各因素对产量差的贡献率表现为可控因素＞当前不可控因素＞地域差异因素。其中，气候因子即当前不可控因素占43.7%，说明各地光热生产潜力仍有很大挖掘空间，需要在综合技术优化的基础上，通过进一步提升品种遗传产量、优化栽培措施、提升群体抗逆性，来适应气候条件，实现综合挖潜。其中，当前农艺水平、有限技术优化和技术综合优化的贡献率分别为 17.548%、22.592% 和 16.14%，说明当前农户技术仅在基础地力基础上，实现增产 17.548%，有限技术优化在 FP 模式基础上增产 22.592%，实现了高产高效；在 HH 模式基础上，综合技术优化则再增产 16.14%，通过土壤、群体、管理等技术优化实现产量大幅提高。地域差异因素为 23.294%，消除这部分差距对区域尺度全面增产增效具有重要意义。各生态区不可控因素的贡献率随光热资源总量的增加逐渐增大，而可控因素的贡献率逐渐降低。

表 3-7　各因素对产量差的贡献率（%）

年份	地区	地域差异因素	可控因素			当前不可控因素
			技术综合优化	有限技术优化（密度、养分）	当前农艺水平	
2018	岭东	43.17a	9.76c	38.01a	20.37ab	31.86d
	岭南	24.50b	16.73b	21.79c	21.52a	39.95c
	西辽河	23.26b	15.82b	19.41d	14.99c	49.78a
	燕山北部	11.33c	9.36c	24.40b	19.12b	47.13b
	河套	0.00d	20.73a	22.86bc	7.64d	48.76a
2019	岭东	59.39a	17.42b	31.30a	17.91b	33.37e
	岭南	34.09b	18.08b	20.84b	21.03a	40.05b
	西辽河	23.12c	14.75c	15.53d	16.13c	53.59a
	燕山北部	14.07d	13.71d	14.31d	18.98b	53.00a
	河套	0.00e	25.02a	17.45c	17.77b	39.76b
平均	岭东	51.28a	13.59d	34.66a	19.14b	32.61e
	岭南	29.30b	17.41b	21.32b	21.28a	40.00d
	西辽河	23.19c	15.29c	17.47d	15.56c	51.68a
	燕山北部	12.70d	11.53c	19.35b	19.05b	50.06b
	河套	0.00e	22.88a	20.16c	12.71d	44.26c
总计		23.294	16.14	22.592	17.548	43.722

注：不同小写字母表示在 0.05 水平上差异显著。

各因素对效率差的贡献率表现为可控因素＞当前不可控因素＞地域差异因素。其中，当前农艺水平、有限技术优化和技术综合优化的贡献率分别为 16.432%、26.204% 和 23.806%，说明当前农户技术在基础地力产量基础上，实现增效 16.432%；有限技术优化在 FP 模式基础上增效 26.204%，实现了高产高效；在 HH 模式基础上，综合技术优化则再增效 23.806%，通过土壤、群体、管理等技术综合优化可实现光热资源利用效率大幅提高。当前不可控因素为 33.56%，各地光热利用效率仍有进一步提升的空间，应继续综合优化各项技术措施，实现光热资源的高效利用。地域差异因素为 9.17% 和 8.688%，随光热资源总量的增加而降低。不同生态区的可控因素对效率差的贡献率随光热资源总量的增加而降低，其中，当前农艺水平的贡献率随光热资源总量的增加而增加，有限技术优化逐渐降低，技术综合优化有提高趋势。光热资源充沛的地区当前不可控因素对效率差的贡献率较大（表3-8）。

表3-8　各因素光热生产效率的贡献率（%）

年份	地区	地域差异因素		可控因素			当前不可控因素
		光能生产效率	热量生产效率	技术综合优化	有限技术优化（密度、养分）	当前农艺水平	
2018	岭东	10.19b	17.58a	22.79a	32.81a	13.27c	31.13d
	岭南	13.08a	10.44c	24.25a	25.12c	10.54d	40.09b
	西辽河	1.26d	16.56b	20.62b	28.33b	17.79a	33.26c
	燕山北部	0.00e	6.45d	18.77c	32.85a	16.14b	32.25c
	河套	5.56c	0.00e	19.47b	25.83c	12.56c	42.14a
2019	岭东	23.36a	12.09b	31.07a	28.15b	10.93c	29.85c
	岭南	16.00c	13.81a	21.74d	26.38b	24.37a	27.50d
	西辽河	0.00e	9.78c	27.20b	20.32d	18.77b	33.71a
	燕山北部	18.44b	0.19d	24.25c	23.84c	17.22b	34.69a
	河套	3.83d	0.00e	27.89b	18.40e	22.71a	31.00b
平均	岭东	16.77a	14.83a	26.93a	30.48a	12.10d	30.49c
	岭南	14.54b	12.12c	23.00b	25.75c	17.46b	33.79b
	西辽河	0.63e	13.17b	23.91ab	24.33d	18.28a	33.48b
	燕山北部	9.22c	3.32d	21.51c	28.35b	16.68b	33.47b
	河套	4.69d	0.00e	23.68ab	22.11e	17.64b	36.57a
总计		9.17	8.688	23.806	26.204	16.432	33.56

注：不同小写字母表示在0.05水平上差异显著。

四、对效率层次差异的贡献

（一）栽培措施因子对氮肥偏生产力（PFP~N~）的影响

从表3-9来看，不同栽培措施因子对氮肥偏生产力（PFP$_N$）有较显著影响。FP模式的氮肥投入为255 kg/hm^2，PFP$_N$为44.51 kg/kg。SH模式的氮肥投入为270 kg/hm^2，PFP$_N$为49.53 kg/kg。

FP模式基础上优化各措施因子，除品种外PFP$_N$都有一定增加，优化密度措施的PFP$_N$最大，为51.67 kg/kg，效率差为7.11 kg/kg，优化密度措施对PFP$_N$的贡献为15.99%；在SH模式基础上劣化密度措施，PFP$_N$效率差为8.62 kg/kg，对PFP$_N$的贡献为17.45%；将FP模式和SH模式下替换密度措施的效率差平均，密度造成的效率差为7.86 kg/kg，增效16.72%。在FP模式基础上优化养分管理措施，PFP$_N$效率差2.18 kg/kg，对PFP$_N$的贡献为4.87%；在SH模式基础上劣化养分管理措施，PFP$_N$效率差为

$-1.66\ \text{kg/kg}$，对 PFP_N 的贡献为 -3.35%；将 FP 模式和 SH 模式下替换养分管理措施的效率差平均，养分管理造成的效率差为 $1.92\ \text{kg/kg}$，增效 4.11%。在 FP 模式基础上优化杀菌剂措施，PFP_N 效率差为 $2.14\ \text{kg/kg}$，对 PFP_N 的贡献为 4.76%；在 SH 模式基础上劣化杀菌剂措施，PFP_N 效率差为 $-1.65\ \text{kg/kg}$，对 PFP_N 的贡献为 -3.34%；将 FP 模式和 SH 模式下替换杀菌剂措施的效率差平均，杀菌剂造成的效率差为 $1.89\ \text{kg/kg}$，增效 4.05%。

表 3-9　栽培措施因子对玉米群体 PFP_N 及 PFP_N 差的影响

对照模式	增减措施因子	包头市土默特右旗			赤峰市巴林右旗			平均		
		PFP_N (kg/kg)	PFP_N 效率差 (kg/kg)	PFP_N 效率差贡献率 (%)	PFP_N (kg/kg)	PFP_N 效率差 (kg/kg)	PFP_N 效率差贡献率 (%)	PFP_N (kg/kg)	PFP_N 效率差 (kg/kg)	PFP_N 效率差贡献率 (%)
农户模式		46.78			42.23			44.51		
	＋土壤耕作	49.22	2.43	5.20	43.88	1.64	3.90	46.55	2.04	4.55
	＋养分管理	49.38	2.60	5.55	44.01	1.77	4.19	46.69	2.18	4.87
	＋品种	45.84	−0.94	−2.01	40.94	−1.29	−3.06	43.39	−1.12	−2.54
	＋密度	54.08*	7.20	15.35	49.25*	7.02	16.62	51.67*	7.11	15.99
	＋杀菌剂	49.37	2.59	5.53	43.92	1.69	3.99	46.65	2.14	4.76
超高产		51.22			47.83			49.53		
	−土壤耕作	50.00	−1.22	−2.39	46.90	−0.93	−1.94	48.45	−1.07	−2.16
	−养分管理	49.62	−1.60	−3.13	46.10	−1.71	−3.58	47.86	−1.66	−3.35
	−品种	50.32	−0.90	−1.76	47.23	−0.96	−2.01	48.77	−0.93	−1.89
	−密度	42.91*	−8.31	−16.23	38.88*	−8.93	−18.67	40.89*	−8.62	−17.45
	−杀菌剂	49.63	−1.59	−3.11	46.10	−1.70	−3.56	47.86	−1.65	−3.34

注：*表示在 0.05 水平上差异显著。

在 FP 模式基础上优化土壤耕作措施，PFP_N 效率差 $2.04\ \text{kg/kg}$，对 PFP_N 的贡献为 4.55%；在 SH 模式基础上劣化土壤耕作措施，PFP_N 效率差为 $-1.07\ \text{kg/kg}$，对 PFP_N 的贡献为 -2.16%；将 FP 模式和 SH 模式下替换土壤耕作措施的效率差平均，土壤耕作造成的效率差为 $1.56\ \text{kg/kg}$，增效 3.35%。在 FP 模式基础上优化品种措施，产量减产，PFP_N 效率以 SH 模式下进行估计，在 SH 模式基础上劣化品种，PFP_N 效率差为 $-0.93\ \text{kg/kg}$，对 PFP_N 的贡献为 -1.89%。

总体来看，对 PFP_N 贡献的优先序为种植密度、养分管理、防病（兼化学调控）、土壤耕作、品种，贡献率分别为 16.72%、4.11%、4.05%、3.35%、1.89%。

（二）栽培措施因子对光能利用效率（RUE）的影响

光在作物群体内的截获和分布，是作物冠层同化生产的能量基础和主要前提。RUE 是受光能截获量和干物质积累共同决定。生长速度快、有机物质积累多的 RUE 就高；反之，生长缓慢，光合产物积累少，RUE 则低。由表 3-10 可见，不同产量平台的 RUE 有很大差异。SH 模式的 RUE（1.24 g/MJ）显著高于农户模式（1.00 g/MJ）。主要是由于 SH 模式的光合有效辐射（PAR）截获量、PAR 截获率和干物质积累量都高于 FP 模式。

表 3-10　栽培措施因子对玉米群体 RUE 的影响

对照模式	增减措施因子	PAR 截获量（MJ/m²）	PAR 截获率（%）	干物质积累量（g/m²）	RUE（g/MJ）	RUE 差（g/MJ）	RUE 效率差贡献率（%）
农户模式		2 769.30bc	0.81bc	2 375.69b	1.00b		
	＋土壤耕作	2 817.46bc	0.82bc	2 397.09b	0.98b	−0.02ab	−2.32
	＋养分管理	2 841.54ab	0.83ab	2 548.96b	1.03ab	0.03ab	2.89
	＋品种	2 721.14c	0.79c	2 036.36c	0.86c	−0.14b	−14.44
	＋密度	2 896.58a	0.84a	2 869.61a	1.14a	0.14a	14.15
	＋杀菌剂	2 793.38bc	0.81bc	2 506.58b	1.04ab	0.04ab	4.28
超高产模式		2 851.86b	0.83b	3 067.38a	1.24a		
	−土壤耕作	2 783.06bc	0.81bc	2 938.64a	1.23a	−0.01a	−0.94
	−养分管理	2 703.94c	0.79c	2 730.58a	1.19a	−0.05a	−3.87
	−品种	3 072.03a	0.89a	2 861.26a	1.01b	−0.23ab	−18.52
	−密度	2 783.06bc	0.81bc	2 083.61b	0.84c	−0.40b	−32.26
	−杀菌剂	2 796.82bc	0.81bc	2 927.10a	1.20a	−0.04a	−2.86

注：不同小写字母表示在 0.05 水平上差异显著。

在 FP 模式上优化各措施因子，优化密度措施的 RUE 最大，RUE 效率差为 0.14 g/MJ，贡献率为 14.15%，主要是由于密度措施增大了 MLAI，同时 PAR 截获量、PAR 截获率和干物质积累量协同提高；在超高产（SH）基础上劣化密度措施，RUE 效率差为−0.40 g/MJ，贡献率为−32.26%，主要是由于 MLAI、PAR 截获量、PAR 截获率和干物质积累量的减少；将 FP 和 SH 下替换密度措施的效率差平均，密度造成的效率差为 0.27 g/MJ，增效 23.21%。在 FP 基础上优化品种，RUE 较 FP 降低，RUE 效率以 SH 模式下进行估计，在 SH 基础上劣化品种措施，RUE 效率差为−0.23 g/MJ，贡献率为−18.52%，主要是由于 MNAR 与干物质积累量的减少。在 FP 基础上优化杀菌剂措施，RUE 效率差为 0.04 g/MJ，贡献率为 4.28%，主要是由于 MLAI、MNAR、PAR 截获量和干物质积累量的增加；在 SH 模式基础上劣化杀菌剂措施，RUE 效率差为−0.04 g/MJ，贡献率为−2.86%，主要是由于 MLAI、PAR 截获量、PAR 截获率和干物质积累量的减少；将 FP 和 SH 下替换杀菌剂措施的效率差平均，杀菌剂造成的效率差为 0.04 g/MJ，增效 3.57%。

在 FP 模式基础上优化养分管理措施，RUE 效率差为 0.03 g/MJ，贡献率为 2.89%，主要是由于养分管理措施增大了 MLAI、PAR 截获量、PAR 截获率和干物质积累量；在 SH 模式上劣化养分管理措施，RUE 效率差为 0.05 g/MJ，贡献率为 3.87%，主要是由于 MLAI、PAR 截获量、PAR 截获率和干物质积累量的减少；将 FP 模式和 SH 模式下替换养分管理措施的效率差平均，养分管理造成的效率差为 0.04 g/MJ，增效 3.38%。在 FP 模式基础上优化土壤耕作措施，RUE 较 FP 模式降低，RUE 效率以 SH 模式下进行估计，在 SH 模式基础上劣化土壤耕作措施，RUE 效率差为 0.01 g/MJ，贡献率为 0.94%，主要是由于 MLAI、PAR 截获量、PAR 截获率和干物质积累量的减少。

五、不同产量层次提升的限制因子

通过优化密度和养分管理 2 项措施，可实现增产 15%、增效 20% 以上的高产高效目标，而要实现产量和资源效率协同提高 30%～50% 以上的超高产高效目标，则需要优化包括密度和养分管理在内的至少 3 个因子甚至全部 5 个因子才能实现。主要结论如下。

（1）影响春玉米产量提升的技术性限制因子主要有 5 个，分别是品种的耐密适应性、种植密度、土壤耕作、养分管理和病害防治。

（2）5 个栽培措施因子对产量贡献的优先序为：种植密度、养分管理、防病（兼化学调控）、土壤耕作及品种，对产量的贡献率分别为 15.9%、10.0%、6.5%、5.5%、4.1%。对 PFP_N 贡献的优先序为种植密度、养分管理、防病（兼化学调控）、土壤耕作、品种，贡献率分别为 16.7%、4.1%、4.0%、3.4%、1.9%。对 RUE 贡献的优先序为种植密度、品种、防病、养分管理、土壤耕作，贡献率分别为 23.2%、18.5%、3.6%、3.4%、0.9%。

（3）不同措施因子对玉米"源""库"两端产量性能的影响不同。种植密度主要通过影响 MLAI 和 EN 从而影响产量；养分管理、土壤耕作措施主要通过影响 MLAI 和 GN 从而影响产量；防病（兼化学调控）措施主要通过影响 MLAI 和 GW 从而影响产量；品种主要通过影响 MNAR 和 GN 从而影响产量。从资源效率来看，种植密度、养分管理、耕作方式和防病（兼化学调控）通过提高光氮资源截获率提升了光氮利用效率，而品种则通过提高光氮转化效率提升了光氮利用效率。

措施优化主要通过优化群体、增加生物量和光氮资源的截获率提升产量和光氮利用效率，在此基础上提高干物质转运和光氮转化效率是进一步缩差增产增效的重要方向。

第四章

东北春玉米产量与效率层次差异的光温匹配协调机制

第一节 不同生态区域玉米光温分布

一、光温资源计算方法

东北春玉米区位于我国东北部，包括黑、吉、辽三省和内蒙古东部。该区纬度较高，区域跨度大，属温带季风气候。该地区气候冷湿，四季分明，光、热、水条件年变化显著，夏季降水较多，呈雨热同期分布（图4-1），是我国重要的玉米种植基地。在气候条件、农业政策、农业技术水平和经济因素的共同影响下，玉米种植区主要位于中部偏东，约占全区总面积的1/4。

选用东北部（黑、吉、辽三省及内蒙古东部）1951—2014年115个气象台站（其中，黑龙江33个、吉林29个、辽宁32个、内蒙古21个）的日平均气温、日照时数资料，计算了各站玉米的光合生产潜力和光温生产潜力。选取的115个气象站点资料起始年份从1951—1967年不等，结束的年份统一为2014年。

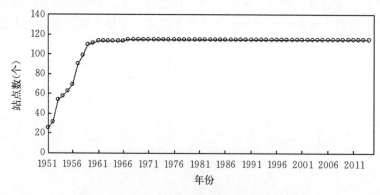

图4-1 分析区域在各年具有的气象站点数

各月的总辐射量由各月每日的日总辐射量累加获得。

根据左大康和翁笃鸣建议的公式（4-1）先计算日太阳总辐射值：

$$Q = Q_0(a + bS/S_0) \qquad (4-1)$$

式中，Q 为日总辐射值，Q_0 为日天文辐射值，a、b 为系数，S/S_0 为日照时数与可照时数之比。

日天文辐射量由公式（4-2）计算：

$$Q_0 = TI_0(\omega_0 \sin \varphi \sin \delta + \cos \varphi \cos \delta \sin \omega_0)/(\pi \rho^2) \qquad (4-2)$$

式中，T 为 1 d（$T = 86\,400$ s），I_0 为太阳常数（$I_0 = 1\,367$ W/m^2），φ 为纬度，δ 为太阳赤纬，ω_0 为日出日落的时角，ρ 为日地距离（天文单位）。

各参数采用公式（4-3）进行估算：

$$1/\rho^2 = 1.000\,110 + 0.034\,221 \cos \tau + 0.001\,280 \sin \tau +$$
$$0.000\,719 \cos 2\tau + 0.000\,077 \sin 2\tau \qquad (4-3)$$

$$\delta = (0.006\,918 - 0.399\,912 \cos \tau + 0.070\,257 \sin \tau - 0.006\,758 \cos 2\tau +$$
$$0.000\,907 \sin 2\tau - 0.002\,697 \cos 3\tau + 0.001\,48 \sin 3\tau)(180/\pi) \qquad (4-4)$$

τ 为太阳赤经，以弧度表示，按公式（4-5）计算：

$$\tau = 2\pi(dm - 80)/n \qquad (4-5)$$

式中，dm 为从 1 月 1 日起算的日序数，n 为一年的天数（平年 $n = 365$，闰年 $n = 366$）。

可照时数 S_0 按公式（4-6）计算：

$$S_0 = 2\omega_0/15 \qquad (4-6)$$

式（4-1）中的参数 a、b 是随时间和地点而变化的参数。

由于辐射站点稀少，对于无太阳辐射实测资料的地区，一般采用经验计算间接获取。哈尔滨、长春、沈阳有较完整的太阳总辐射观测资料，5～9 月三地的太阳总辐射测量值与日照百分率及大气上界辐射值的关系模式见表 4-1。

表 4-1 太阳总辐射（MJ/m^2）与日照百分率（％）的关系

站点	月份	方程
哈尔滨	5	$Q_5 = Q_0(0.257 + 0.359S_5)$
	6	$Q_6 = Q_0(0.216 + 0.415S_6)$
	7	$Q_7 = Q_0(0.223 + 0.376S_7)$
	8	$Q_8 = Q_0(0.191 + 0.426S_8)$
	9	$Q_9 = Q_0(0.196 + 0.459S_9)$
长春	5	$Q_5 = Q_0(0.178 + 0.513S_5)$
	6	$Q_6 = Q_0(0.227 + 0.401S_6)$
	7	$Q_7 = Q_0(0.172 + 0.475S_7)$
	8	$Q_8 = Q_0(0.097 + 0.602S_8)$
	9	$Q_9 = Q_0(0.125 + 0.589S_9)$
沈阳	5	$Q_5 = Q_0(0.173 + 0.514S_5)$
	6	$Q_6 = Q_0(0.155 + 0.518S_6)$
	7	$Q_7 = Q_0(0.254 + 0.296S_7)$
	8	$Q_8 = Q_0(0.160 + 0.498S_8)$
	9	$Q_9 = Q_0(0.194 + 0.462S_9)$

其他站点的太阳总辐射按该站点与哈尔滨、长春、沈阳距离最近原则选用相应站点的太阳总辐射关系式进行估算。

二、不同生态区的光温资源分布

东北春玉米区 5~9 月平均气温介于 11.9~21.7 ℃，115 个气象台站的区域平均值为18.4 ℃，高值区位于辽宁营口沿渤海湾一带，低值区位于内蒙古呼伦贝尔地区。全年≥10 ℃活动积温的空间分布形式与 5~9 月平均气温基本相同，其数值介于 1 349~3 719 ℃·d。受降水和云量等因素的影响，5~9 月总辐射的空间分布与温度和积温相比，表现出较大的差异，基本呈现出自东向西递增的趋势，高值区位于辽宁西部及内蒙古的通辽和赤峰地区，低值区位于北部的大兴安岭地区，不足 2 350 MJ/m²，另外在吉林和辽宁东部的长白山区存在一次低值区。

在 1950—2014 年，东北春玉米区表现出显著的 5~9 月平均气温一致性升高趋势（$P<0.05$），升温速率介于每 10 年 0.02~0.55 ℃，区域平均为每 10 年 0.24 ℃。北部的增温较南部明显，最高值位于呼伦贝尔市的额尔古纳市（0.55 ℃/10 年），最低值位于南部的旅顺、大连一带，仅为每 10 年 0.02 ℃。除北部漠河全年≥10 ℃活动积温的气候倾向率为每 10 年 −0.006 ℃ 且趋势不显著外，其余 114 站皆表现为显著的增加趋势（$P<0.05$），全年≥10 ℃活动积温增加速率介于每 10 年 6.5~112.5 ℃，平均为每10 年 59.5 ℃（图 4-4）。1951—2014 年，东北春玉米区 5~9 月总辐射的变化速率为每 10 年 −70.7~45.2 MJ/m²，总体上呈降低趋势，呈降低趋势的台站占台站总数的81.7%，区域平均降低速率为每 10 年 −17.7 MJ/m²。总辐射呈降低趋势的台站集中于中部的松嫩平原、辽河平原等传统的农业区，这一变化趋势会对该区的粮食生产带来不利影响，呈增加趋势的地区主要为黑龙江沿岸及内蒙古的三市一盟地区。

第二节 不同生态区域光温生产潜力

一、光温生产潜力估算模型

光温生产潜力是指在 CO_2、水分、养分、群体结构等得到满足或处于最适状态下，单位面积单位时间内由当地太阳辐射和温度所确定的产量上限。实际上，光温生产潜力就是考虑光、温两个因子与农业生产的关系，即对光合生产潜力进行温度订正后的值。其计算公式为：

$$Y_2 = Y_1 F(T) F(N) \qquad (4-7)$$

式中，Y_1 为光合生产潜力，$F(T)$ 为温度订正系数，$F(N)$ 为作物有效生育日数订正函数。

光合生产潜力是指当温度、水分、CO_2、养分、群体结构等得到满足或处于最适宜状态下，单位面积单位时间内完全由当地太阳辐射所决定的产量上限。Y_1 由光合作用中能量转换规律及群体的生态条件决定的。其计算公式为：

$$Y_1 = K\Omega\varepsilon\varphi(1-\alpha)(1-\beta)(1-\rho)(1-\gamma)(1-\omega)(1-\eta)^{-1}(1-\xi)^{-1}sq^{-1}F(L)\sum Q_j \tag{4-8}$$

式中，K 为单位换算系数，当 Y_1 的单位为 kg/hm^2 时，$K=10\,000$，Q_j 为各月太阳总辐射量（MJ/m^2）。

具体生长季的辐射量的计算见下文。其余参数的意义及参数值见表 4-2。

表 4-2 玉米光合生产潜力计算式中参数的意义及取值

参数	参数意义	参数取值
Ω	玉米光合固定 CO_2 能力的比例	1.00
ε	光合有效辐射占总辐射的比例	0.49
φ	光合作用的量子效率	0.224
α	植物群体反射率	0.08
β	植物繁茂群体透射率	0.06
ρ	非光合器官截获辐射比例	0.10
γ	超过光饱和点的光的比例	0.01
ω	呼吸消耗占光合产物比例	0.30
η	成熟谷物含水率	0.15
ξ	植物无机灰分含量比例	0.08
s	作物经济系数	0.40
q	单位干物质所含热量（MJ）	17.2
$F(L)$	叶面积时间变化动态订正函数	0.58

$$F(T) = [(T-T_1)(T_2-T)^B]/[(T_0-T_1)(T_2-T_0)^B] \tag{4-9}$$

$$B = (T_2-T_0)/(T_0-T_1) \tag{4-10}$$

式中，T 是某一时段的平均气温，T_1、T_2、T_0 分别是该时段内玉米生长发育的下限温度、上限温度和最适温度，且令：当 $T \leqslant T_1$ 时 $F(T)=0$。

这样，$F(T)$ 是由 T、T_1、T_2、T_0 决定的值域为 0~1 的不对称抛物线函数。根据温度与光合作用的原理及产量与温度的关系，并参考有关资料，确定东北玉米高产条件下的三基点温度如表 4-3。

表 4-3 东北地区春玉米三基点温度（℃）

月份	生长发育时期	T_0	T_1	T_2
5	苗期	20.0	8.0	27.0
6	营养生长期	24.5	11.5	30.0
7	营养生长、生殖生长期	27.0	14.0	33.0
8	开花、灌浆期	25.5	14.0	32.0
9	灌浆、成熟期	19.0	10.0	30.0

$F(N)$ 是作物有效生育日数订正函数，也由温度决定。东北春秋气温较低，约 1.7 d 的温度累积才相当于生长季平均条件下一天的温度，因而有效生育日数的差异主要取决于春秋季≥10 ℃开始和结束日前的早晚。作物产量与有效生育期日数的关系为：

$$F(N) = 1 + (N - N_0)/(1.7N_0) \tag{4-11}$$

式中，N 为作物有效生育日数（日平均气温≥10 ℃的日数），N_0 为 5~9 月的日数。因为 $N = 165$ 完全可满足主要作物最晚熟品种的要求，故以 $F(N > 165) = F(165)$。

二、不同生态区的光温生产潜力

光合生产潜力只受控于光条件，因此，东北春玉米的光合生产潜力分布形式与总辐射的分布形式一致，其数值介于 22 846~29 150 kg/hm²，全区平均值为 25 974 kg/hm²。高值区位于内蒙古三市一盟的南部地区，光合生产潜力可达 27 000 kg/hm² 以上，低值区位于北部和东部山区，不足 2 2000 kg/hm²。温度的限制不仅改变了春玉米生产潜力的空间分布形式，而且也使得不同生态区间的生产潜力差异增大。光温生产潜力最高的营口（27 456 kg/hm²）是最低的图里河（2 273 kg/hm²）的 12.08 倍，与光合生产潜力相比，热量条件的限制使该区生产潜力平均下降了 28.4%，光温生产潜力的全区平均值为 18 589 kg/hm²。东北春玉米光温生产潜力大致表现出由中间向东、西两边减少，由南向北减少的趋势。高值区分布在辽宁的中、西部，内蒙古三市一盟的东南部地区，可超过 25 000 kg/hm²，低值区主要分布在大兴安岭及呼伦贝尔地区，不足 6 000 kg/hm²。

光合生产潜力完全由光照条件决定，与总辐射的变化趋势相同，1951—2014 年，东北春玉米光合生产潜力呈下降趋势，115 个站点中，有 94 个站点呈下降趋势，21 个站点呈上升趋势。光合生产潜力呈增加趋势的站点主要分布在黑龙江沿岸及内蒙古的三市一盟地区，而中部的松嫩平原、辽河平原等传统的农业区则呈现下降趋势，全区平均每 10 年玉米的光合生产潜力下降 722 kg/hm²。在资料统计期内，得益于温度升高，热量条件改善，全区平均春玉米光温生产潜力呈增加趋势，增加速率为每 10 年 395 kg/hm²，其数值介于每 10 年 664 ~1 372 kg/hm²。但不同生态区间差异明显，115 个站点中有 91 个站点表现出增加趋势，主要分布在黑龙江、吉林及内蒙古的三市一盟地区，呈增加趋势的高值区位于黑龙江北部及内蒙古的呼伦贝尔地区；24 个站点表现出下降趋势，表现出下降趋势的站点主要分布在辽宁地区，以营口、瓦房店为中心的区域降幅最大。东北春玉米区纬度跨度大，南北间热量条件差异明显，在气候变暖背景下，该区北部热量条件的改善是促使光温生产潜力提升的主要因素，而温度升高引起的高温热害的增加可能是造成该区南部光温生产潜力下降的主要原因。

第三节 玉米产量与效率差异对光温响应机制

为系统分析玉米产量效率层次差异对光热资源的响应规律，2018—2019 年通过对品种、密度、土壤耕作、养分管理和病害防治 5 大栽培措施因子进行不同组合优化，设计基础地力产量（ISP）、农户产量（FP）、高产高效（HH）、超高产（SH）4 个不同产量水平群体。其中，HH 以产量、效率较 FP 协同提高 10%～15% 为目标，SH 以产量较 FP 提高 30%～50%、资源效率较 FP 提高 15%～30% 为目标，在定量化不同生态区玉米产量效率层次差异的基础上，揭示产量效率层次差异对光热资源的响应规律，并从产量性能、产量-资源关系和资源利用角度，解析其响应的生态生理机制，以为探索不同光热条件区域缩差技术途径提供依据。

表 4-4　不同产量层次产量试验因子表

处理	品种	耕作措施	密度（万株/hm²）	养分管理（kg/hm²）	病害防治
基础地力产量（ISP）	常规品种	浅旋灭茬	6.0	不施肥	无
农户产量（FP）	常规品种	浅旋灭茬	6.0	"一炮轰"	无
高产高效（HH）	常规品种	浅旋灭茬	7.5	平衡减量	无
超高产（SH）	耐密高产品种	深翻秸秆还田＋有机肥	9.0	平衡增肥＋中微量元素＋氮肥分期	喷杀菌剂

一、玉米产量对光热资源的响应机制

（一）玉米不同层次产量

将玉米不同层次产量与有效积温（GDD）和太阳辐射量进行拟合（图 4-2）。结果表明，随着 GDD 和太阳辐射量的增加，产量呈上升趋势，但不同栽培策略下，产量提高幅度不同。FP 管理水平下，GDD 每提高 100 ℃，太阳辐射量每提高 100 MJ/m²，产量提高 0.8 t/hm² 和 0.6 t/hm²；HH 管理水平下，GDD 每提高 100 ℃，太阳辐射量每提高 100 MJ/m²，产量提高 0.9 t/hm² 和 0.6 t/hm²；SH 管理策略下，GDD 每提高 100 ℃，太阳辐射量每提高 100 MJ/m²，产量提高 1.2 t/hm² 和 0.8 t/hm²。说明随着管理技术水平的提高，单位光热资源的籽粒生产效率逐渐提高。

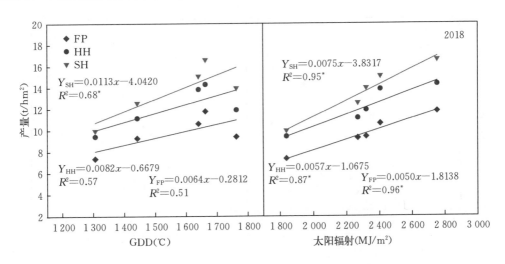

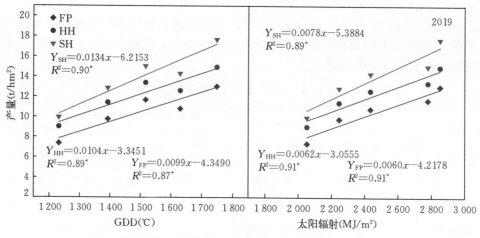

图 4-2　春玉米不同层次产量随 GDD、太阳辐射的变化

（二）生物量及收获指数（HI）

不同产量群体的生物量随 GDD 和太阳辐射的增加显著增加。SH 模式的生物量增长斜率最大，GDD 每增加 100 ℃，生物量增加 2.9 t/hm²；太阳辐射每增加 100 MJ/m²，生物量增加 1.5 t/hm²。HH 模式的生物量增加趋势略低，GDD 每增加 100 ℃，生物量增加 2.2 t/hm²；太阳辐射每增加 100 MJ/m²，生物量分别增加 1.2 t/hm²。FP 模式下，GDD 每增加 100 ℃，太阳辐射每增加 100 MJ/m²，生物量分别增加 1.6 t/hm² 和 0.9 t/hm²（图 4-3）。

与 FP 模式相比，不同技术优化均提高了 HI，但 HI 随 GDD 和太阳辐射量的增大提高不显著。说明无论在哪个产量层次上，玉米产量随光热资源的变化都主要取决于群体的生物量，而收获指数对其影响不大（图 4-4）。

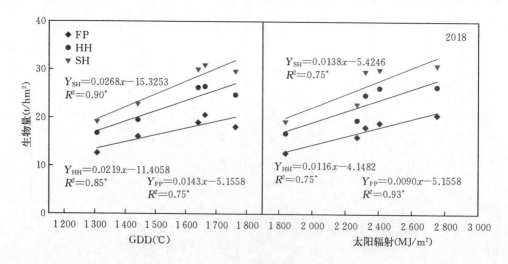

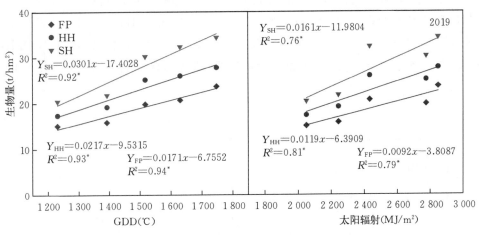

图 4-3　春玉米不同层次产量平台生物量随 GDD、太阳辐射的变化

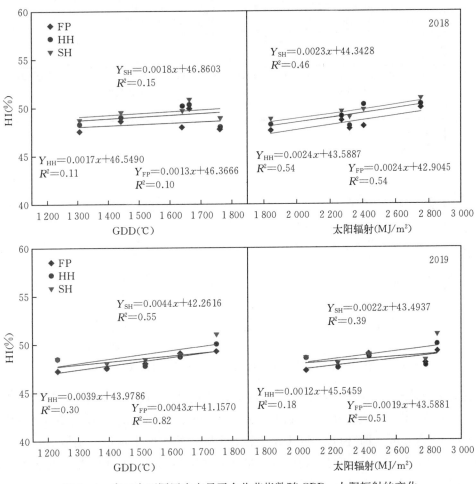

图 4-4　春玉米不同层次产量平台收获指数随 GDD、太阳辐射的变化

各群体花前生物量随着 GDD 和太阳辐射量的增加略有增加趋势，SH 模式整体上高于 HH 模式和 FP 模式。GDD 每增加 100 ℃，FP 模式、HH 模式和 SH 模式的花前生物量分别增加 0.4 t/hm²、0.6 t/hm² 和 0.8 t/hm²，太阳辐射量每增加 100 MJ/m²，FP 模式、HH 模式和 SH 模式的花前生物量分别增加 0.2 t/hm²、0.3 t/hm² 和 0.4 t/hm²（图 4-5）。

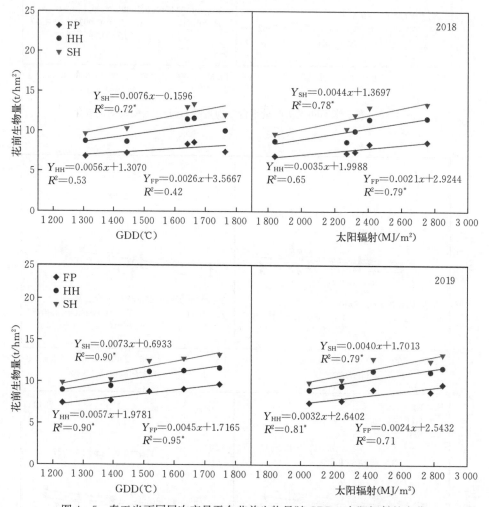

图 4-5　春玉米不同层次产量平台花前生物量随 GDD、太阳辐射的变化

花后生物量随 GDD 和太阳辐射量的增加显著提高，GDD 每增加 100 ℃，FP 模式、HH 模式和 SH 模式的花后生物量分别增加 1.2 t/hm²、1.6 t/hm² 和 2.1 t/hm²，太阳辐射量每增加 100 MJ/m²，FP 模式、HH 模式和 SH 模式的花后生物量分别增加 0.7 t/hm²、0.9 t/hm² 和 1.1 t/hm²。可见，花后生物量随光热资源的增加是生物量随光热资源提高的主要因素（图 4-6）。

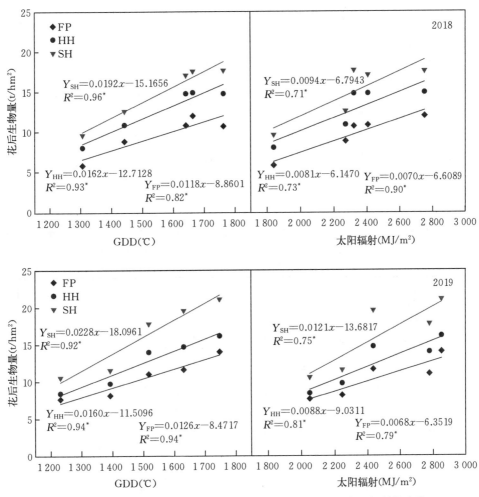

图 4-6 春玉米不同层次产量平台花后生物量随 GDD、太阳辐射的变化

（三）平均叶面积指数（MLAI）

各产量群体 MLAI 与 GDD 和太阳辐射量显著正相关，SH 模式和 HH 模式的 MLAI 随 GDD 和太阳辐射量的增大而提高，FP 模式的 MLAI 随 GDD 和太阳辐射量的增大提高趋势不大。FP 模式管理水平下，GDD 每提高 100 ℃，太阳辐射量每提高 100 MJ/m²，MLAI 提高 0.09 和 0.06；HH 模式管理水平下，GDD 每提高 100 ℃，太阳辐射量每提高 100 MJ/m²，MLAI 提高 0.2 和 0.1；SH 模式管理水平下，GDD 每提高 100 ℃，太阳辐射量每提高 100 MJ/m²，MLAI 提高 0.2 和 0.2，各群体 MLAI 受热量资源的影响较大，增加幅度高于太阳辐射量。MLAI 随管理技术水平的提高逐渐提高，且光热资源越充足，各群体 MLAI 越大（图 4-7）。

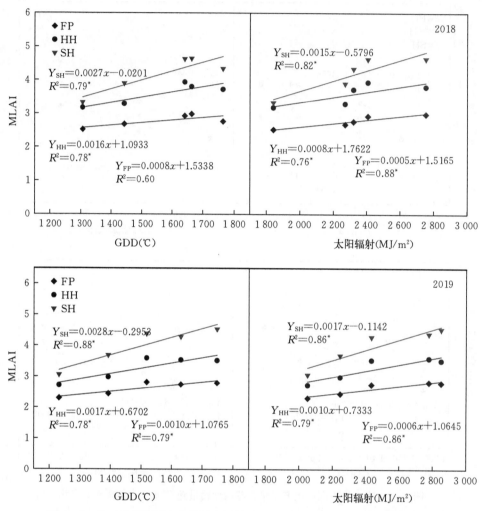

图 4-7 春玉米不同层次产量平台平均叶面积指数随 GDD、太阳辐射的变化

(四) 平均净同化率

平均净同化率 (MNAR) 随 GDD 和太阳辐射量的变化与 MLAI 变化趋势不同，各产量群体 MNAR 随 GDD 和太阳辐射量的增加呈下降趋势，SH 模式管理水平下的 MNAR 下降趋势明显大于 HH 模式，而 FP 模式的 MNAR 随 GDD 和太阳辐射量的增大下降趋势不大。各群体的 MNAR 受热量资源的影响降幅更大。GDD 每增加 100 ℃，FP 模式、HH 模式和 SH 模式的 MNAR 分别降低 0.1 g/(m² · d)、0.2 g/(m² · d) 和 0.3 g/(m² · d)，太阳辐射量每增加 100 MJ/m²，FP 模式、HH 模式和 SH 模式的 MNAR 分别降低 0.02 g/(m² · d)、0.08 g/(m² · d) 和 0.1 g/(m² · d) (图 4-8)。

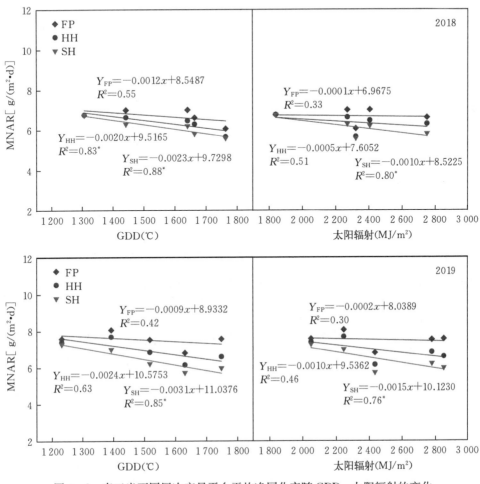

图 4-8 春玉米不同层次产量平台平均净同化率随 GDD、太阳辐射的变化

（五）光合时间

光合时间是后期 LAI、干物质和产量形成的基础，随着 GDD 和太阳辐射量的增加，FP 模式、HH 模式和 SH 模式的光合时间均有所增加，产量群体间差异不显著。GDD 每增加 100 ℃，FP 模式、HH 模式和 SH 模式的光合时间约增加 7 d，太阳辐射量每增加 100 MJ/m²，FP 模式、HH 模式和 SH 模式的光合时间约增加 4 d（图 4-9）。

（六）产量构成参数

对单位面积总粒数（TGN）随 GDD 和太阳辐射量的变化进行了分析。结果表明，随着 GDD 和太阳辐射的增加，单位面积总粒数随着光热资源的增加而逐渐提高。GDD 每增加 100 ℃，FP 模式、HH 模式和 SH 模式的 TGN 分别增加 115 粒/m²、190 粒/m² 和 235 粒/m²；太阳辐射量每增加 100 MJ/m²，FP 模式、HH 模式和 SH 模式的 TGN 分别增加 80 粒/m²、105 粒/m² 和 135 粒/m²。TGN 随热量资源的增加显著增加，而受太阳辐

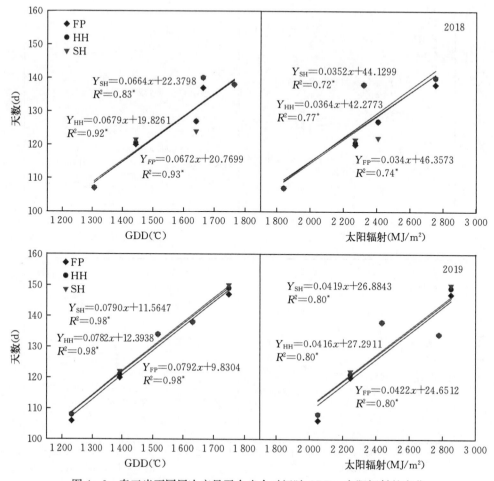

图 4-9　春玉米不同层次产量平台光合时间随 GDD、太阳辐射的变化

射量的影响相对较小（图 4-10）。

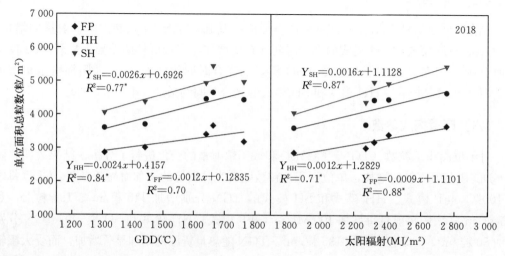

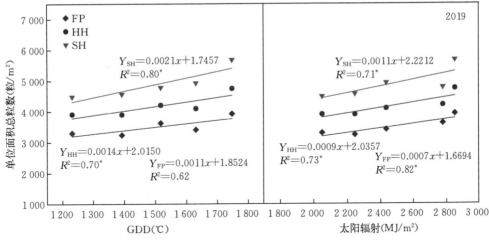

图 4-10　春玉米不同层次产量平台单位面积总粒数随 GDD、太阳辐射的变化

千粒重随 GDD 和太阳辐射量的增加呈"线性＋平台"的趋势。FP 模式的千粒重高于 SH 模式高于 HH 模式。各群体间的拐点值存在差异，当 GDD 为 1 446.4 ℃、太阳辐射量为 2 307.9 MJ/m² 时，FP 模式的千粒重达到 373.8 g 的平台；HH 模式下，当 GDD 高于 1 457.6 ℃，太阳辐射量高于 2 322.8 MJ/m² 时，千粒重达到 366.4 g 和 366.3 g；SH 模式下，当 GDD 低于 1 489.5 ℃、太阳辐射量低于 2 433.7 MJ/m² 时，千粒重随 GDD 和太阳辐射量呈线性增加，GDD 每增加 100 ℃，太阳辐射量每增加 100 MJ/m²，SH 模式的千粒重分别增加 37.0 g 和 18.9 g，当 GDD 高于 1 489.5 ℃、太阳辐射量高于 2 433.7 MJ/m² 时，SH 模式的千粒重为 358.9 g 和 363.1 g（图 4-11）。

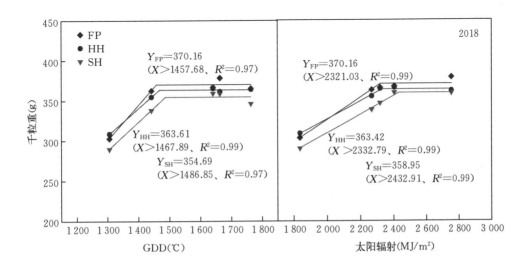

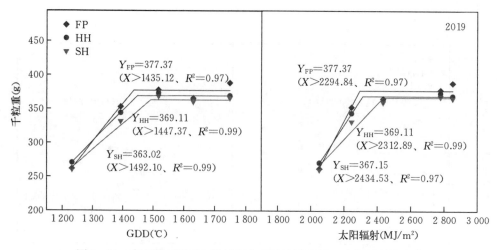

图 4-11　春玉米不同层次产量平台千粒重随 GDD、太阳辐射的变化

二、玉米产量差随光热资源的变化

玉米不同层次产量差随 GDD 和太阳辐射的增加变化趋势不同。随着 GDD 的增加，YG_{HH-FP} 增长不显著，而 YG_{SH-FP} 则显著提高，GDD 每增加 100 ℃，YG_{SH-FP} 增加 0.5 t/hm²，YG_{HH-FP} 增加 0.1 t/hm²；随着太阳辐射量增加，YG_{HH-FP} 增加不显著，而 YG_{SH-FP} 则显著提高，太阳辐射量每增加 100 MJ/m²，YG_{SH-FP} 增加 0.2 t/hm²，YG_{HH-FP} 增加 0.1 t/hm²。

（一）生物量差及 HI 差

不同产量层次间生物量差与光热资源总量呈正相关。SH-FP 的生物量差随 GDD 和太阳辐射量的增加显著增大，GDD 每提高 100 ℃，生物量差增加 1.3 t/hm²，太阳辐射量每提高 100 MJ/m²，生物量差增加 0.6 t/hm²；而 HH-FP 的生物量差随 GDD 和太阳辐射增大虽有升高趋势，但并不显著。随着 GDD 和太阳辐射量的增加，HH-FP 和 SH-FP 的 HI 差没有明显变化。可见，生物量差随 GDD 和太阳辐射量的增加是产量差随光热资源增加的主要因素（图 4-12、图 4-13）。

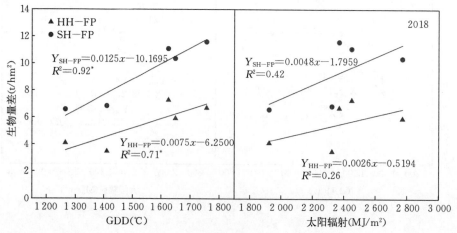

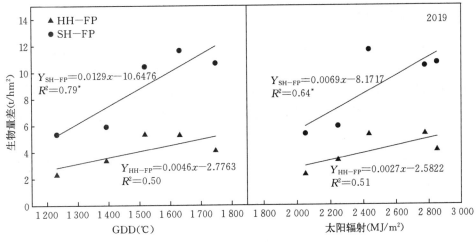

图 4-12 春玉米不同层次产量平台生物量差随 GDD、太阳辐射的变化

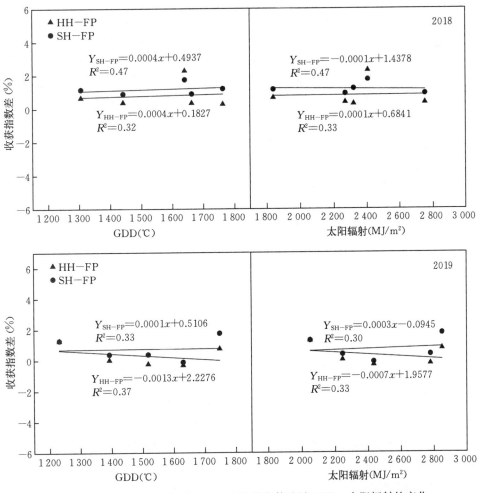

图 4-13 春玉米不同层次产量平台收获指数差随 GDD、太阳辐射的变化

(二) 花前花后生物量差

进一步分析生物量差随 GDD 和太阳辐射量的变化结果表明，随着 GDD 和太阳辐射量的增加，SH－FP 的花前生物量差略有增加趋势，GDD 每增加 100 ℃，SH－FP 的花前生物量差增加 0.4 t/hm²，太阳辐射量每增加 100 MJ/m²，花前生物量差增加 0.2 t/hm²；HH－FP 花前生物量差随 GDD 和太阳辐射的增加趋势不显著（图 4-14）。

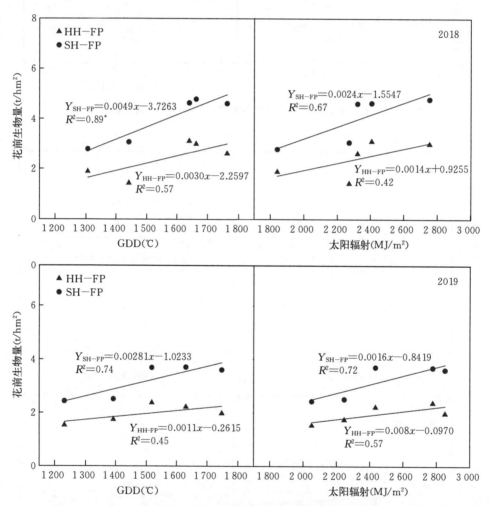

图 4-14　春玉米不同层次产量平台花前生物量差随 GDD、太阳辐射的变化

从花后生物量差来看，HT－FP 花后生物量差随 GDD 和太阳辐射量的增加显著提高，而 HH－FP 花后生物量差随 GDD 和太阳辐射的增加趋势不明显。GDD 每增加 100 ℃，HT－FP 花后生物量差增加 0.9 t/hm²，太阳辐射量每增加 100 MJ/m²，SH－FP 花后生物量差增加 0.4 t/hm²；GDD 每增加 100 ℃，太阳辐射量每增加 100 MJ/m²，HH－FP 花后生物量差分别增加 0.4 t/hm² 和 0.2 t/hm²（图 4-15）。

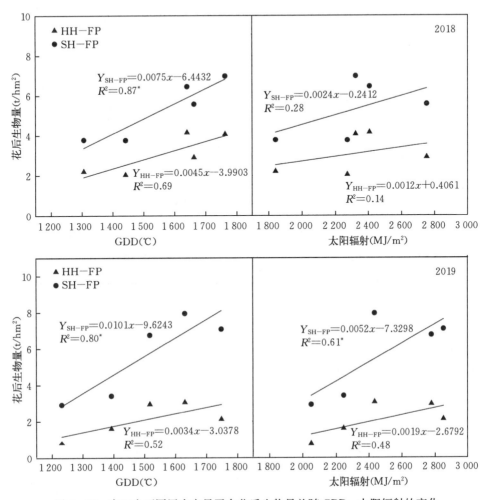

图 4-15 春玉米不同层次产量平台花后生物量差随 GDD、太阳辐射的变化

（三）平均叶面积指数差

分析 MLAI 差（ΔMLAI）与 GDD 和太阳辐射量的关系表明，SH－FP 的 ΔMLAI 随 GDD 和太阳辐射量增加，具有显著的增加趋势，而 HH－FP 的 ΔMLAI 增加不显著。GDD 每增加 100 ℃，SH－FP 的 ΔMLAI 增加 0.2；太阳辐射量每增加 100 MJ/m²，SH－FP 的 ΔMLAI 增加 0.1。可见，在当前农户技术水平下优化密度和养分管理措施，不同光热条件下群体叶面积均衡增加，光热资源有限区域，HH－FP 的 ΔMLAI 为 0.6，光热资源充裕地区，HH－FP 的 ΔMLAI 为 0.9；综合技术优化条件下，在光热资源限制区域，SH－FP 的 ΔMLAI 达到 1，但与光热资源充裕地区相比提升空间有限；在光热资源充裕地区，SH－FP 的 ΔMLAI 大幅增加，达 1.6，这是产量差和生物量差随光热资源增大的主要原因之一（图 4-16）。

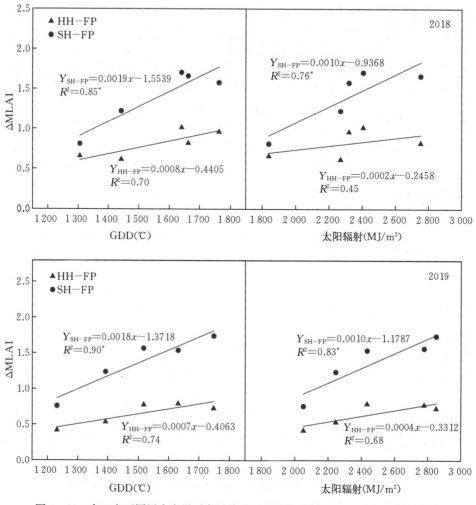

图 4-16　春玉米不同层次产量平台平均叶面积指数差随 GDD、太阳辐射的变化

（四）平均净同化率差

MNAR 差（ΔMNAR）随 GDD 和太阳辐射量增加呈下降趋势，SH-FP 的 ΔMNAR 下降趋势大于 HH-FP。GDD 每增加 100 ℃，SH-FP 的 ΔMNAR 降低 0.2 g/(m² · d)，HH-FP 的 ΔMNAR 降低 0.1 g/(m² · d)；太阳辐射量每增加 100 MJ/m²，SH-FP 的 ΔMNAR 降低 0.1 g/(m² · d)，HH-FP 的 ΔMNAR 降低 0.06 g/(m² · d)（图 4-17）。光热资源有限区域，在当前农户水平下优化密度和养分管理和综合技术优化，在群体增加的条件下，保持了平均净同化率没有大幅降低，说明群体仍有增大空间；而在光热资源优越区域，虽然群体增大使 MLAI 大幅提高，但是以牺牲 MNAR 为前提，说明控制适度群体容量挖掘同化效率是缩差增产的关键。

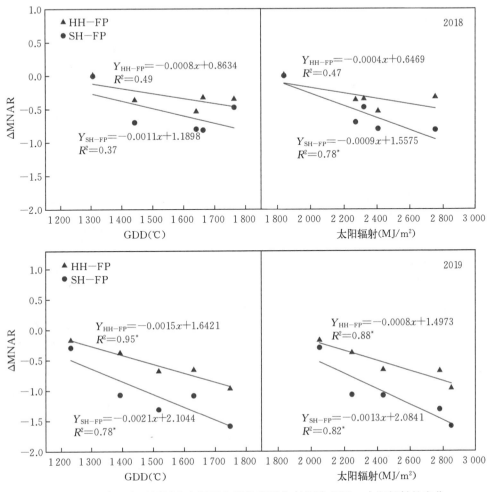

图 4-17　春玉米不同层次产量平台平均净同化率差随 GDD、太阳辐射的变化

(五)产量构成参数差

分析单位面积 TGN 差（ΔTGN）与 GDD 和太阳辐射量的关系表明，SH-FP 的 ΔTGN 随 GDD 和太阳辐射量增加而增加，而 HH-FP 的 ΔTGN 无显著提高。GDD 每增加 100 ℃，SH-FP 的 ΔTGN 增加 110 粒/m^2；太阳辐射量每增加 100 MJ/m^2，SH-FP 的 ΔTGN 增加 55 粒/m^2。通过优化密度和养分管理措施，各生态区的总粒数均能有效提升；综合技术优化后，光热资源充裕地区的总粒数明显提高，说明库端的群体总粒数是其产量提高的重要因素（图 4-18）。

千粒重差随 GDD 和太阳辐射量的增加呈降低趋势，SH-FP 的千粒重差大于 HH-FP。GDD 每增加 100 ℃，HH-FP 的千粒重差降低 2.9 g；太阳辐射量每增加 100 MJ/m^2，IM-FP 的千粒重差降低 2.2 g。GDD 每增加 100 ℃，SH-FP 的千粒重差降低 1.1 g；太阳辐射量每增加 100 MJ/m^2，SH-FP 的千粒重差降低 0.8 g（图 4-19）。

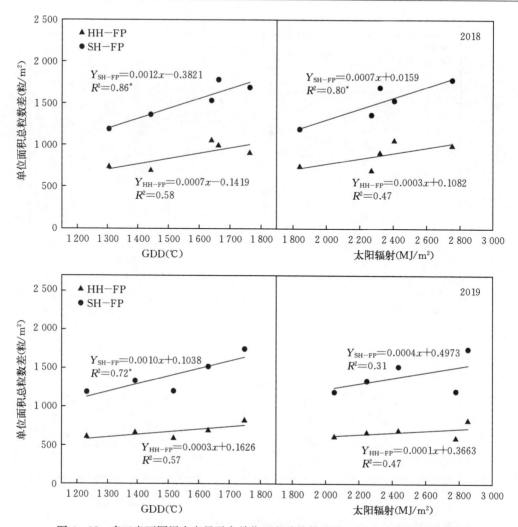

图 4-18 春玉米不同层次产量平台单位面积总粒数差随 GDD、太阳辐射的变化

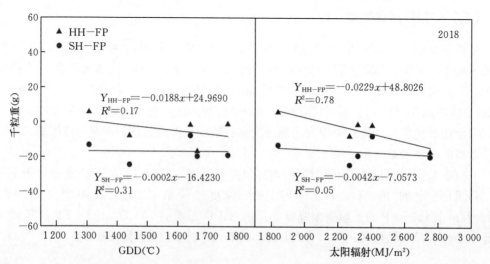

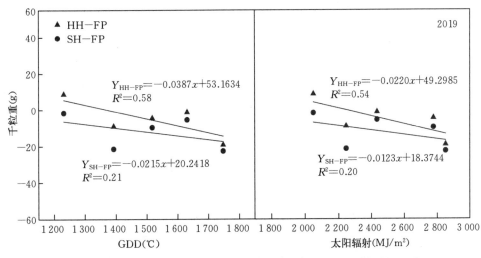

图 4-19　春玉米不同层次产量平台千粒重差随 GDD、太阳辐射的变化

三、氮效率层次差异对光热资源的响应

(一)氮肥利用效率及相关参数差

对 HH-FP 和 SH-FP 的 ΔNUE 与 GDD 和太阳辐射量进行分析结果表明,SH-FP 的 ΔNUE 有提高的趋势,而 HH-FP 的 ΔNUE 随着 GDD 和太阳辐射量的增加没有显著增加。GDD 每增加 100 ℃,SH-FP 的 ΔNUE 提高 1.0 kg/kg;太阳辐射量每增加 100 MJ/m² ,SH-FP 的 ΔNUE 提高 0.5 kg/kg(图 4-20)。

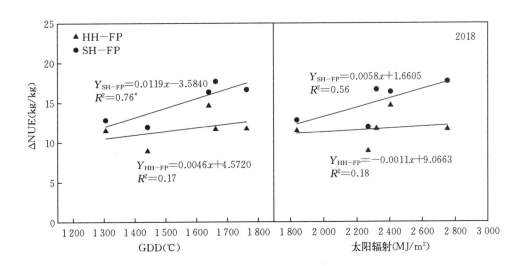

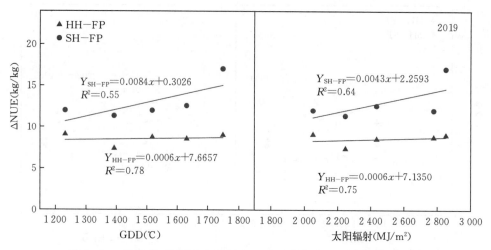

图 4-20　春玉米不同层次产量平台 NUE 差随 GDD、太阳辐射的变化

对 HH－FP 和 SH－FP 的 ΔNRE 与 GDD 和太阳辐射量进行分析发现，随着 GDD 和太阳辐射量的增加，SH－FP 的 ΔNRE 显著增大，GDD 每增加 100 ℃，SH－FP 的 ΔNRE 提高 0.02 kg/kg；太阳辐射量每增加 100 MJ/m²，SH－FP 的 ΔNRE 提高 0.01 kg/kg。而 HH－FP 的 ΔNRE 提高趋势不显著。说明各生态区通过优化密度和养分管理的有限技术优化均能有效提高 NRE；技术综合优化后，光热资源充裕地区的 NRE 有更大的提升空间（图 4-21）。

分析 HH－FP 和 SH－FP 的 ΔNIE 随 GDD 和太阳辐射量的变化发现，ΔNIE 随 GDD 和太阳辐射量的增加没有发生显著的变化。说明 ΔNUE 随光热资源的提高主要来源于 ΔNRE 的提高（图 4-22）。

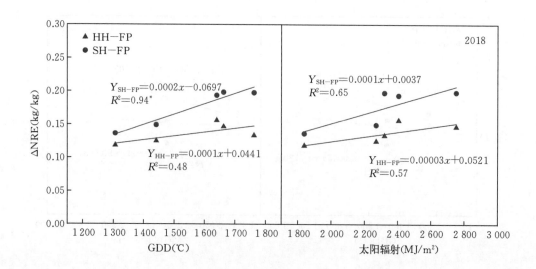

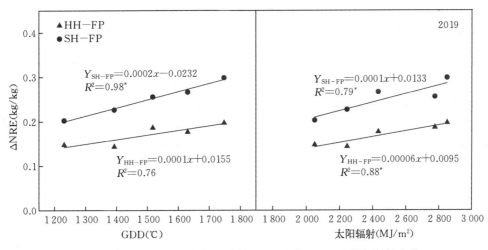

图 4-21　玉米不同层次产量平台 NRE 差随 GDD、太阳辐射的变化

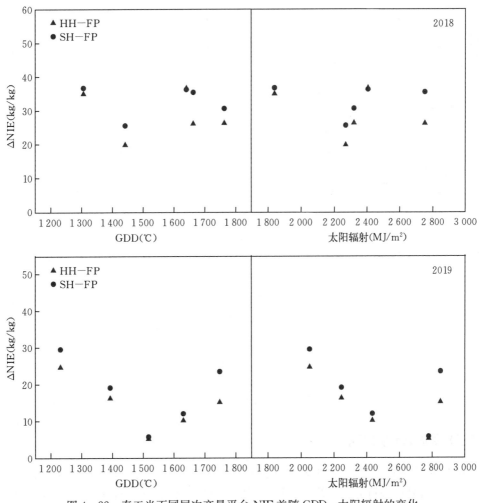

图 4-22　春玉米不同层次产量平台 NIE 差随 GDD、太阳辐射的变化

(二)氮肥截获率差

氮肥截获率差随着 GDD 和太阳辐射量的增加有提高的趋势,不同模式下氮肥截获率差提高幅度基本一致,GDD 每增加 100 ℃,HH-FP 的氮肥截获率差提高 0.04 kg/kg,SH-FP 的氮肥截获率差提高 0.03 kg/kg;太阳辐射量每增加 100 MJ/m^2,HH-FP 和 SH-FP 的氮肥截获率差提高 0.015 kg/kg 和 0.02 kg/kg(图 4-23)。氮肥截获率是群体对单位面积氮投入吸收的比率,说明同等氮投入下,群体氮积累量随光热资源总量的增加明显提高,这与群体生物量大幅提高有关。

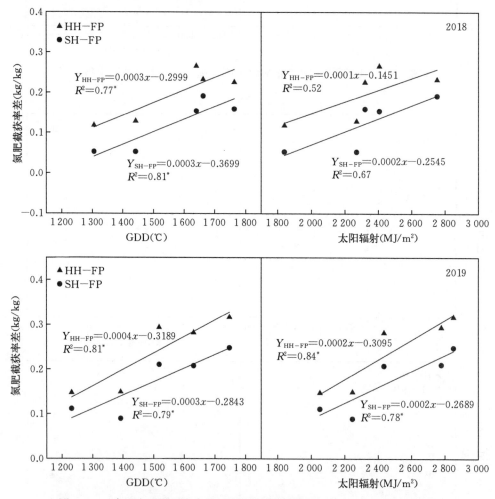

图 4-23　春玉米不同层次产量平台氮肥截获率差随 GDD、太阳辐射的变化

(三)氮肥转化效率差

氮肥转化效率是群体单位面积氮积累量转化为生物量的能力。对氮肥转化效率差与GDD 和太阳辐射量进行分析发现,HH-FP 和 SH-FP 的氮肥转化效率差随 GDD 和太

阳辐射量的增加均有提高的趋势。GDD 每增加 100 ℃，HH－FP 和 SH－FP 的氮肥转化效率差分别提高 0.7 kg/kg 和 1.4 kg/kg；太阳辐射量每增加 100 MJ/m²，HH－FP 和 SH－FP 的氮肥转化效率差分别提高 0.7 kg/kg 和 0.4 kg/kg。随着 GDD 和太阳辐射量的增加，HH－FP 和 SH－FP 的 HI 差没有明显变化（图 4－24）。说明资源的截获量差和转化效率差随光热资源增加而增加，促进了产量差的提高。不同光热区域下，通过措施优化，玉米群体氮肥截获率和转化效率都有较大提升，光热资源有限区域氮肥转化效率挖掘空间有限，缩小产量差应重点缩小截获率差，在光热资源充足的地区，氮肥转化效率差消减空间大，应进一步提高群体的氮肥转化效率。

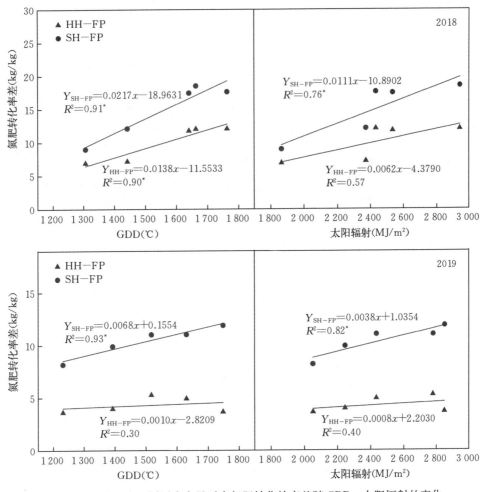

图 4－24 春玉米不同层次产量平台氮肥转化效率差随 GDD、太阳辐射的变化

四、光能利用效率层次差异对光热资源的响应

（一）光能生产效率差

不同层次的光能生产效率差随着 GDD 和太阳辐射量的增加变化趋势不同。随着 GDD

的增加，HH—FP 的光能生产效率差增加不显著，而 SH—FP 的光能生产效率差则显著提高，GDD 每增加 100 ℃，SH—FP 的生产效率差增加 0.07 MJ/m²；太阳辐射量每增加 100 MJ/m²，SH—FP 的生产效率差增加 0.03 MJ/m²，而 HH—FP 的辐射截获量差没有增加趋势。说明通过优化密度和养分管理的有限技术优化，各生态区的光能生产效率都有加大的提升；但光热资源有限区域，光能生产效率差较小，而光热资源充裕的区域效率缩差空间较大（图 4-25）。

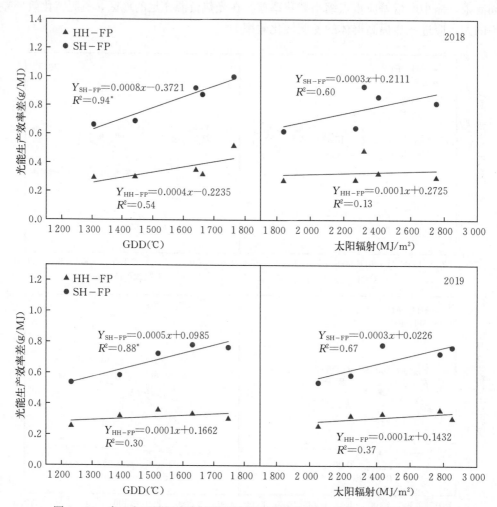

图 4-25　春玉米不同层次产量平台光能生产效率差随 GDD、太阳辐射的变化

（二）辐射截获量差

不同层次的辐射截获量差随着 GDD 和太阳辐射量的增加变化趋势不同。随着 GDD 的增加，HH—FP 的辐射截获量差增加不显著，而 SH—FP 的辐射截获量差则显著提高，GDD 每增加 100 ℃，SH—FP 的辐射截获量差增加 15.0 MJ/m²；太阳辐射量每增加 100 MJ/m²，SH—FP 的辐射截获量差增加 6.9 MJ/m²，而 HH—FP 的辐射截获量差没有

增加趋势（图 4 - 26）。

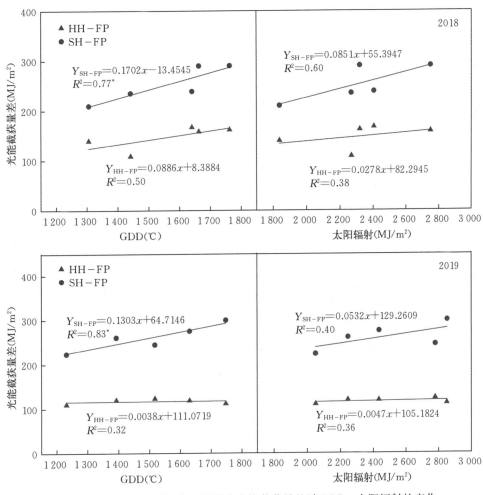

图 4 - 26　春玉米不同层次产量平台光能截获量差随 GDD、太阳辐射的变化

（三）辐射转化效率差

　　分析辐射转化效率差与 GDD 和太阳辐射量的关系表明，随着 GDD 和太阳辐射量的增加，HH－FP 的辐射转化效率差没有增加，SH－FP 的辐射转化效率差有显著增加的趋势。GDD 每增加 100 ℃，SH－FP 的辐射转化效率差增加 0.03 g/MJ，太阳辐射量每增加 100 MJ/m²，SH－FP 的辐射转化效率差增加 0.02 g/MJ。结果表明，不同光热区域下，通过综合措施优化，玉米群体辐射截获率都有较大提升空间；但从辐射转化效率来看，光热资源有限区域挖掘空间有限，缩小产量差应重点缩小辐射截获率差，在光热资源充足的地区，辐射转化效率差消减空间大，缩小产量差应在消减截获率差异的基础上，进一步提高群体的辐射转化率，即挖掘群体效率是关键（图 4 - 27）。

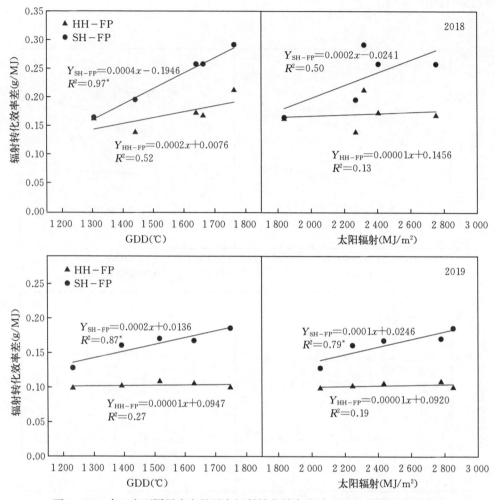

图 4 - 27　春玉米不同层次产量平台辐射转化效率差随 GDD、太阳辐射的变化

第五章

东北春玉米产量与效率层次差异的肥水调控机制

一、雨养玉米产量、物质生产及氮素利用对氮肥水平的响应

1. 春玉米产量对氮肥水平的响应 先玉335（XY335）和郑单958（ZD958）产量与施氮量的关系符合线性加平台模型（$P<0.05$），在低氮处理，XY335 产量明显低于 ZD958，随着施氮量的增加产量逐渐增加并趋于平缓，在高氮肥处理时产量高于 ZD958。XY335 最优施氮量 2 年平均为 189 kg/hm²，较 ZD958 降低 8.72%（ZD958 平均为 207 kg/hm²），对应产量两年平均为 12 384 kg/hm²，较 ZD958 提高 5%（ZD958 平均为 11 766 kg/hm²）（图 5-1）。

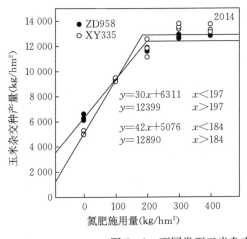
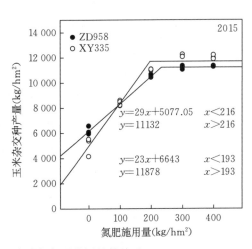

图 5-1 不同类型玉米杂交种产量与氮肥施用量的关系

2. 干物质积累与分配 在低氮肥处理 XY335 吐丝期的干物质积累量和花后干物质积累量显著低于 ZD958，然而在高氮肥处理高于 ZD958。吐丝期 XY335 平均干物质积累量较 ZD958 高 3.9%，其中茎鞘和叶片重分别较 ZD958 高 4.5% 和 2.6%。成熟期 XY335 平

均干物质积累量较 ZD958 高 4.64%，其中 XY335 花后干物质积累量较 ZD958 高 2.3%（表 5-1）。

比较玉米花后不同器官物质运转差异，XY335 茎鞘运转量较 ZD958 显著提高，但其运转率和籽粒贡献率差异不显著；叶片运转量较 ZD958 高 8.24%，其贡献率分别较 ZD958 提高 7.66%，并达到显著水平（表 5-2）。

表 5-1　不同氮素浓度下玉米杂交种干物质积累比较

年份	品种	处理	吐丝期（g/m²）			成熟期（g/m²）				花后干物质积累量（g/m²）
			茎鞘	叶	总量	茎鞘	叶	籽粒	总量	
2014	ZD958	N0	677.4d	361.6d	1 039.0d	585.3d	228.3d	646.2d	1 459.8d	420.8d
		N1	805.8c	402.1c	1 207.9c	704.8c	256.3c	1 328.8c	2 289.8c	1 082.0c
		N2	906.2b	446.1b	1 352.3b	823.6b	334.3b	1 629.9b	2 787.8b	1 435.6b
		N3	978.6a	482.1a	1 460.7a	895.9a	366.0a	1 765.7a	3 027.7a	1 567.0a
		N4	985.4a	491.1a	1 476.4a	896.8a	362.0ab	1 710.2ab	2 969.0a	1 492.6ab
	XY335	N0	625.0c	314.5c	939.5c	540.2c	204.8d	523.8d	1 268.8d	329.3e
		N1	853.6b	394.3b	1 247.9b	752.1b	260.4c	1 190.3c	2 202.9c	955.0d
		N2	1 024.3a	496.3a	1 520.6a	899.3a	340.7b	1 831.6b	3 071.6b	1 551.0c
		N3	1 050.6a	507.7a	1 558.5a	923.6a	364.7a	1 957.6a	3 245.9a	1 687.6b
		N4	1 014.6a	506.7a	1 521.3a	916.0a	368.1a	1 949.0a	3 233.1a	1 711.8a
2015	ZD958	N0	649.4e	328.8e	993.1e	575.3d	252.1d	722.4c	1 549.8d	556.7e
		N1	767.0d	364.8d	1 166.1d	672.2c	282.2c	1 196.9b	2 151.3c	985.2d
		N2	814.9c	430.4c	1 278.3c	742.2b	346.7b	1 312.7b	2 401.6b	1 123.3c
		N3	910.7b	489.2b	1 459.9b	848.4a	377.7a	1 608.9a	2 835.0a	1 375.1b
		N4	886.2a	465.5a	1 387.7a	835.1a	370.7a	1 753.0a	2 958.8a	1 571.1a
	XY335	N0	648.8d	342.3d	991.1d	565.9d	220.8d	748.6d	1 535.3d	544.2d
		N1	768.0c	380.9c	1 127.9c	686.3c	279.8c	1 149.9c	2 116.1c	988.2c
		N2	846.7b	457.9b	1 301.5b	776.7b	355.9b	1 544.8b	2 677.3b	1 375.8b
		N3	979.1a	497.5a	1 470.6a	904.2a	406.5a	1 847.1a	3 157.8a	1 687.2a
		N4	966.0a	478.5a	1 456.5a	885.5a	392.0a	1 833.7a	3 111.2a	1 654.7a
平均	ZD958		838.1b	426.2b	1 282.1b	758.0b	317.6a	1 367.5b	2 443.1b	1 160.9b
	XY335		877.7a	437.6a	1 313.5a	785.0a	319.4a	1 457.6a	2 562.0a	1 248.5a

注：同一列内同一品种数据后不同字母表示处理间差异显著（5 次重复）。N0：0 kg/hm² 纯氮；N1：100 kg/hm² 纯氮；N2：200 kg/hm² 纯氮；N3：300 kg/hm² 纯氮；N4：400 kg/hm² 纯氮。

表 5-2　不同氮素浓度下玉米杂交种干物质运转效率的比较

年份	品种	处理	干物质转运量（g/m²）		干物质转运率（%）		籽粒贡献率（%）	
			茎鞘	叶	茎鞘	叶	茎鞘	叶
2014	ZD958	N0	92.1a	133.3ab	13.6a	36.9a	14.3a	20.6a
		N1	101.1a	145.7a	12.5ab	36.3a	7.6b	11.0b
		N2	82.6a	111.8c	9.1bc	25.0b	5.1c	6.9c
		N3	82.7a	116.1bc	8.4c	24.0b	4.7c	6.6c
		N4	88.5a	129.1abc	9.0bc	26.3b	5.2c	7.6c
	XY335	N0	84.8a	109.7c	13.2a	34.9a	16.1a	21.0a
		N1	101.5a	133.9b	11.9a	34.0ab	8.5b	11.3b
		N2	125.0a	155.7a	12.2a	31.4b	6.8b	8.5c
		N3	127.0a	143.0ab	12.1a	28.1c	6.5b	7.3d
		N4	98.6a	138.5b	9.7a	27.3c	5.1b	7.1d
2015	ZD958	N0	74.1ab	76.6c	11.4ab	23.3a	10.4a	10.8b
		N1	94.8a	82.6bc	12.4a	22.6a	8.0a	7.1a
		N2	72.7ab	83.7bc	8.9bc	19.5a	5.6b	6.4a
		N3	62.3b	111.5a	6.8bd	22.8a	3.9bc	6.9a
		N4	51.1b	94.8b	5.7d	20.4a	3.0c	5.4a
	XY335	N0	82.9a	121.4a	12.8a	35.4a	11.0a	16.3a
		N1	81.7a	101.1b	10.6ab	26.5b	7.2b	8.9b
		N2	70.0a	102.0bc	8.3bc	22.2bc	4.5c	6.7bc
		N3	74.9a	91.0c	7.6c	18.3c	4.1c	4.9c
		N4	80.5a	86.5c	8.3bc	18.1c	4.4c	4.7c
平均	ZD958		80.2b	108.5b	9.8a	25.7b	6.8a	8.9b
	XY335		92.7a	118.3a	10.7a	27.6a	7.4a	9.7a

注：同一列内同一品种数据后不同字母表示处理间差异显著（5 次重复）。

3. 不同器官氮素含量　随着施氮量的增加，茎鞘、叶和籽粒的氮素含量逐渐增加。灌浆期 XY335 和 ZD9958 营养器官中氮素含量，在吐丝期 XY335 的茎鞘和叶的氮含量高于 ZD958，分别较 ZD958 高 1.18% 和 2.02%，并且差异达到显著水平；在成熟期，XY335 的茎鞘和叶片氮素含量分别较 ZD958 低 1.82% 和 5.84%，叶片氮含量品种间差异达到极显著水平，籽粒氮含量表现为 XY335 高于 ZD958，但差异不显著（表 5-3）。

表5-3　不同优势玉米杂交种各器官吐丝期和成熟期的氮素含量

年份	品种	处理	吐丝期氮素含量（%）		成熟期氮素含量（%）		
			茎鞘	叶	茎鞘	叶	籽粒
2014	ZD958	N0	0.5d	1.2e	0.4e	0.8e	1.1c
		N1	0.8c	1.5d	0.4d	1.0d	1.1c
		N2	1.1b	2.1c	0.5c	1.2c	1.3b
		N3	1.4a	2.3b	0.6b	1.4b	1.4a
		N4	1.5a	2.5a	0.7a	1.5a	1.5a
	XY335	N0	0.6e	1.2d	0.4b	0.8e	1.0e
		N1	0.8d	1.8c	0.4b	1.1d	1.1d
		N2	1.2c	2.1b	0.4b	1.1c	1.4c
		N3	1.3b	2.4a	0.6a	1.3b	1.5b
		N4	1.4a	2.4a	0.6a	1.4a	1.5a
2015	ZD958	N0	0.5e	1.3e	0.2c	0.7e	0.9c
		N1	0.7d	1.8d	0.5bc	0.9d	1.1b
		N2	0.8c	1.9c	0.5b	1.1c	1.3a
		N3	0.9b	2.2b	0.6a	1.5b	1.3a
		N4	0.9a	2.3a	0.6a	1.6a	1.3a
	XY335	N0	0.5e	1.5d	0.3d	0.6c	0.8d
		N1	0.7d	1.8c	0.5c	1.1b	1.1c
		N2	0.7c	2.0b	0.5b	1.0b	1.2b
		N3	0.9b	2.0a	0.5b	1.3a	1.3a
		N4	0.9a	2.4a	0.6a	1.2a	1.3a
平均	ZD958		0.89a	1.91b	0.50a	1.15a	1.23a
	XY335		0.90a	1.95a	0.49a	1.08b	1.24a

注：同一列内同一品种数据后不同字母表示处理间差异显著（5次重复）。

二、春玉米氮素在各器官积累分配特性

1. 氮素积累、分配及对籽粒的贡献　低氮肥处理 XY335 籽粒氮素积累量和总氮素积累量显著低于 ZD958，增加施氮量氮素积累量明显增加。综合分析，吐丝期 XY335 氮素积累量平均较 ZD958 高 5.46%，其中茎鞘和叶中氮素积累量分别较 ZD958 高 6.28%和 4.68%。在成熟期 XY335 的氮素积累量较 ZD958 高 5.19%，其中花后氮素积累量 XY335 较 ZD958 高 5.26%，茎鞘氮素积累量高于 ZD958，但差异不显著（$P>0.05$），而叶片的氮素积累量则显著低于 ZD958（表5-4）。

ZD958 花后氮素积累量低于 XY335，但花后氮素积累量占总氮素积累量的比率大于 XY335，表现为花后氮素对籽粒贡献率较 XY335 高 7.06%；XY335 花前氮素总转运量较 ZD958 高 12.35%，转运率和籽粒贡献率则分别较 ZD958 高 5.71% 和 6.66%，其中叶片中氮素转运明显高于 ZD958，其转运率和籽粒贡献率分别较 ZD958 显著提高 6.98% 和 7.66%，而在茎鞘中的转运差异不显著（表 5-5）。

表 5-4　不同类型玉米吐丝期及成熟期氮素积累的差异

年份	品种	处理	吐丝期氮素含量（g/m²）			成熟期氮素含量（g/m²）				花后氮素积累与运转		
			茎鞘	叶	总量	茎鞘	叶	籽粒	总量	吸收量（g/m²）	花后氮积累占比（%）	贡献率（%）
2014	ZD958	N0	3.7d	4.4e	8.0e	2.1e	1.9d	6.8d	10.9d	2.9c	26.1b	41.7b
		N1	6.1c	6.2d	12.2d	2.9d	2.7c	14.8c	20.3c	8.1b	39.7a	54.7a
		N2	9.5b	9.3c	18.8c	4.4c	4.1b	21.8b	30.3b	11.5a	37.8a	52.5a
		N3	13.7a	11.2b	24.9b	5.4b	5.1a	25.6a	36.1a	11.2a	30.9b	43.6b
		N4	14.4a	12.1a	26.4a	6.3a	5.3a	25.0a	36.7a	10.2a	27.9b	40.8b
	XY335	N0	3.6d	3.7d	7.4e	2.4d	1.6e	5.4d	9.5e	2.1e	22.3c	38.8c
		N1	6.5c	7.0c	13.5d	3.2c	2.7d	13.5c	19.4d	5.9d	30.5b	43.8ab
		N2	12.3b	10.2b	22.5c	3.9b	3.8c	25.6b	33.3c	10.8c	32.4ab	42.2bc
		N3	14.0a	12.0a	26.1b	5.7a	4.9b	28.7a	39.3b	13.2b	33.7a	46.1ab
		N4	14.3a	12.2a	26.5a	5.9a	5.2a	29.4a	40.5a	13.9a	34.4a	47.4a
2015	ZD958	N0	3.2d	4.1d	7.3d	1.3d	1.8d	6.2e	9.4e	2.0d	21.6c	32.8c
		N1	5.0c	6.7c	11.7c	3.3c	2.5c	11.6d	17.5d	5.8c	32.9b	49.5b
		N2	6.2b	8.3b	14.5b	3.8b	3.8b	16.8c	24.4c	9.9b	40.6a	59.0a
		N3	7.8a	10.7a	18.5a	4.8a	5.7a	21.5b	31.9b	13.4a	42.1a	62.6a
		N4	8.1a	10.6a	18.7a	4.9a	5.7a	23.5a	34.2a	15.5a	45.2a	65.7a
	XY335	N0	3.3e	5.1e	8.4e	1.6d	1.3c	6.3d	9.2d	0.8e	8.7c	12.7c
		N1	5.0d	6.8d	11.8d	3.2c	3.0b	12.8c	19.0c	7.2d	38.0b	56.5b
		N2	6.0c	9.1c	15.1c	4.0b	3.4b	19.2b	26.5b	11.4c	43.0ab	59.5ab
		N3	8.5b	10.2b	18.7b	4.9a	5.2a	24.4a	34.5a	15.8b	45.8a	64.8a
		N4	9.1a	11.5a	20.6a	4.9a	4.8a	24.5a	34.2a	13.6a	39.8b	55.5b
平均	ZD958		7.8b	8.4b	16.1b	3.9a	3.9b	17.4b	25.2b	9.0a	34.5b	50.3b
	XY335		8.3a	8.8a	17.0a	4.0a	3.6a	19.0a	26.5a	9.5a	32.9a	46.7a

注：同一列内同一品种数据后不同字母表示处理间差异显著（5 次重复）。

表 5-5 不同类型玉米氮素运转和对籽粒氮贡献率的差异

年份	品种	处理	氮素转运量 (g/m²)			氮素转运率 (%)			氮素转运对籽粒贡献率 (%)		
			茎鞘	叶	总量	茎鞘	叶	总量	茎鞘	叶	总量
2014	ZD958	N0	1.5d	2.4d	4.0d	41.4c	55.6a	48.5b	22.5b	35.8a	58.3a
		N1	3.1c	3.5c	6.7c	51.6b	57.0a	54.3a	21.3b	23.9b	45.3b
		N2	5.1b	5.2b	10.4b	54.0ab	56.1a	55.1a	23.6b	24.0b	47.5b
		N3	8.3a	6.1a	14.4a	60.4a	54.4a	57.4a	32.4a	23.9b	56.4a
		N4	8.0a	6.8a	14.8a	55.9ab	56.0a	56.0a	32.2a	27.0b	59.2a
	XY335	N0	1.2c	2.1d	3.3c	33.2c	56.5b	44.8c	22.3b	38.9a	61.2a
		N1	3.3b	4.3c	7.6b	51.3b	60.9ab	56.1b	24.7b	31.5b	56.2bc
		N2	8.4a	6.4b	14.8a	68.5a	62.5a	65.5a	32.9a	24.9c	57.8ab
		N3	8.3a	7.1a	15.5a	59.2b	59.5ab	59.3b	29.0ab	24.9c	53.9bc
		N4	8.4a	7.0a	15.5a	58.9b	57.5b	58.2b	28.7ab	23.9c	52.6c
2015	ZD958	N0	1.9c	2.3b	4.2c	58.4a	55.9ab	57.1a	30.3a	36.9a	67.2a
		N1	1.7c	4.2a	5.9c	33.8c	62.3a	48.0b	14.6b	36.0a	50.5b
		N2	2.4b	4.5a	6.9b	38.1b	54.5ab	46.3b	14.1b	26.9b	41.0c
		N3	3.0a	5.0a	8.0a	38.8b	46.8b	42.8b	14.1b	23.3b	37.4c
		N4	3.2a	4.9a	8.0a	39.2b	45.8b	42.5b	13.5b	20.8b	34.3c
	XY335	N0	1.7d	3.9d	5.5d	50.4a	75.2a	62.8a	26.3a	61.0a	87.3a
		N1	1.8cd	3.7d	5.6d	36.0d	55.3c	45.6c	14.2c	29.2b	43.5b
		N2	2.1c	5.7b	7.7c	34.1d	62.7b	48.4c	10.8d	29.8b	40.5bc
		N3	3.6b	4.9c	8.6b	42.7c	48.7d	45.7c	14.9c	20.3c	35.2c
		N4	4.2a	6.7a	10.9a	46.4b	58.2bc	52.3b	17.2b	27.3b	44.5b
平均	ZD958		3.8b	4.5b	8.3b	47.2a	54.4b	50.8b	21.9b	27.9b	49.7b
	XY335		4.3a	5.2a	9.5a	48.1a	59.7a	53.9a	22.1a	31.2a	53.3a

注：同一列内同一品种数据后不同字母表示处理间差异显著（5 次重复）。

2. 氮素分布和运转 随着氮肥施用量的增加，吐丝至成熟期叶片的氮素转移量逐渐升高，NRE 变化不显著。品种间表现出知，明显差异，XY335 的中上层叶片氮素转移量和 NRE 显著高于 ZD958，而下层叶片的转移量和 NRE 则低于 ZD958；两品种在低氮肥处理条件下，灌浆期的中上层叶片的氮素的转移率较高（表 5-6）。

表 5-6 不同类型玉米吐丝期和成熟期不同层次叶片的氮素转运

年份	品种	氮肥	氮素转运量（g/株）				氮素转运率（%）			
			最高值	中间值	最低值	总量	最高值	中间值	最低值	总量
2014	XY335	N0	0.17a	0.16b	0.03c	0.36c	77.42a	75.32a	39.90b	64.21a
		N1	0.19a	0.18b	0.10b	0.46bc	69.18a	68.68a	63.93a	67.26a
		N2	0.25a	0.24ab	0.12ab	0.62ab	67.92a	77.01a	59.29a	68.07a
		N3	0.22a	0.30a	0.15a	0.68a	71.20a	74.60a	57.50a	67.77a
	ZD9598	N0	0.07b	0.07a	0.05d	0.19c	70.50a	50.33a	50.35a	57.06a
		N1	0.10ab	0.10a	0.10c	0.29b	73.51a	58.22a	53.39ab	61.71a
		N2	0.13a	0.12a	0.13b	0.39a	70.31a	55.96a	46.42bc	57.57a
		N3	0.09b	0.10a	0.17a	0.36ab	52.57b	41.50a	42.70c	45.59b
2015	XY335	N0	0.12a	0.12b	0.05b	0.29c	57.32a	64.86a	40.87b	54.35a
		N1	0.13a	0.10b	0.17a	0.40b	53.97a	45.57b	60.27a	53.27a
		N2	0.16a	0.19a	0.26a	0.61a	50.61a	56.68ab	65.13a	57.47a
		N3	0.17a	0.19a	0.24a	0.60a	43.77a	52.54ab	59.56a	51.96a
	ZD9598	N0	0.03b	0.05c	0.13a	0.21c	44.84a	45.97a	56.71b	49.17a
		N1	0.05b	0.11b	0.28a	0.43b	46.27a	52.85a	64.54b	54.55a
		N2	0.09a	0.16b	0.30a	0.55a	48.79a	54.87a	51.58a	51.75a
		N3	0.09a	0.14a	0.43a	0.66a	48.13a	48.06a	56.38a	50.86a

注：同一列内同一品种数据后不同字母表示处理间差异显著（5次重复）。

3. 氮素利用效率 不同类型品种的氮素利用效率的关系，XY335 的平均氮素籽粒生产效率、氮素农学利用效率、氮素吸收利用效率、氮素生理利用效率分别较 ZD958 高 3.6%、2.8%、10.7%和 12.8%，且在高氮肥条件下增幅更为明显（表 5-7）。

表 5-7 玉米氮农学利用效率、氮生理利用效率、氮吸收效率和氮肥偏生产力的差异

年份	品种	处理	氮农学利用效率 （kg/kg）	氮素籽粒生产效率 （kg/kg）	氮素生理利用效率 （kg/kg）	氮素吸收利用效率 （%）
2014	ZD958	N0	—	55.28b	—	—
		N1	93.8a	61.46a	32.7a	94.4ab
		N2	58.5b	53.79b	27.8b	97.0a
		N3	42.3c	48.91c	25.4b	84.0b
		N4	32.0d	46.6c	25.1b	64.5c
	XY335	N0	—	56.14b	—	—
		N1	93.1a	61.36a	31.0a	99.6b
		N2	59.1b	55.00b	28.3b	119.0a
		N3	45.0c	49.81c	28.3b	99.4b
		N4	33.4d	48.12c	26.7b	77.5c

（续）

年份	品种	处理	氮农学利用效率 （kg/kg）	氮素籽粒生产效率 （kg/kg）	氮素生理利用效率 （kg/kg）	氮素吸收利用效率 （%）
2015	ZD958	N0	—	66.85a	—	—
		N1	83.3a	68.39a	26.6ab	81.1a
		N2	52.6b	53.8b	29.0a	75.2a
		N3	37.3c	50.44b	22.3b	75.1a
		N4	28.2d	51.26b	20.6b	62.0b
	XY335	N0	—	81.37a	—	—
		N1	84.2a	60.52b	33.0a	98.0a
		N2	55.1b	58.29bc	31.0a	86.3b
		N3	40.3c	53.54c	28.1b	84.1b
		N4	30.0d	53.62c	28.0b	62.4c
平均	ZD958		53.5b	55.68b	26.2b	79.2b
	XY335		55.0a	57.78a	29.3a	90.8a

注：同一列内同一品种数据后不同字母表示处理间差异显著（5次重复）。

第二节 不同氮素水平雨养春玉米冠层结构与光能利用特征

一、春玉米形态指标及光合特性对氮水平的响应

1. 不同氮素水平春玉米植株形态变化　随着施氮量的增加，两品种的株高和穗位高均增加但不显著；XY335的株高较ZD958平均高15.63%，穗位/株高比较ZD958平均低14.91%，XY335的上层、中层和下层的节间长度分别较ZD958长23.18%、27.55%和28.69%；节间的增长明显拓展了植株上部空间，有利于改善密植群体的冠层结构（表5-8）。

表5-8　不同类型玉米杂交种密植群体的株高、穗位高及其节间长度

品种	氮肥处理	节间长（cm）			株高 （cm）	穗位高 （cm）	穗位高 （株高）	穗上节数 （个）
		上层	中层	下层				
XY335	N0	16.73±1.54a	16.50±0.77a	17.00±2.79b	280.67 a	114.33b	0.41	6
	N1	15.67±0.52a	17.00±0.77a	19.00±0.89ab	287.67 a	127.67ab	0.44	6
	N2	14.00±1.18a	18.10±1.09a	20.50±1.55ab	302.00 a	138.67ab	0.46	6
	N3	13.67±2.25a	17.50±1.18a	20.83±0.68a	292.00 a	128.00a	0.44	6

（续）

品种	氮肥处理	节间长（cm）			株高（cm）	穗位高（cm）	穗位高（株高）	穗上节数（个）
		上层	中层	下层				
ZD958	N0	12.33±1.13a	12.10±0.15b	14.67±0.52a	225.00c	116.33a	0.52	4
	N1	12.75±0.22a	13.40±0.89a	13.27±0.23b	235.67ab	118.33a	0.50	4
	N2	10.77±0.23b	12.00±0.45b	12.67±0.26bc	238.67a	123.33a	0.52	4
	N3	10.50±0.77b	12.67±0.52ab	12.17±0.68d	231.00bc	114.33a	0.49	4

注：同一列内同一品种数据后不同字母表示处理间差异显著（5次重复）。

随着氮肥施用量的增加，两品种不同层次叶片的茎叶夹角和叶向值均增加；XY335的各层叶片茎叶夹角大于 ZD958，分别较 ZD958 大 20.40%、42.40% 和 44.07%，叶向值表现为上层叶片 XY335 高于 ZD958，平均高 18.42%，而中层和下层叶片则相反，平均低 16.43% 和 27.11%（表 5-9）。

表 5-9 玉米不同类型杂交种密植群体不同叶层叶片的茎叶夹角与叶向值（2015 年）

品种	氮肥	茎叶夹角（°）			叶向值		
		上层	中层	下层	上层	中层	下层
XY335	N0	18.7±4.4a	33.3±4.4a	32.0±0.9a	65.10±0.57b	47.59±1.30a	48.08±2.59b
	N1	20.0±0.9a	36.3±4.6a	28.7±2.7ab	65.29±3.09b	47.71±5.50a	51.27±1.95ab
	N2	21.0±0.9a	37.7±2.3a	28.9±1.8ab	66.29±0.87ab	48.25±4.42a	52.47±0.58a
	N3	21.0±0.9a	38.7±2.6a	31.0±1.5a	67.76±0.82ab	50.47±2.35a	48.10±1.95b
ZD958	N0	15.0±0.9a	24.3±1.4a	15.3±1.4a	47.66±1.03b	45.50±3.35b	58.70±2.13a
	N1	15.3±0.5a	18.0±3.2c	16.0±2.4a	52.86±7.23ab	59.28±4.03a	60.60±0.51a
	N2	16.0±0.9a	19.0±3.2bc	17.3±1.9a	58.82±7.94ab	59.88±2.19a	66.08±6.50a
	N3	15.7±0.5a	21.3±1.4abc	17.3±0.5a	60.86±6.52a	58.97±1.85a	63.61±3.72a

注：同一列内同一品种数据后不同字母表示处理间差异显著（5次重复）。

2. 叶面积指数（LAI）动态 两品种的总 LAI 在吐丝期随着施氮量的增加而增加，生育后期 XY335 快速衰减，而 ZD958 的衰减程度相对较低。不同层次 LAI 显示，XY335 受氮肥施用量影响显著，在低氮肥处理各层次叶片 LAI 显著降低且衰减提前，具有较高的 LAI 衰减率，而 ZD958 中上层叶片衰减率较低；XY335 具有较高的中上层 LAI，低氮处理灌浆期叶面积衰减提前且加快，ZD958 有较高的中下层 LAI，且灌浆期衰减程度受氮肥影响较小，在成熟期中层 LAI 仍保持较高值（图 5-2）。

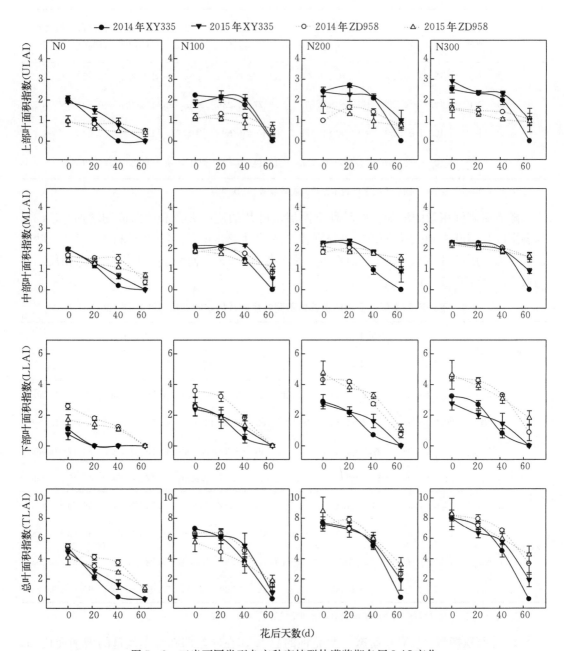

图 5-2 玉米不同类型杂交种密植群体灌浆期各层 LAI 变化

3. 冠层光截获率 随着施氮量的增加，群体冠层的光合有效辐射（PAR）总截获率增加，PAR 截获总量增加，但差异不显著；不同层次间比较发现，N2 和 N3 处理时中上层 PAR 截获量显著地高于低氮处理，下层 PAR 截获量降低，XY335 的中上层叶片 PAR 截获率显著地高于 ZD958，2014 年和 2015 年分别平均提高 5.84% 和 5.98%，而 ZD958 中下部叶片具有相对较高的光截获率（表 5-10）。

表5-10　玉米不同类型杂交种密植群体光辐射量，光截获率和光能利用率

年份	品种	处理	PAR 截获率（%）			PAR 总截获率（%）	干物质重（g/m²）	PAR 截获量（mol/m²）	PAR 转化率（g/MJ）	PAR 利用率（g/MJ）
			上部	中部	下部					
2014	XY335	N0	58.42a	21.11a	13.38a	92.91b	704.4d	1 154.8ab	0.57d	0.53d
		N1	67.51b	18.50a	9.48bc	95.49a	1 383.7c	1 186.9a	1.11c	1.06c
		N2	66.08b	19.14a	9.99b	95.21a	1 927.4b	1 183.4b	1.55b	1.48b
		N3	73.79c	13.70b	8.23c	95.72a	1 821.9a	1 189.7b	1.47a	1.40a
	ZD958	N0	55.39b	19.40b	15.07a	89.86b	916.1d	1 116.9a	0.74c	0.66c
		N1	54.27b	24.69a	14.51a	93.47a	1 590.4c	1 161.8a	1.28b	1.20b
		N2	63.15a	19.14b	11.58b	93.87a	1 761.2b	1 166.7a	1.42a	1.33a
		N3	63.53a	18.92b	12.06b	94.51a	1 800.0a	1 174.7a	1.45a	1.37a
2015	XY335	N0	57.10c	18.40a	15.33a	90.83b	821.6c	1 128.9b	0.66c	0.60b
		N1	66.07b	15.86a	11.46b	93.39a	1 266.7b	1 160.8a	1.02b	0.95b
		N2	64.53b	16.40a	12.08b	93.02a	1 780.3a	1 156.2a	1.43a	1.33a
		N3	72.10a	11.06b	10.34b	93.51a	1 771.5a	1 162.2a	1.43a	1.33a
	ZD958	N0	54.28b	16.50b	17.00a	87.77b	990.0d	1 090.9a	0.80d	0.70d
		N1	53.25b	21.67a	16.42a	91.34a	1 111.5c	1 135.3a	0.89c	0.82c
		N2	60.82a	17.73b	13.94b	92.49a	1 248.4b	1 149.6a	1.00b	0.93b
		N3	61.90a	16.14b	14.19b	92.23a	1 764.6a	1 146.3a	1.42a	1.31a

注：同一列内同一品种数据后不同字母表示处理间差异显著（5次重复）。

二、春玉米光合氮素利用效率及产量对氮水平的响应

1. 光合氮素利用效率（PNUE）　随着施氮量的增加，两品种的各层平均 PNUE 先生高后降低，XY335 具有较高的中上层 PNUE，平均较 ZD958 高 12.52%，中层较 ZD958 低 3.61%，差异不显著，其平均值分别为 33.72 和 34.94 [μmolCO$_2$/(mol·s)]，而下层较 ZD958 低 31.79%（图 5-3）。

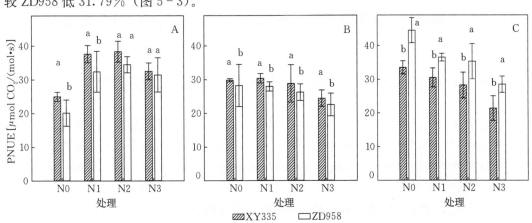

图 5-3　玉米不同类型杂交种密植群体不同叶层叶片光合氮素利用效率的变化（2015 年）

2. 产量及产量构成   ZD958 和 XY335 的籽粒产量均先升高后降低或者趋于平稳，在 N2 时最高，但 N2 和 N3 处理间差异不显著；不施氮条件下，XY335 产量低于 ZD958，平均低 15.59%，正常施氮肥 XY335 籽粒产量平均较 ZD958 高 6.87%。当施氮量为 N2 时 XY335 产量最高，平均 805.84 kg/亩，XY335 后期快速脱水，其籽粒含水量显著低于 ZD958，平均较 XY335 低 20.6%（表 5 - 11）。

表 5 - 11   不同氮肥水平处理春玉米产量及产量构成

年份	品种	施氮量	千粒重（g）	穗粒数	籽粒含水量（%）	产量（kg/hm²）	氮收获指数
2014	XY335	N0	187.61c	294.70d	18.53b	4 749.74d	—
		N1	273.89b	441.80c	21.70a	8 547.85c	100.46a
		N2	295.15ab	514.13b	21.87a	11 381.486b	57.69b
		N3	311.16a	549.47a	22.14a	13 046.53a	43.55c
	ZD958	N0	279.05b	332.90d	27.011a	7 427.80d	—
		N1	332.98a	407.67c	26.50a	10 046.14c	85.48a
		N2	345.90a	457.03b	25.46a	11 537.48b	56.911b
		N3	348.35a	492.03a	27.69a	13 064.16a	43.49c
2015	XY335	N0	272.83d	299.87c	24.63a	4 995.38d	—
		N1	313.45c	418.33b	23.93b	8 189.03c	81.89a
		N2	352.68b	529.27a	24.07b	10 886.44b	54.43b
		N3	340.53a	520.40a	23.27c	11 935.34a	39.78c
	ZD958	N0	334.38c	318.43c	26.87ab	6 642.83c	—
		N1	351.73b	426.939b	26.33b	8 964.94b	89.65a
		N2	364.33a	440.47ab	26.00ab	10 039.39b	50.20ab
		N3	359.67a	453.87a	26.37a	11 784.82a	39.28c

注：同一列内同一品种数据后不同字母表示处理间差异显著（5 次重复）。

第三节   氮素水平对灌溉春玉米产量与光氮效率的调控机制

一、不同春玉米产量及冠层指标及氮效率对氮密互作的响应

以挖掘节氮密植条件下耐高密品种氮高效潜力为目标，以揭示冠层光氮匹配特征影响光氮利用机制的为切入点，系统研究不同耐密型玉米品种冠层光氮分布与匹配特征差异及其对氮密互作的响应，并通过解析氮素代谢与转运利用、光合同化与积累分配，阐释品种耐密性决定冠层光氮匹配差异影响玉米产量形成与氮效率的生理机制。

1. 不同耐密型玉米品种产量及氮效率对氮密互作的响应   2 年试验产量、氮肥偏生产力和氮肥利用效率的差异不显著，数据分析以 2 年结果平均值为基础进行。品种、密度、

施氮量三因子互作及两两互作均具有显著效应。从所有处理的平均值来看，耐高密品种 MC670 的产量比常规品种 KH8 高 16.0%，差异显著。随施氮量的增加，产量呈上升趋势，但 N150（150 kg/hm²）、N300（300 kg/hm²）间无显著差异，二者显著高于 N0（0 kg/hm²）处理，分别提高 9.2% 和 15.1%。不同密度间比较，PD8.25（种植密度 8.25 万株/hm²）显著高于 PD6.0（种植密度 6.0 万株/hm²）和 PD10.5（种植密度 10.5 万株/hm²），分别提高 18.2% 和 16.3%，但 PD6.0 和 PD10.5 间差异不显著（表 5-12）。

表 5-12　品种、密度、施氮量互作下产量及氮效率的方差分析

	指标	产量 （t/hm²）	氮肥偏生产力 PFP_N（kg/kg）	氮肥利用效率 NUE（kg/kg）	氮肥生理效率 NIE（kg/kg）	氮肥吸收效率 NRE（kg/kg）
施氮量	N0	11.9b	—	—	—	—
	N150	13.0a	87.06a	7.92a	31.51a	0.25a
	N300	13.7a	45.76b	6.19b	25.91b	0.24a
密度	PD6.0	12.1b	61.85b	4.92c	22.86c	0.2a
	PD8.25	14.3a	74.02a	9.14a	36.23a	0.25a
	PD10.5	12.3b	63.36b	7.10b	27.04b	0.26a
品种	KH8	11.9b	61.26b	4.92b	21.09b	0.24a
	MC670	13.8a	71.56a	9.18a	36.33a	0.25a
试验年度	2018	13.2a	68.23a	7.02a	28.69a	0.25a
	2019	12.5a	64.59a	7.08a	28.73a	0.24a
品种（A）		**	*	**	*	ns
密度（B）		*	*	*	**	ns
施氮量（C）		**	**	**	**	ns
A×B		*	*	*	*	ns
A×C		*	**	*	**	ns
B×C		**	*	*	*	ns
A×B×C		**	**	**	**	ns

注：同一指标同一列数据后不同字母表示差异达到 5% 显著水平，ns 表示差异不显著。

从所有处理的平均值来看，耐高密品种 MC670 的氮肥偏生产力（PFP_N）、氮肥利用效率（NUE）分别比常规品种 KH8 高 16.8%、86.6%，差异显著。随施氮量增加，PFP_N、NUE 都表现为随施氮量增加呈下降趋势，分别下降 47.4%、27.9%，均达到 0.05 显著水平。不同密度间比较，PD8.25 显著高于 PD6.0 和 PD10.5，PFP_N、NUE 分别提高 19.7%、16.8%，85.7%、28.7%，差异显著。PD10.5 的 NUE 比 PD6.0 高

44.3%，差异显著。PFP_N 在 PD6.0、PD10.5 间差异不显著。

两个品种氮肥生理效率（NIE）表现与 NUE 相同的变化趋势，均在 PD8.25、N150 下最高，且 MC670 显著高于 KH8，而氮肥吸收效率（NRE）虽然随密度增加略有提高，但在品种间和施氮量间差异不显著（图 5-4）。NIE 与 NUE 线性回归的决定系数也在 85% 左右，显著高于 NRE，且不同施氮量下 MC670 的 NIE 决定系数均显著高于 KH8，说明耐高密品种较高氮效率与其氮生理效率较高有关（图 5-5）。综上所述，不同耐密型品种在 PD8.25、N150 处理组合下可实现产量和氮效率协同提高，但品种间产量和氮效率特别是生理效率差异明显。因此，本研究品种间光氮匹配分析均在 PD8.25、N150 处理组合下进行，其影响氮素生理效率的机制是需要解析的核心问题。

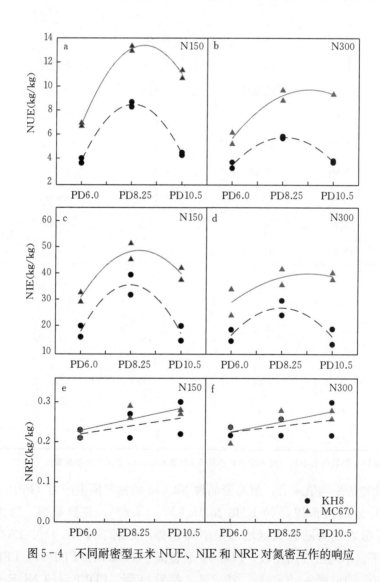

图 5-4 不同耐密型玉米 NUE、NIE 和 NRE 对氮密互作的响应

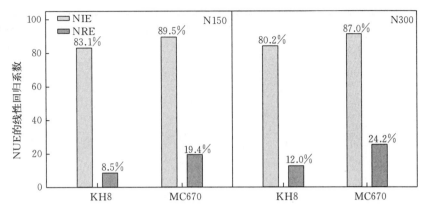

图 5 - 5　不同耐密型玉米 NIE 和 NRE 与 NUE 线性回归决定系数

　　两个品种均在 PD8.25、N300 处理组合下达到最大产量，但该处理组合与 PD8.25、N150 处理组合间差异不显著。从氮的效率来看，两个品种均在 PD8.25、N150 下获得最高的 PFP_N 和 NUE，且显著高于其他处理。两个品种间比较，MC670 在 PD8.25、N150 下的产量、PFP_N、NUE 分别比 KH8 高 12.3%、12.0%、56.1%，均具有显著差异（表 5 - 13）。

表 5 - 13　氮密互作对不同耐密型玉米产量及氮效率的影响

品种	密度	施氮量	产量 （t/hm²）	氮肥偏生产力 PFP_N（kg/kg）	氮肥利用效率 NUE（kg/kg）	氮肥生理效率 NIE（kg/kg）	氮肥吸收效率 NRE（kg/kg）
KH8	PD6.0	N0	10.90b	—	—	—	—
		N150	11.45ab	76.33a	3.67a	16.67a	0.22a
		N300	11.95ab	39.83b	3.50b	15.90b	0.22a
	PD8.25	N0	12.50ab	—	—	—	—
		N150	13.75a	91.67a	8.33a	34.72a	0.24a
		N300	14.25a	47.50b	5.83b	25.36b	0.23a
	PD10.5	N0	10.42b	—	—	—	—
		N150	11.05b	73.67a	4.33a	18.83a	0.23a
		N300	11.54ab	38.33b	3.67b	16.68b	0.22a
MC670	PD6.0	N0	11.85c	—	—	—	—
		N150	12.85b	85.67a	6.67a	30.30a	0.22a
		N300	13.55b	45.17b	5.67b	26.98b	0.21a
	PD8.25	N0	13.45b	—	—	—	—
		N150	15.44a	102.67a	13.00a	47.27a	0.28a
		N300	16.21a	54.00b	9.17b	35.25b	0.26a
	PD10.5	N0	12.14c	—	—	—	—
		N150	13.75b	91.67a	11.01a	40.05a	0.27a
		N300	14.81ab	49.33b	9.04b	34.61b	0.25a

（续）

品种	密度	施氮量	产量 （t/hm²）	氮肥偏生产力 PFP_N（kg/kg）	氮肥利用效率 NUE（kg/kg）	氮肥生理效率 NIE（kg/kg）	氮肥吸收效率 NRE（kg/kg）
品种（A）			**	*	**	*	ns
密度（B）			*		*	**	ns
施氮量（C）			**	**	**	**	ns
A×B			*	*	*	*	ns
A×C			*	**	*	**	ns
B×C			**	*	*	*	ns
A×B×C			**	**	**	**	ns

注：同列数据同一品种后不同字母表示差异达到5%显著水平。

2. 不同耐密型玉米冠层光分布特征 吐丝期两个品种的冠层光分布均表现为光合有效辐射（PAR）随冠层垂直高度的降低呈对数曲线下降。耐高密品种 MC670 相比于常规品种 KH8，穗位叶以上冠层 PAR 均值高 14.5%，穗位叶的冠层 PAR 高 32.8%，均达到 0.05 显著水平。近地面 140 cm 冠层 PAR 差异不显著（图 5-6）。两个品种的冠层透光率均表现为随冠层垂直高度的降低而下降（图 5-7）。耐高密品种 MC670、常规品种 KH8 穗位叶以上的透光率两年均值分别为 42.7%、35.4%；穗位叶的透光率两年均值分别为 26.3%、20.9%。耐高密品种 MC670 的透光率两年均值比常规品种 KH8 在穗位叶以上高 20.6%、在穗位叶高 25.8%，均达到 0.05 显著水平。但近地面 140 cm 冠层透光率差异不显著。同等光照条件下，耐高密品种透光性较好，穗位以上冠层受光更强，为其实现较高的光合效率提供了基础。

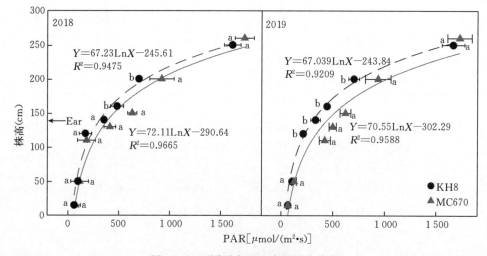

图 5-6 不同耐密型玉米冠层光分布

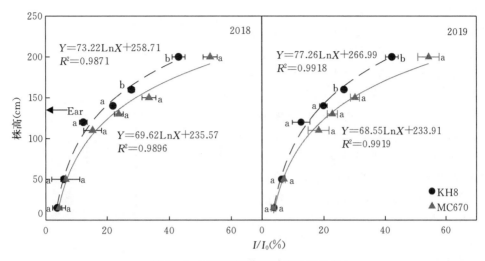

图 5-7　不同耐密型玉米品种透光率

　　两个品种吐丝期的冠层内 PAR 随着累积叶面积指数增加呈下降趋势（图 5-8），均符合朗伯比尔定律：$I=I_0\exp（-KL\times F）$。在积累 LAI 下 MC670 上、中层叶片 PAR 显著高于 KH8，但下层叶片差异不显著。KH8 的两年的消光系数（KL）平均值为 0.460，较 MC670（KL 平均值为 0.433）高 6.2%。

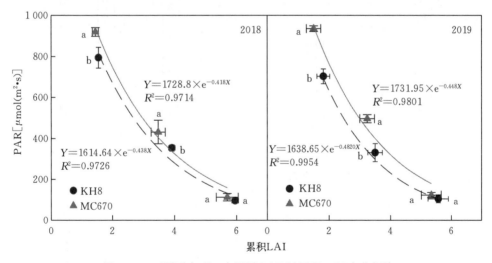

图 5-8　不同耐密型玉米冠层 PAR 随累积 LAI 变化规律

　　两个品种在吐丝期的冠层 PAR 截获率均表现为随叶片层次的降低呈下降趋势，且各层位间差异均达到显著水平，KH8 上层叶片的 PAR 截获率比 MC670 高 3.72 个百分点，达到 0.05 显著水平，MC670 的中、下层叶片 PAR 截获率分别比 KH8 高 3.68、4.64 个百分点，均达到 0.05 显著水平。MC670、KH8 的总冠层 PAR 截获率分别为 81.97%、77.37%，MC670 较 KH8 高 4.61 个百分点，达到 0.05 显著水平（图 5-9）。
　　在吐丝期，耐高密品种（MC670）与常规品种（KH8）各个层次叶面积均表现为上层叶片＜中层叶片＜下层叶片。上层、中层叶片叶面积表现为 KH8 较 MC670 高 13.94％、7.69％，而下层叶片则表现为 MC670 较 KH8 高 5.3％，上层叶片、下层叶片差异均达到 0.05 显著水平（图 5-10）。两个品种上层、中层叶片干物质积累量无显著差异，下层叶片表现为 MC670 较 KH8 高 9.41％，0.05 水平上差异显著（图 5-11）。MC670 的比叶重，表现为随叶片层次降低呈下降趋势，KH8 表现为先降低再上升的趋势。上层、中层叶片比叶重表现为 MC670 较 KH8 高 24.66％、12.08％，下层叶片的比叶重表现为 KH8 比 MC670 高 9.76％，差异均达到 0.05 显著水平（图 5-12A）。两个品种

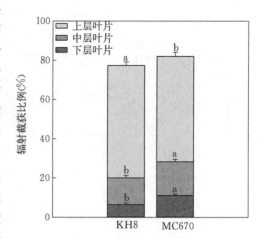

图 5-9 不同耐密型玉米冠层各层叶片 PAR 截获量

的比叶面积则表现为与比叶重完全相反的变化规律（图 5-12B）。

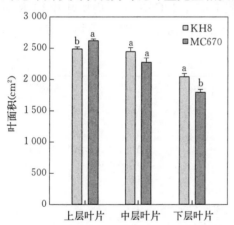

图 5-10 不同耐密型玉米冠层叶面积的差异

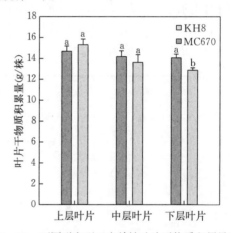

图 5-11 不同耐密型玉米单株叶片干物质积累量比较

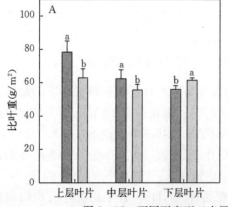

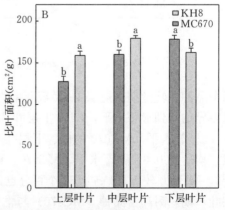

图 5-12 不同耐密型玉米冠层比叶面积、比叶重的差异

3. 不同耐密型玉米冠层比叶氮空间分布特征 两个品种的冠层比叶氮（SLN）均随冠层垂直高度的降低呈指数曲线下降（图5-13），从上层到下层，KH8的SLN两年分别下降9.4％和15.4％，MC670的SLN分别下降12.7％、21.1％，降幅明显高于KH8。两个品种的SLN均表现为上层叶片、中层叶片显著高于下层叶片。MC670上层、中层叶片的SLN显著高于KH8，分别比KH8高17.6％和21.9％。而下层叶片差异不显著。

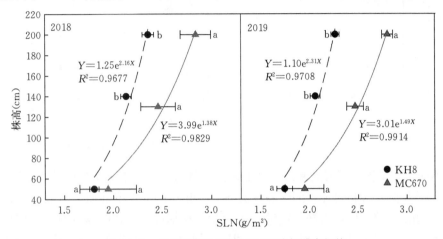

图5-13 不同耐密型玉米冠层比叶氮分布规律

两个品种的冠层比叶氮含量均随累积叶面积指数（LAI$_{cum}$）增加呈指数曲线下降趋势（图5-14），在相同LAI$_{cum}$下MC670上、中层叶片的SLN分别较KH8高22.08％、20.10％，差异显著，但下层叶片无显著差异。

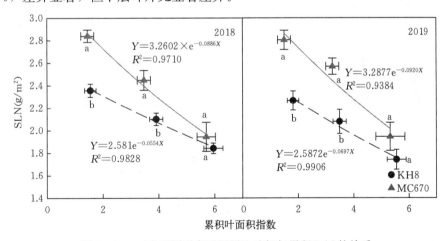

图5-14 玉米不同耐密型冠层比叶氮与累积LAI的关系

为了消除两个品种间株高、株型等因素对累积叶面积指数及其与SLN关系的影响，以品种最大LAI为参照对两个品种累计叶面积指数进行归一化处理后，进一步分析SLN与相对累积LAI的关系（图5-15）。即在相同相对累积叶面积指数下，MC670的SLN显著高于KH8，其上层、中层叶片的SLN分别比科河8号高22.1％和20.10％，均达到0.05显著水平，但下层叶片差异不显著。

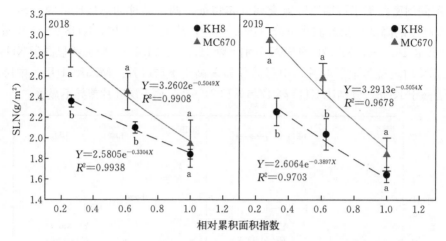

图 5-15　玉米不同耐密型冠层比叶氮与相对累积叶面积指数的关系

4. 不同耐密型玉米冠层光氮匹配程度差异　将两个品种不同层位叶片 SLN 及对应叶层的入射 PAR 整合分析可见，两个品种的 SLN 均随着 PAR 增加而呈对数上升趋势（图 5-16）。在相同入射 PAR 条件下，MC670 上层、中层叶片的比叶氮（SLN）均显著高于 KH8，分别比 KH8 高 18.5% 和 21.9%，但下层叶片差异不显著。上述结果一方面说明冠层 SLN 垂直分布受光分布驱动，另一方面也表明耐高密品种冠层氮素分布对光分布驱动可能更加敏感。

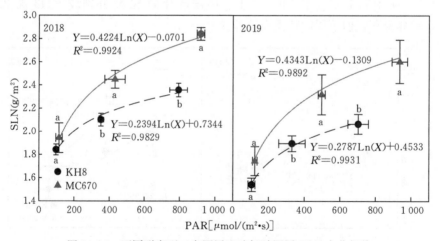

图 5-16　不同耐密型玉米冠层比叶氮随冠层 PAR 变化规律

前人通过消光系数 KL 与氮消减系数 Kb 的比值来表示冠层光氮匹配程度。当 KL＝Kb 时，冠层的光合碳同化能力最大（Field C B.，1983）。与常规品种相比，耐高密品种冠层具有较低的消光系数（KL）和较高的氮消减系数（Kb）。两年平均值，KH8 和 MC670 的光氮匹配系数（KL/Kb）分别为 1.28 和 0.86，与理想光氮匹配系数 1 之间的差值分别为 0.28 和 0.14，MC670 的光氮匹配系数与理想值差异较小，说明 MC670 的光氮匹配程度优于 KH8（表 5-14）。

表 5 - 14　不同耐密型玉米光氮匹配程度比较

年份	品种	光分布模型	R^2	KL	氮分布模型	R^2	Kb	KL/Kb
2018	KH8	$Y=1\,614.64e^{-0.4380X}$	0.9727	0.438	$Y=2.58e^{-0.3304X}$	0.9938	0.3304	1.326
	MC670	$Y=1\,728.80e^{-0.418 0X}$	0.9714	0.418	$Y=3.26e^{-0.5049X}$	0.9908	0.5049	0.828
2019	KH8	$Y=1\,638.65e^{-0.482 0X}$	0.9954	0.482	$Y=2.61e^{-0.3897X}$	0.9703	0.3897	1.237
	MC670	$Y=1\,731.95e^{-0.448 0X}$	0.9801	0.448	$Y=3.24e^{-0.5054X}$	0.9678	0.5054	0.886

5. 不同耐密型玉米冠层光合碳同化　两个品种的净光合速率、光合氮效率均表现为随比叶氮的增加呈上升趋势（图 5 - 17），在相同比叶氮条件下，叶片净光合速率、光合氮效率无显著差异。但两个品种间比较，因 MC670 的上、中层叶片的比叶氮含量分别比 KH8 高 22.11%、18.52%，故其上、中层叶片的净光合速率和光合氮效率分别比 KH8 高 34.29%、41.78% 和 11.14%、13.99%，均达到 0.05 显著水平。MC670 较高的比叶氮含量是使其具有较高 Pn、PNUE 的根本原因。耐高密品种（MC670）与常规品种（KH8）的 Pn、PNUE 均表现为随冠层 PAR 的增加呈上升趋势（图 5 - 18）。冠层上、中部，当 PAR 相同时，MC670 的净光合速率、光合氮效率显著高于 KH8。

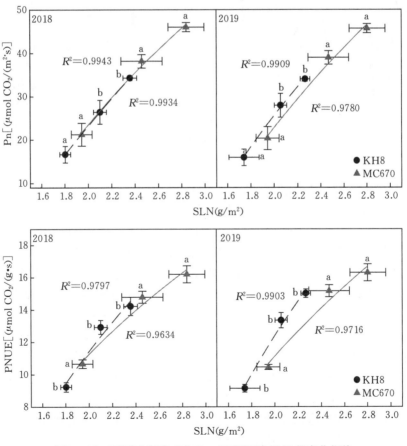

图 5 - 17　不同耐密型玉米 Pn、PNUE 随 SLN 的变化规律

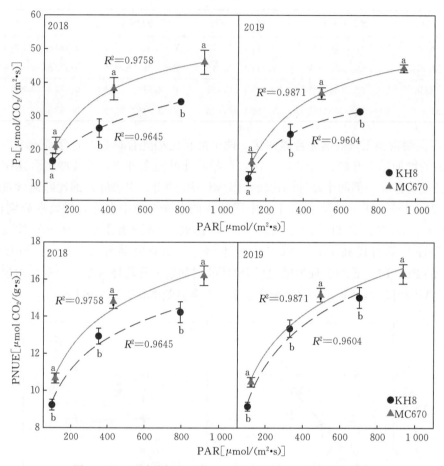

图 5-18　不同耐密型玉米 Pn、PNUE 随 PAR 的变化规律

　　SLN 和 PAR 与 Pn 的线性回归决定系数分别在 95% 以上和 80% 左右，SLN 与 Pn 的决定系数显著高于 PAR 与 Pn 的决定系数，说明 SLN 对 Pn 的影响更大。两个品种比较，MC670 的 SLN 与 PAR 的决定系数分别比 KH8 高 1.6 和 7.7 个百分点，后者达到 0.05 显著水平。KH8 的 SLN 与 PNUE 的线性回归决定系数在 90% 以上，MC670 的 SLN 与 PNUE 的线性回归决定系数在 95% 以上，较 KH8 的高 5 个百分点，差异显著。KH8 的 PAR 与 PNUE 的线性回归决定系数在 65% 以上，MC670 的 SLN 与 PNUE 的线性回归决定系数在 70% 以上，较 KH8 的高 5 个百分点，差异显著（图 5-19）。

　　耐高密品种（MC670）与常规品种（KH8）吐丝期的净光合速率（Pn）（图 5-20）、光合氮效率（PNUE）（图 5-21）、光合生产力（图 5-22）均随着叶位的降低而下降，表现为上层叶片＞中层叶片＞下层叶片。MC670、KH8 中层、下层叶片的净光合速率均值分别比上层叶片下降 15.94%、54.6% 和 20.38%、65.68%，均达到 0.05 显著水平。MC670 各层叶片的 Pn 均高于 KH8，其上、中、下层叶片分别比 KH8 高 34.30%、41.95%、27.68%，上、中层叶片间差异显著。

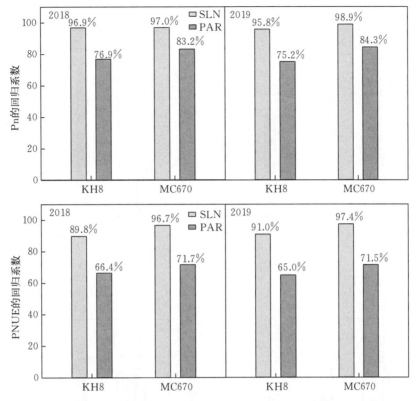

图 5-19　不同耐密型玉米 SLN 和 PAR 与 Pn、PNUE 的线性回归系数关系

KH8 和 MC670 上、中层叶片的 PNUE 分别比下层叶片高 59.09%、42.99%；53.87%、41.84%。两个品种均表现为上、中层叶片间差异不显著，显著高于下层叶片。MC670 各层叶片的 PNUE 均显著高于 KH8，上、中、下层叶片分别高 11.15%、14.00%、15.02%，上层、中层叶片差异显著。

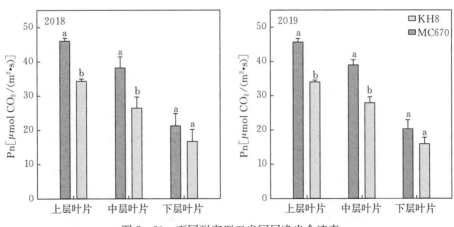

图 5-20　不同耐密型玉米冠层净光合速率

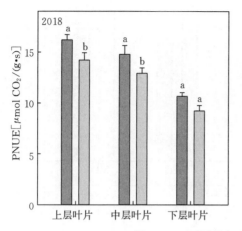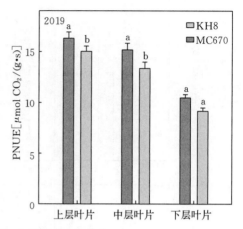

图 5-21 不同耐密型玉米冠层光合氮效率

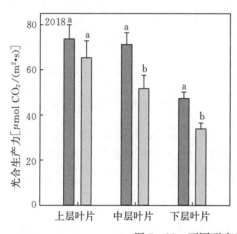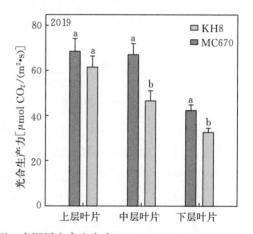

图 5-22 不同耐密型玉米冠层光合生产力

两个品种上层、中层叶片间的光合生产力差异不显著，但均显著高于下层叶片。KH8 和 MC670 上层、中层叶片的光合生产力均值分别比下层叶片高 90.27%、47.36% 和 58.45%、54.11%。品种间比较，MC670 的上、中、下层叶片的光合生产力分别比 KH8 高 27.66%、28.83%、33.31%，中层、下层叶片间差异显著，而上层叶片间差异不显著。MC670 各层叶片虽然具有较高的净光合速率，但其上层叶面积较低，但中、下层叶面积较高，所以光合生产力各层之间差异不同。

KH8 和 MC670 上层、中层叶片的干物质积累量无显著差异，下层叶片干物质积累量表现为 MC670 比 KH8 高 9.4%，达到 0.05 显著水平。两个品种的吐丝期叶片总干物质积累量无显著差异。MC670 两年均值比 KH8 高 0.52 t/hm²（图 5-23）。

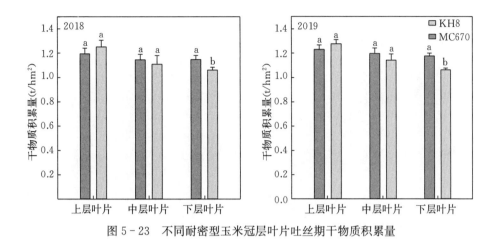

图 5 - 23　不同耐密型玉米冠层叶片吐丝期干物质积累量

二、不同耐密型玉米氮积累、氮组分与转运特性

MC670 的叶片氮积累量、氮转运量均表现中层叶片＞上层叶片＞下层叶片，且中层叶片与上层叶片间差异不显著；KH8 的叶片氮积累量、氮转运量随冠层垂直高度的降低而显著下降（图 5 - 24、图 5 - 25）。KH8 和 MC670 的上层、中层叶片氮积累量分别比下层叶片高 89.51%、65.37% 和 25.79%、33.74%，差异显著。

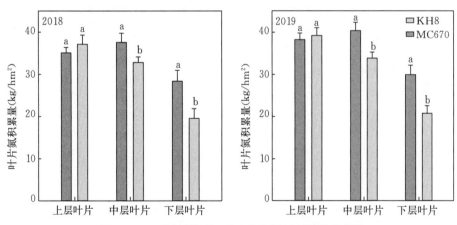

图 5 - 24　不同耐密型玉米吐丝期冠层叶片氮积累量

品种间比较，MC670 的中、下层叶片氮积累量分别比 KH8 高 5.66 和 8.99 kg/hm²，差异显著，两个品种上层叶片氮积累量无显著差异。两个品种叶片氮转运量与叶片氮积累量表现为相同的变化规律。MC670 中、下层叶片氮转运量分别较 KH8 高 5.79 kg/hm² 和 8.48 kg/hm²，差异显著，两个品种上层叶片氮转运量无显著差异。叶片氮素总转运量表现为 MC670 比 KH8 高 20.3%，差异显著。

MC670 的氮积累量在吐丝期和成熟期分别比 KH8 高 2.22% 和 10.92%，吐丝期差异

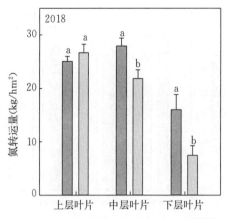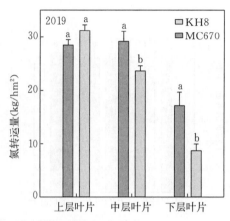

图 5-25 不同耐密型玉米冠层叶片氮转运量

不显著，成熟期差异显著。在吐丝期，MC670 的茎秆氮积累量比 KH8 高 17.4%，差异显著。上层叶片氮积累量无显著差异，中、下层叶片氮积累量表现为 MC670 比 KH8 高 17.03%、44.71%，均达到 0.05 显著水平（表 5-15）。在成熟期，两个品种的茎秆、各层叶片的氮积累量均无显著差异；籽粒的氮积累量表现为 MC670 比 KH8 高 17.76%，差异显著。成熟期 MC670 的总氮积累量显著高于 KH8，是因为 MC670 花粒期籽粒氮积累量显著高于 KH8 导致的。

表 5-15 不同耐密型玉米冠层各器官氮素积累量（kg/hm²）

年份	时期	品种	茎秆	上层叶片	中层叶片	下层叶片	籽粒	全株氮积累量
2018	花期	KH8	88.31a	37.14a	32.80b	19.54b	—	180.64a
		MC670	76.31b	35.08a	37.58a	28.37a	—	184.63a
	成熟期	KH8	52.73a	7.04a	7.90a	8.28a	179.38b	255.33b
		MC670	46.86a	6.80a	7.90a	8.23a	213.82a	283.61a
2019	花期	KH8	81.04a	39.17a	33.78b	20.72b	—	178.95a
		MC670	67.97b	38.20a	40.33a	29.88a	—	182.93a
	成熟期	KH8	47.59a	8.00a	10.15a	12.02a	180.90b	258.65b
		MC670	42.35a	9.05a	11.89a	12.76a	210.43a	286.48a

注：同一时期同列数据后不同字母表示品种间差异达到 5% 显著水平。

耐密品种 MC670 和常规品种 KH8 吐丝期叶片不同氮组分积累量有明显差异。KH8 的不同组分氮素均随着叶片层位的下降而降低，光合氮积累量随叶片层次的降低依次下降 15.67% 和 46.02%；基质氮积累量依次降低 16.54% 和 41.51%，不同层位叶片间差异显著；结构氮积累量上层、中层叶片分别比下层叶片高 53.57% 和 40.48%，差异显著。MC670 的上层、中层叶片光合氮、基质氮含量与上层叶片无显著差异，二者光合氮积累量分别比下层叶片高 55.21% 和 51.04%；基质氮积累量分别比下层叶片高 47.19% 和 44.94%，差异显著。结构氮积累量在各层次叶片中无显著差异（表 5-16）。

两个品种间比较，MC670 上层、中层、下层叶片的光合氮积累量分别比 KH8 高
8.21％、31.86％、57.38％，在中层、下层叶片达到显著差异；基质氮积累量分别比
KH8 高 3.15％、21.70％、43.55％，中、下层叶片差异显著；结构氮积累量则表现为上
层叶片较 KH8 低 19.44％，中、下层叶片较 KH8 高 5.93％和 34.52％，在上层、下层叶
片处均达到 0.05 显著水平。

两个品种吐丝期的氮组分占叶片氮积累量比例差异明显。常规品种 KH8 表现为结构
氮＞光合氮＞基质氮，而耐高密品种 MC670 则表现为光合氮＞结构氮＞基质氮（图 5-
26）。KH8 的光合氮所占比例为 32.4％，耐高密品种所占比例为 35.7％，MC670 比 KH8
高 3.3 个百分点，差异显著。两个品种基质氮积累量所占比例无差异，结构氮则表现为
KH8 所占比例显著高于 MC670。

表 5-16　不同耐密型玉米吐丝期叶片氮积累量及氮组分分析（kg/hm²）

类型	氮积累量		光合氮积累量		基质氮积累量		结构氮积累量	
	KH8	MC670	KH8	MC670	KH8	MC670	KH8	MC670
上层叶片	39.17a	38.20a	13.4a	14.5a	12.7a	13.1a	12.9a	10.8a
中层叶片	33.78b	40.33a	11.3b	14.9a	10.6b	12.9a	11.8a	12.5a
下层叶片	20.72c	29.88b	6.1c	9.6b	6.2c	8.9b	8.4b	11.3a

注：同一列标以不同字母表示不同层位叶片间差异显著。

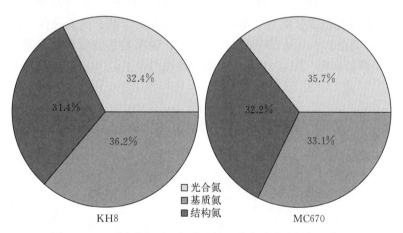

图 5-26　不同耐密型玉米叶片氮组分占叶片总氮的百分比

两个品种总氮转运量表现为 MC670 比 KH8 高 4.5％，差异显著。其中，MC670 中、
下层叶片的氮转运量分别比 KH8 高 19.8％、86.7％，差异显著，上层叶片差异不显著。
但 MC670 的茎秆氮转运量比 KH8 低 25.3％，差异显著（表 5-17）。

两个品种总氮转运量对籽粒的贡献率表现为 MC670 比 KH8 低 6.36 个百分点，差异
显著。其中，KH8 上、中层叶片的氮转运量分别比 KH8 高 5.45、0.08 个百分点，上层
叶片差异显著，中层叶片差异不显著。MC670 的下层叶片的氮转运量比 KH8 高 3.06 个
百分点，差异显著。但 MC670 的茎秆氮转运量比 KH8 低 3.88 个百分点，差异显著。
MC670 具有较高的氮转运量，但氮转运量对籽粒贡献率较低，是因为 MC670 的具有较高

的籽粒氮积累量。

表 5-17　不同耐密型玉米冠层各器官氮转运量及对籽粒的贡献率

年份	品种	氮转运量（kg/hm²）				氮转运量对籽粒的贡献率（%）			
		茎秆	上层叶片	中层叶片	下层叶片	茎秆	上层叶片	中层叶片	下层叶片
2018	KH8	35.58a	30.10a	24.90b	11.26b	17.60a	19.83a	13.88a	6.28b
	MC670	29.45b	28.28a	29.68a	20.14a	15.64b	13.23b	13.88a	9.42a
2019	KH8	33.45a	31.17a	23.63b	8.70b	20.14a	17.52a	13.06a	4.80b
	MC670	25.62b	29.15a	28.44a	17.12a	14.34b	13.22b	12.90a	7.77a

注：同一品种同列数据后不同字母表示差异显著。

三、不同基因型春玉米光氮匹配及氮素利用对氮密互作的响应

1. 氮密互作对不同耐密型春玉米光氮匹配系数的影响　施氮量和种植密度及其互作显著影响吐丝期的两个品种的消光系数。耐密品种（MC670）与常规品种（KH8）两个品种的消光系数均表现为随密度和施氮量的增加呈上升趋势。KH8 与 MC670 的消光系数，在低密（PD6.0）条件下，随施氮量增加该比值变化范围分别在 0.40～0.43 和 0.37～0.38，中高密条件下，该比值分别在 0.44～0.53 和 0.41～0.48。N0 条件下，从 PD6.0 到 PD10.5 该比值变化范围分别为 0.40～0.50 和 0.37～0.46；施氮条件下，从 PD6.0 到 PD10.5 该比值分别在 0.44～0.53 和 0.37～0.48。说明种植密度对消光系数的影响高于施氮量对消光系数的影响（图5-27）。在相同处理组合下，MC670 的消光系数均显著小于 KH8。

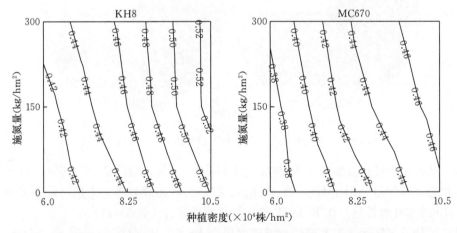

图 5-27　氮密互作对不同耐密型玉米消光系数（KL）的影响

种植密度显著影响吐丝期的两个品种的氮消减系数（图5-28），施氮量显著影响了 KH8 的吐丝期的氮消减系数，MC670 的氮消减系数随施氮量的变化在低密（PD6.0）条件下差异不显著，在高密（PD10.5）条件下差异显著。氮密互作显著影响了 KH8 的氮消

减系数。两个品种的氮消减系数均表现为随度的增加呈先上升再下降趋势，随施氮量的增加呈上升趋势。KH8 与 MC670 的氮消减系数，在低密（PD6.0）条件下，随施氮量增加该比值变化范围在 0.27～0.33 和 0.44～0.45，中高密条件下，该比值在 0.26～0.39 和 0.32～0.49。N0 条件下，从 PD6.0 到 PD10.5 该比值变化范围为 0.19～0.31、0.31～0.47；施氮条件下，从 PD6.0 到 PD10.5 该比值在 0.26～0.39、0.32～0.49。施氮量显著影响 KH8 的氮消减系数，MC670 在 PD10.5 条件下，增施氮肥，氮消减系数差异显著。种植密度显著影响两个品种的氮消减系数。在相同处理组合下，MC670 的氮消减系数均显著高于 KH8（表 5 - 18）。

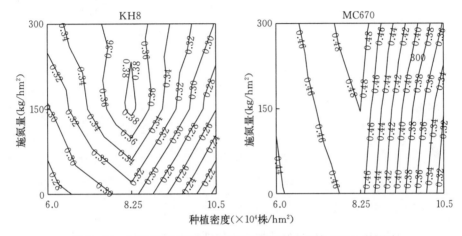

图 5 - 28　氮密互作对不同耐密型玉米氮消减系数（Kb）的影响

表 5 - 18　氮密互作对玉米冠层消光系数、氮消减系数及光氮匹配系数的影响

品种	密度	施氮量	2018 年			2019 年		
			KL	Kb	KL/Kb	KL	Kb	KL/Kb
KH8	PD6.0	N0	0.400 7	0.266 0	1.51	0.406 4	0.270 8	1.50
		N 150	0.410 5	0.296 0	1.39	0.413 3	0.298 9	1.38
		N 300	0.419 0	0.330 3	1.27	0.436 7	0.332 7	1.31
	PD8.25	N0	0.420 2	0.293 1	1.43	0.460 7	0.325 2	1.42
		N 150	0.438 0	0.382 1	1.15	0.482 0	0.389 7	1.24
		N 300	0.442 3	0.370 5	1.19	0.489 6	0.380 0	1.29
	PD10.5	N0	0.500 6	0.192 0	2.61	0.501 4	0.194 7	2.58
		N 150	0.529 0	0.260 9	2.03	0.525 6	0.260 9	2.01
		N 300	0.525 1	0.292 4	1.80	0.530 5	0.303 9	1.75
MC670	PD6.0	N0	0.367 2	0.428 8	0.86	0.367 2	0.445 2	0.82
		N150	0.370 5	0.429 8	0.86	0.374 2	0.453 0	0.83
		N300	0.376 9	0.432 0	0.87	0.390 0	0.461 5	0.85

（续）

品种	密度	施氮量	2018 年			2019 年		
			KL	Kb	KL/Kb	KL	Kb	KL/Kb
MC670	PD8.25	N0	0.393 4	0.438 0	0.90	0.427 1	0.497 5	0.86
		N150	0.418 0	0.455 5	0.92	0.448 0	0.505 4	0.89
		N300	0.430 6	0.475 0	0.91	0.454 8	0.514 3	0.88
	PD10.5	N0	0.453 0	0.303 6	1.49	0.461 4	0.308 7	1.49
		N150	0.455 2	0.312 0	1.46	0.480 3	0.330 2	1.45
		N300	0.466 6	0.356 5	1.31	0.485 1	0.359 4	1.35
品种（A）			**	*	**	*	**	**
密度（B）			**	*	*	**	*	*
施氮量（C）			*	ns	*	*	ns	ns
A×B			**	*	*	*	**	*
A×C			*	*	**	*	*	**
B×C			*	*	*	*	*	*
A×B×C			*	ns	**	*	ns	ns

注：*、**表示差异显著、极显著，ns 表示差异不显著。

　　种植密度显著影响吐丝期的两个品种的光氮匹配系数（KL/Kb），施氮量显著影响常规品种（KH8）的 KL/Kb，施氮量在低密度（PD6.0）条件下对耐密品种（MC670）的 Kb/KL 影响不显著，在高密（PD10.5）条件下对 KL/Kb 影响显著，（图 5 - 29）。KH8 的 KL/Kb 呈现随密度增加先降低再上升的趋势，随施氮量则增加呈下降趋势，在低密（PD8.25 以下）和中高氮条件下，KL/Kb 与理想值距离最短，密度越大、施氮量越低，其离理想值的距离越远（图 5 - 29）。MC670 的 KL/Kb 则主要受种植密度的影响，施氮

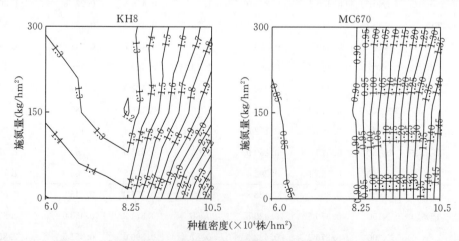

图 5 - 29　氮密互作对不同耐密型玉米光氮匹配系数（KL/Kb）的影响

量对其影响不大，在 PD6.0～PD8.5 下 KL/Kb 小于 1，种植密度在 PD8.5 时接近理想状态。高密植条件下 MC670 的 KL/Kb 略有偏离，但增施氮肥则能明显缓解其高密植下的偏离状态。中高密条件下，耐高密品种的 KL/Kb 与理想状态的距离明显短于常规品种，说明密植条件下选用耐高密品种是实现光氮匹配的先决条件（图 5 - 30）。

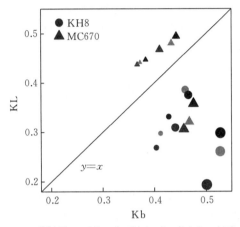

图 5 - 30　不同耐密型玉米氮消减系数与消光系数的关系

2. 氮密互作对玉米叶片光合及光合氮效率的影响　两个品种的净光合速率均表现为随施氮量的增加呈上升趋势，随密度增加呈先上升再下降趋势，N150 与 N300 处理间差异不显著，但均显著高于 N0，PD6.0 与 PD8.25 处理间差异不显著，但均显著高于PD10.5。常规品种（KH8）在同等密度的条件下，N150、N300 较 N0 分别高 9.73%、14.68%；在同等施氮量条件下，PD6.0、PD8.25 较 PD10.5 分别高 36.22%、36.56%。耐高密品种（MC670）在同等密度的条件下，N150、N300 处理较 N0 处理分别高6.14%、10.11%；在同等施氮量条件下，PD6.0、PD8.25 较 PD10.5 分别增加 41.90%、47.95%。种植密度、施氮量及二者的互作效应均对净光合速率影响显著。比较两个品种，MC670 在相同处理组合下的 Pn 均高于 KH8，所有处理的均值较 KH8 高 31.23%（表 5 - 19）。

两个品种的光合氮效率均表现为随施氮量、密度的增加呈下降趋势。N0 与 N150 处理间差异不显著，但均显著高于 N300。常规品种（KH8）的光合氮效率 PD6.0 与PD8.25 处理间差异不显著，但均显著高于 PD10.5。耐密品种（MC670）的光合氮效率PD8.25、PD10.5 差异不显著，但显著低于 PD6.0 处理。常规品种（KH8）在同等密度的条件下，N0、N150 较 N300 分别高 6.84%、4.56%；在同等施氮量条件下，PD6.0、PD8.25 较 PD10.5 分别高 26.61%、20.74%。耐高密品种（MC670）在同等密度的条件下，N0、N150 处理较 N300 处理分别高 9.51%、5.62%；在同等施氮量条件下，PD6.0较 PD8.25、PD10.5 分别增加 12.23%、20.21%。种植密度、施氮量及二者的互作效应均对光合氮效率影响显著。比较两个品种，MC670 在相同处理组合下的 PNUE 均高于KH8，所有处理的均值较 KH8 高 23.14%。

表 5 - 19　氮密互作对不同耐密型玉米品种 Pn、和 PNUE 的影响

指标	处理	KH8			MC670		
		PD6.0	PD8.25	PD10.5	PD6.0	PD8.25	PD10.5
Pn $[\mu mol\ CO_2/(m^2 \cdot s)]$	N0	23.26b	23.95b	16.89b	31.36b	33.28b	21.74b
	N 150	25.27a	26.13a	18.94a	32.95a	34.99a	23.74a
	N 300	26.02a	26.35a	20.14a	35.12a	35.40a	24.59a
	密度（A）	$P<0.05$			$P<0.05$		
	施氮量（B）	$P<0.05$			$P<0.05$		
	A×B	$P<0.05$			$P<0.05$		
PNUE $[\mu mol\ CO_2/(g \cdot s)]$	N0	13.37a	12.52a	10.66a	16.33a	14.92a	14.34a
	N 150	12.98a	12.44a	10.35a	16.08a	14.17a	13.73a
	N 300	12.48b	12.07b	9.66b	15.78b	13.84b	12.02b
	密度（A）	$P<0.05$			$P<0.05$		
	施氮量（B）	$P<0.05$			$P<0.05$		
	A×B	$P<0.05$			$P<0.05$		

注：同一指标同列数据后不同字母表示差异达到 5%显著水平。

3. 氮密互作对不同耐密型玉米氮积累和转运的影响　两个品种的叶片氮积累量、氮转运量均表现为随密度增加呈先上升再下降的趋势，随施氮量增加呈上升趋势；密度、施氮量及其互作对两个品种的叶片氮积累量、叶片氮转运均达到 0.05 显著水平（图 5 - 31、图 5 - 32）。

叶片的氮积累量表现为 N150 与 N300 处理间差异不显著，但均显著高于 N0。PD8.25 与 PD10.5 处理间差异不显著，但均显著高于 PD6.0。常规品种（KH8）在同等密度的条件下，N150、N300 较 N0 分别高 19.38%、20.98%；在同等施氮量条件下，PD8.25 与 PD10.5 较 PD6.0 分别高 19.66%、20.33%。耐高密品种（MC670）在同等密度的条件下，N150 与 N300 较 N0 分别高 25.33%、25.65%；在同等施氮量条件下，PD8.25 与 PD10.5 较 PD6.0 分别高 18.86%、18.94%。

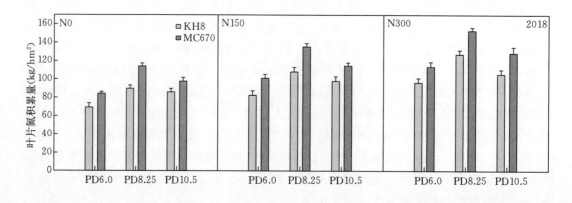

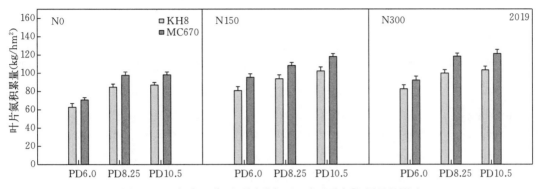

图 5-31 氮密互作对不同耐密型玉米叶片氮积累量的影响

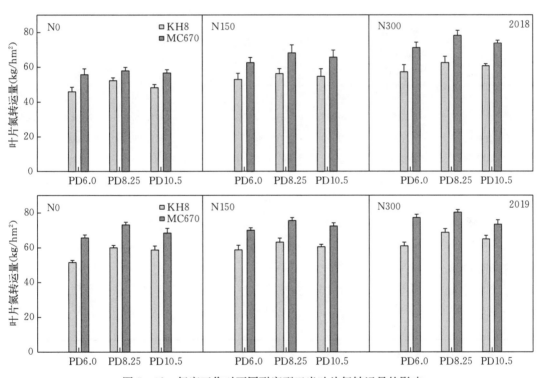

图 5-32 氮密互作对不同耐密型玉米叶片氮转运量的影响

叶片氮转运累量表现为 N150 与 N300 处理间差异不显著，但均显著高于 N0。PD6.0 与 PD10.5 处理间差异不显著，但均显著低于 PD8.25。常规品种（KH8）在同等密度的条件下，N150、N300 较 N0 分别高 10.59%、9.77%；在同等施氮量条件下，PD8.25 较 PD6.0 和 PD10.5 分别高 10.89%、4.35%。耐高密品种（MC670）在同等密度的条件下，N150、N300 较 N0 分别高 20.56%、19.30%；在同等施氮量条件下，PD8.25 较 PD6.0 和 PD10.5 分别高 7.66%、5.58%。

表 5 - 20　氮密互作对不同耐密型玉米干物质及氮积累量的影响

指标	处理	KH8			MC670		
		PD6.0	PD8.25	PD10.5	PD6.0	PD8.25	PD10.5
干物质积累量 （t/hm²）	N0	18.68c	22.52c	19.05c	19.74b	24.10b	24.65b
	N150	19.88b	25.90b	21.92b	22.21a	28.23a	28.86a
	N300	21.33a	27.58a	25.25a	23.78a	29.62a	32.30a
	密度（A）	$P<0.01$			$P<0.01$		
	施氮量（B）	$P<0.05$			$P<0.05$		
	A×B	$P<0.05$			$P<0.05$		
花前氮积累量 （kg/hm²）	N0	121.59b	154.81b	144.04b	135.76b	154.85b	149.6b
	N150	134.54a	179.43a	163.74a	152.62a	185.71a	173.85a
	N300	158.78a	188.57a	171.46a	165.11a	193.88a	181.7a
	密度（A）	$P<0.05$			$P<0.05$		
	施氮量（B）	$P<0.05$			$P<0.05$		
	A×B	$P<0.05$			$P<0.05$		
花后氮积累量 （kg/hm²）	N0	64.19b	68.90b	31.96b	81.65b	95.07b	69.54b
	N150	68.27a	76.77a	52.09a	86.75a	97.85a	79.04a
	N300	69.21a	79.08a	65.82a	87.76a	99.49a	85.63a
	密度（A）	$P<0.05$			$P<0.05$		
	施氮量（B）	$P<0.05$			$P<0.05$		
	A×B	$P<0.05$			$P<0.05$		
成熟期氮积累量 （kg/hm²）	N0	185.78b	218.71b	176.01b	217.41b	249.92b	219.14b
	N150	202.82a	256.99a	215.83a	239.37a	285.05a	252.89a
	N300	228.00a	267.66a	237.28a	252.87a	293.37a	265.33a
	密度（A）	$P<0.05$			$P<0.05$		
	施氮量（B）	$P<0.05$			$P<0.05$		
	A×B	$P<0.05$			$P<0.05$		

注：同一指标同列数据后不同字母表示差异显著。

两个品种的干物质积累量随密度变化规律不同。随密度增加，常规品种（KH8）表现为先上升再下降趋势，而耐高密品种（MC670）表现为上升趋势（表 5 - 20）。在同等施氮量条件下，常规品种（KH8）的干物质积累量表现为，PD8.25 较 PD10.5 处理高 14.77%，PD10.5 较 PD6.0 处理高 10.57%，均达到显著水平。耐密品种（MC670）的干物质积累量表现为，PD8.25 与 PD10.5 处理间差异不显著，但均显著高于 PD6.0，分别高 24.69%、30.53%。随施氮量的增加，两个品种干物质积累量均呈现上升趋势，在同等密度的条件下，常规品种（KH8）N300 较 N150 高 9.54%，N150 较 N0 高 12.37%，均达到显著差异。耐密品种（MC670）N150 与 N300 处理无显著差异，分别比 N0 处理高 15.78%、25.13%，均达到显著差异。种植密度、施氮量及二者的互作效应均对干物质积累量影响显著。比较两个品种，MC670 在相同处理组合下的干物质积累量均高于KH8，所有处理的均值较 KH8 高 15.53%，差异显著。

两个品种的花前、花后氮积累量均表现为随施氮量的增加呈上升趋势，随密度的增加呈先上升再下降趋势（表 5-21）。在同等施氮量条件下，花前、花后氮积累量表现为，常规品种（KH8）的 PD8.25 较 PD6.0、PD10.5 处理分别高 26.01%、10.24% 和 4.50%、40.62%；耐密品种（MC670）的 PD8.25 处理较 PD6.0、PD10.5 处理分别高 17.85%、5.80%；14.15%、24.85%，均达到显著水平。在同等密度的条件下，花前、花后氮积累量表现为，常规品种（KH8）的 N300 较 N150 处理高 9.54%，N150 较 N0 处理高 12.37%；耐密品种（MC670）的 N150 与 N300 处理无显著差异，分别比 N0 处理高 15.78% 和 25.13%，均达到显著差异。

两个品种的成熟期氮积累量表现为随施氮量的增加呈上升趋势，随密度的增加呈先上升再下降趋势（表 5-21）。在同等施氮量条件下，成熟期氮积累量表现为，常规品种（KH8）的 PD8.25 较 PD6.0、PD10.5 处理分别高 18.97%、17.54%；耐密品种（MC670）的 PD8.25 处理较 PD6.0、PD10.5 处理分别高 16.52%、12.14%，均达到显著水平。在同等密度的条件下，成熟期氮积累量表现为，两个品种的 N150 和 N300 处理无显著差异。常规品种（KH8）的 N150、N300 处理较 N0 处理高 19.13%、29.38%；耐密品种（MC670）的 N150、N300 处理较 N0 处理高 19.13%、29.38%，均达到显著差异。比较两个品种，MC670 在相同处理组合下的总氮积累量均高于 KH8，所有处理的均值较 KH8 高 15.17%，差异显著。

两个品种的籽粒氮积累量均表现为随施氮量的增加呈上升趋势，随密度的增加呈先上升再下降趋势（表 5-21）。在同等施氮量条件下，籽粒氮积累量表现为，常规品种（KH8）的 PD8.25 处理较 PD6.0、PD10.5 处理分别高 14.25%、12.43%；耐密品种（MC670）的 PD8.25 处理较 PD6.0、PD10.5 处理分别高 14.96%、14.77%，均达到显著水平。在同等密度的条件下，籽粒氮积累量表现为，常规品种（KH8）的 N150、N300 处理较 N0 处理高 10.64%、16.57%；耐密品种（MC670）的 N150、N300 处理较 N0 处理高 7.46%、12.64%，均达到显著差异。比较两个品种，MC670 在相同处理组合下的籽粒氮积累量均高于 KH8，所有处理的均值较 KH8 高 21.52%，差异显著。

两个品种的茎秆、叶片氮转运量均表现为施氮量增加呈上升趋势，随密度增加呈先上升再下降趋势（表 5-21）。在同等施氮量条件下，茎秆、叶片氮转运量表现为，常规品种（KH8）的 PD8.25 处理较 PD6.0、PD10.5 处理分别高 20.74%、12.18% 和 30.00%、23.52%，耐密品种（MC670）的 PD8.25 处理较 PD6.0、PD10.5 处理分别高 29.18%、22.72% 和 27.08%、22.72%，均达到显著差异。在同等密度的条件下，籽粒氮积累量表现为，常规品种（KH8）的 N150、N300 处理较 N0 处理分别高 8.83%、16.88% 和 21.42%、31.33%；耐密品种（MC670）的 N150、N300 处理较 N0 处理高 14.49%、23.15% 和 14.33%、25.24%，均达到显著差异。比较两个品种，在相同处理组合下，KH8 的茎秆氮转运量较高，所有处理均值较 MC670 高 29.57%，MC670 的叶片氮转运量较高，所有处理均值较 KH8 高 27.34%，均达到显著水平。

表 5-21　氮密互作对不同耐密型玉米籽粒氮积累量和茎秆、叶片氮转运量的影响

指标	处理	KH8			MC670		
		PD6.0	PD8.25	PD10.5	PD6.0	PD8.25	PD10.5
籽粒氮积累量 (kg/hm²)	N0	135.61b	155.81b	147.10b	169.61b	198.56b	176.56b
	N150	152.53a	180.14a	153.27a	181.18a	212.13a	187.06a
	N300	166.12a	183.82a	161.25a	202.56a	220.43a	190.61a
	密度（A）	P<0.05			P<0.05		
	施氮量（B）	P<0.05			P<0.05		
	A×B	P<0.05			P<0.05		
茎秆氮转运量 (kg/hm²)	N0	25.65b	31.63b	28.36b	18.36b	24.35b	21.03b
	N150	28.36a	34.52a	30.15a	21.63a	28.52a	22.83a
	N300	30.89a	36.36a	32.86a	24.36a	30.25a	23.89a
	密度（A）	P<0.01			P<0.01		
	施氮量（B）	P<0.05			P<0.05		
	A×B	P<0.05			P<0.05		
叶片氮转运量 (kg/hm²)	N0	38.72c	46.85c	43.12b	50.72b	65.31b	54.19b
	N150	45.17b	64.88b	47.63b	55.55b	76.41a	61.25a
	N300	51.5a	65.68a	51.85a	68.58a	79.02a	65.58a
	密度（A）	P<0.01			P<0.01		
	施氮量（B）	P<0.01			P<0.01		
	A×B	P<0.01			P<0.01		

注：同一指标同列数据后不同字母表示差异显著。

常规品种（KH8）的茎秆氮转运对籽粒的贡献率在氮密互作条件下无显著差异，耐密品种（MC670）的茎秆氮转运量对籽粒的贡献率表现为在同等密度的条件下，N150 和 N300 下的茎秆氮转运量对籽粒的贡献率比 N0 高 6.54 和 9.37 个百分点，差异显著。随密度变化差异不显著。比较两个品种，KH8 在相同处理组合下的茎秆氮转运量对籽粒贡献率均高于 MC670，所有处理的均值较 MC670 高 7.13 个百分点，差异显著（表 5-22）。

两个品种的叶片氮转运量对籽粒的贡献率表现为随施氮量增加呈上升趋势，随密度的增加呈先上升再下降趋势。同等密度的条件下，常规品种（KH8）的叶片氮转运量对籽粒的贡献率表现为 N150、N300 处理较 N0 处理分别高 9.25、12.45 个百分点，在同等施氮量条件下，PD8.25 处理较 PD6.0、PD10.5 处理分别高 13.48 和 9.35 个百分点，差异显著。耐密品种（MC670）同等密度的条件下，叶片氮转运量对籽粒的贡献率表现为 N150、N300 处理较 N0 处理分别高 6.15 和 11.35 个百分点；同等施氮量条件下，PD8.25 处理较 PD6.0、PD10.5 处理分别高 10.75 和 6.88 个百分点，均达到显著差异。种植密度、施氮量及二者的互作效应对叶片氮转运量对籽粒的贡献率影响显著。MC670 与 KH8 在相同处理组合下的叶片氮转运量对籽粒的贡献率无显著差异。

表 5 - 22　氮密互作对不同耐密型玉米茎秆、叶片氮转运量对籽粒贡献率的影响

指标	处理	KH8			MC670		
		PD6.0	PD8.25	PD10.5	PD6.0	PD8.25	PD10.5
茎秆氮转运量对籽粒的贡献率（%）	N0	18.91a	20.30a	19.27a	10.82b	12.26b	11.91a
	N150	18.59a	19.24a	19.67a	11.94a	13.14a	12.20a
	N300	18.59a	19.78a	20.37a	12.02a	13.72a	12.53a
	密度（A）		$P<0.05$			$P<0.05$	
	施氮量（B）		ns			ns	
	A×B		ns			ns	
叶片氮转运量对籽粒的贡献率（%）	N0	28.55c	30.07b	29.31c	29.90c	32.89b	30.69c
	N150	29.61b	35.38a	31.07b	30.66b	35.83a	32.74b
	N300	31.00a	35.73a	32.15a	33.85a	35.84a	34.40a
	密度（A）		$P<0.01$			$P<0.01$	
	施氮量（B）		$P<0.05$			$P<0.05$	
	A×B		$P<0.05$			$P<0.05$	

注：同一指标同列数据后不同字母表示差异显著，ns 表示差异不显著。

两个品种的消光系数（KL）与净光合速率（Pn）、光合氮效率（PNUE）、干物质积累量、花前氮积累量、花后氮积累量、总氮积累量、籽粒氮积累量、叶片氮转运量等指标均存在显著或极显著的负相关关系，MC670 的消光系数与叶片氮积累量也存在显著负相关关系。常规品种 KH8 的 KL 与各项显著相关指标的线性回归决定系数均在 0.47～0.73；耐高密品种 MC670 的则均在 0.47～0.88。说明常规品种植株氮素积累及转运受光条件制约更强（表 5 - 23）。

表 5 - 23　消光系数、氮消减系数及光氮匹配系数与氮效率相关指标的
相关系数（r 值）及回归决定系数（R^2）

指标	KH8						MC670					
	KL		Kb		KL/Kb		KL		Kb		KL/Kb	
	r	R^2	r	R^2	r	R^2	r	R^2	r	R^2	r	R^2
Pn	−0.711*	0.506	0.860**	0.740	−0.965**	0.931	−0.611	0.373	0.977**	0.955	0.955**	0.912
PNUE	−0.702*	0.493	0.138	0.019	−0.318	0.101	−0.936**	0.876	0.391	0.153	0.976**	0.952
叶片氮积累	−0.619	0.383	0.639	0.408	−0.792*	0.627	−0.690*	0.476	0.715*	0.511	0.807**	0.652
干物质积累量	−0.777*	0.604	0.745*	0.555	−0.917**	0.841	−0.611	0.373	0.745*	0.555	0.928**	0.862
花前氮积累量	−0.716*	0.513	0.725*	0.526	−0.860**	0.740	−0.749*	0.561	0.764*	0.584	0.888*	0.789
花后氮积累量	−0.855**	0.731	0.634	0.402	−0.894**	0.799	−0.891**	0.794	0.820**	0.672	0.900*	0.810
总氮积累量	−0.783*	0.613	0.797**	0.635	−0.885**	0.783	−0.819**	0.671	0.798*	0.637	0.918**	0.843

（续）

| 指标 | KH8 | | | | | | MC670 | | | | | |
| | KL | | Kb | | KL/Kb | | KL | | Kb | | KL/Kb | |
	r	R^2	r	R^2	r	R^2	r	R^2	r	R^2	r	R^2
籽粒氮积累量	−0.845**	0.714	0.767*	0.588	−0.793*	0.629	−0.854**	0.729	0.783*	0.613	0.826**	0.682
茎秆氮转运	−0.636	0.404	0.736*	0.542	−0.848**	0.719	−0.681*	0.464	0.865**	0.748	0.945**	0.893
叶片氮转运	−0.684*	0.468	0.781*	0.610	−0.867**	0.752	−0.684*	0.468	0.846**	0.716	0.950**	0.902

注：*、**表示在 0.05、0.01 水平上差异显著。

两个品种的氮消减系数（Kb）与净光合速率（Pn）、干物质积累量、花前氮积累量、总氮积累量、籽粒氮积累量、茎秆氮转运量等指标均存在显著或极显著的在正相关关系。MC670 的氮消减系数与叶片氮积累量、花后氮积累量、叶片氮转运量间也存在显著正相关关系。常规品种（KH8）的 Kb 与各项显著相关指标的线性回归决定系数均在 0.53～0.74。耐密品种 MC670 的 Kb 则在 0.51～0.96。说明品耐密品种植株氮素积累及转运受氮素条件制约更强。

两个品种的光氮匹配系数（KL/Kb）与净光合速率（Pn）、叶片氮积累量、干物质积累量、花前氮积累量、花后氮积累量、总氮积累量、籽粒氮积累量、茎秆氮转运量、叶片氮转运量等指标均存在相关性不同。常规品种与以上指标存在显著或极显著的负相关关系，耐密品种通过多项式的回归方法，根据 r 值可知，其与以上指标存在显著或极显著正相关关系。常规品种（KH8）的光氮匹配系数（KL/Kb）与各项显著相关指标的线性回归决定系数均在 0.63～0.93。耐高密品种（MC670）的光氮匹配系数（KL/Kb）与各项显著相关指标的线性回归决定系数均在 0.65～0.91。

两个品种的光氮匹配系数（KL/Kb）与更多的指标存在的显著相关关系，回归决定系数均在 60% 以上。对于同一个指标，光氮匹配系数（KL/Kb）的线性回归决定系数均高于消光系数（KL）、氮消减系数（Kb）的线性回归决定系数。说明光氮匹配系数（KL/Kb）可以更好地解释相关指标随氮密互作的变化规律，光氮匹配程度越接近理想值的组合，其净光合速率、叶片氮积累量、干物质积累量、花前氮积累量、花后氮积累量、总氮积累量、籽粒氮积累量、叶片氮转运量等指标与数值越高。

4. 氮密互作下玉米光氮效率及匹配特征与氮生理利用效率（NIE）的关系　两个品种比叶氮（SLN）、光合氮利用效率（PNUE）与 NIE 均呈现显著正相关关系。常规品种（KH8）的线性回归决定系数分别为 0.61、0.81，而 MC670 的线性回归系数为 0.95、0.92，MC670 的线性回归决定系数较高。但 KL/Kb 与 SLN、PNUE 未呈现线性关系（表 5 - 24）。

表 5 - 24　NIE 与 SLN、PNUE、KL/Kb 的相关系数（r 值）及回归决定系数（R^2）

| 指标 | KH8 | | MC670 | |
	r	R^2	r	R^2
SLN	0.782*	0.611	0.973**	0.947
PNUE	0.899**	0.808	0.958**	0.918
KL/Kb	1.25	0.047	0.213	−0.187

两个品种的 NIE 均随着 SLN、PNUE 的增加呈上升趋势，常规品种（KH8）的 NIE
随 SLN 的变化规律呈指数函数上升，耐密品种（MC670）的 NIE 随 SLN 的增加呈对数
上升趋势。在比叶氮含量相同时，MC670 的 NIE 显著高于 KH8（图 5 - 33）。两个品种的
NIE 随 PNUE 的增加呈指数函数上升，与 KH8 相比，MC670 较高的 PNUE 使其具有较
高的 NIE（图 5 - 34）。

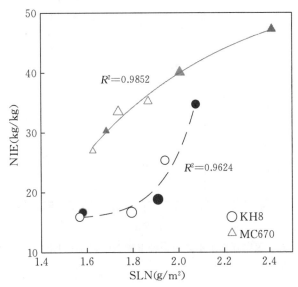

图 5 - 33 氮密互作下不同耐密型玉米 NIE 随 SLN 的变化规律

注：形状小、中、大分别代表 PD6.0、PD8.25、PD10.5，实心代表 N150，空心代表 N300。

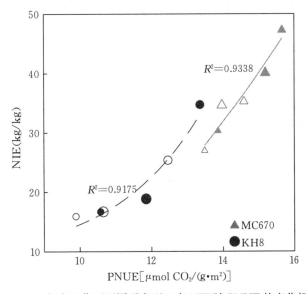

图 5 - 34 氮密互作下不同耐密型玉米 NIE 随 PNUE 的变化规律

两个品种的 NIE 随 KL/Kb 的变化未呈现线性关系，但两个品种呈现相同的变化趋势，既 KL/Kb 的值越接近于 1 时，其 NIE 的值越大。两个品种相比较，MC670 的 KL/Kb 相比于 KH8 更接近于 1，所以其 NIE 的值更高，说明 MC670 具有较优的光氮匹配程度是其氮肥生理效率更高的重要原因（图 5-35）。

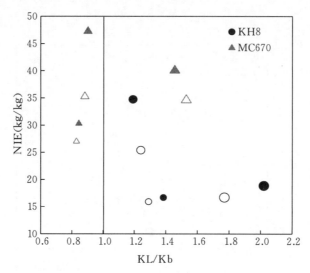

图 5-35　氮密互作下不同耐密型玉米 NIE 随 KL/Kb 的变化规律

5. 主要结论

（1）节氮密植条件下，耐高密品种具有较高的氮肥利用效率，且主要由氮肥生理效率决定。耐高密品种中上部冠层消光系数低而氮消减系数高，其冠层中上部较高的 PAR 驱动其中上层叶片较高的比叶氮分布。玉米冠层氮素空间分布在累积 LAI 归一化后可用 $N_L = N0exp（-Kb×F/F_t）$ 方程较好描述。KL/Kb 可较好表述光氮匹配程度。不同氮密条件下，耐高密品种 KL/Kb 与理想值距离较近，与常规品种相比具有更好的光氮匹配程度。

（2）耐密品种冠层较优的光氮匹配程度，使其中上部冠层具有更高的光合氮效率和光合生产力，从而使其能够积累更多的氮素，同时具有更多的光合氮比例，从而使氮素的生产、转运能力同步提高。耐密品种的光氮匹配系数（KL/Kb）更接近理想状态，是其氮肥生理效率显著高于常规品种的主要原因。

（3）种植密度、施氮量及二者的互作效应对两个品种的干物质生产、氮素积累、转运能力影响显著，在相同处理组合下，耐密品种 MC670 显著高于常规品种 KH8。常规品种在较低密度、较高施氮量条件下才能实现较高的光氮匹配程度，耐高密品种光氮匹配程度受施氮量影响较小，在高密度条件下光氮匹配程度较优。

第六章

东北春玉米产量与效率差异形成的耕层驱动机制

东北地区是我国春玉米的主产区，其玉米生产对保障国家粮食安全具有重要的战略意义。然而，20世纪90年代，春玉米农田的持续小型农机动力浅耕作业及重用轻养的掠夺性生产方式，导致耕层变浅、犁底层加厚、土壤缓冲能力减弱、水肥气热矛盾突出等耕层环境恶化、耕地质量下降的问题日渐突出，由此引发作物产量降低、年际产量变幅大、资源利用效率下降等问题也日趋严重，已成为制约作物高产稳产与资源高效利用的关键瓶颈。

玉米种植普遍采用浅耕等不合理的耕作方式，引发了耕层结构性问题，耕层厚度普遍不足15 cm，连年相同深度机械作业与碾压，也导致犁底层厚度与紧实度增加。有限的活土层与紧密的犁底层，不仅抑制作物根系生长，也造成雨水难以入渗、地表径流、风蚀水蚀加剧等。另外，忽视有机物料投入与大量使用化肥的重用轻养生产方式，导致耕层功能性问题，土壤有机质含量降低、板结、耕性变差等；耕层结构与功能性障碍及相互间不协调的叠加效应，加剧了农田水肥气热矛盾，是制约春玉米高产稳产与资源利用效率提升的关键症结。针对春玉米农田耕层问题的深耕改土、间隔耕作、秸秆还田等技术成果，对耕层障碍性问题起到了缓解作用，促进了玉米产量提高的同时，有效地提升了综合资源利用效率，保障了东北春玉米生产的绿色可持续发展。

第一节 不同生态区域玉米农田耕层理化特征及合理耕层评价

一、农田耕层理化指标及相关性

2017年和2018年，选取30个样地进行分层调查取样，测定了14项耕层理化性质作为土壤质量评价预选指标，其中物理指标包括耕层厚度、土壤容重、总孔隙度、土壤紧实度、田间持水量以及>0.25 mm水稳性团聚体，化学指标包括土壤碱解氮、有效磷、速效钾、全氮、全磷、全钾、有机质以及土壤pH。

耕作层、犁底层、心土层平均厚度分别为21.92 cm、9.61 cm、18.74 cm。土壤容重、紧实度犁底层最高，耕作层最低，土壤孔隙度变化趋势则与之相反。田间持水量心土层最高。>0.25 mm水稳性团聚体、碱解氮、有效磷、速效钾、全氮、全磷、全钾、有机质等化学性质都随着土层的加深含量降低。土壤pH在剖面上表现出随着土层加深，碱性增强（表6-1）。

表 6-1　耕层指标描述性统计分析

耕层指标	耕作层			犁底层			心土层		
	最小值	最大值	平均值	最小值	最大值	平均值	最小值	最大值	平均值
厚度（cm）	12.5	32.5	21.92	5	17.5	9.61	7.5	28	18.47
容重（g/cm³）	1.04	1.48	1.25	1.21	1.64	1.47	1.21	1.63	1.38
总孔隙度（%）	44.24	60.71	52.97	38.26	54.29	44.67	38.58	54.24	47.87
紧实度（kPa）	34.24	1 162.5	351.86	195.5	1 551	689.76	375.67	1 179.39	676.32
田间持水量（%）	21.65	32.38	25.38	21.07	32.4	25.17	20.36	33.64	26.49
水稳性团聚体（%）	9.5	47.51	25.28	7.03	48.78	18.73	6.11	52.78	18.48
碱解氮（mg/kg）	81.95	153.66	108.69	55.24	111.19	83.21	27.65	86.9	61.64
有效磷（mg/kg）	13.13	73.82	24.06	1.02	36.52	9.19	0.44	12	3.05
速效钾（mg/kg）	123.83	417.94	178.99	57.95	200.17	120.57	68.03	147.75	109.16
全氮（g/kg）	0.83	1.97	1.12	0.68	1.17	0.91	0.54	0.9	0.72
全磷（g/kg）	0.39	0.7	0.47	0.22	0.59	0.37	0.16	0.48	0.26
全钾（g/kg）	13.33	28.78	20.31	14.16	25.85	20.23	14.31	29.26	20.18
有机质（g/kg）	12.06	27.2	17.08	9.05	19.35	13.31	1.26	15.66	10.04
pH	4.44	6.19	5.2	4.34	6.64	5.7	5.23	6.85	6.22

为消除各指标之间交互作用导致的信息重叠，减少评价指标数量，通过相关分析考察各指标的相关性，为合理耕层体系建立做出初步筛选。耕作层土壤各理化指标间的相关性分析结果（表 6-2）表明：耕作层厚度与土壤紧实度、田间持水量、有效磷、速效钾、全磷、有机质、pH 均呈极显著相关，与土壤全钾表现为显著相关；土壤容重、总孔隙度与碱解氮、有效磷、速效钾、全氮、全磷、有机质、pH 都呈现出极显著相关关系；土壤紧实度与田间持水量、水稳性团聚体间表现出极显著相关，与土壤有机质表现出显著相关；田间持水量与团聚体、pH 呈现为极显著相关；＞0.25 mm 水稳性团聚体与土壤全钾、pH 极显著相关，与有机质呈显著相关；土壤碱解氮、有效磷、速效钾、全氮、全磷、有机质、pH 之间均有不同程度的相关关系；全钾与碱解氮显著相关等。

表 6-2　耕作层指标相关分析

	TD	BD	SP	SC	FC	WSA	AN	SP	SK	TN	TP	TK	SOM	pH
TD	1													
BD	0.206	1												
SP	−0.206	1.000**	1											

（续）

	TD	BD	SP	SC	FC	WSA	AN	SP	SK	TN	TP	TK	SOM	pH
SC	0.692**	−0.147	0.147	1										
FC	−0.098	−0.226	0.226	0.382**	1									
WSA	0.565**	−0.187	0.187	0.735**	0.505**	1								
AN	−0.214	0.412**	0.412**	−0.074	0.042	0.102	1							
SP	0.400**	0.486**	0.486**	0.121	0.005	0.222	0.504**	1						
SK	0.392**	0.509**	0.509**	0.15	−0.157	0.165	0.513**	0.858**	1					
TN	−0.202	0.330**	0.331**	−0.232	−0.147	0.011	0.684**	0.741**	0.727**	1				
TP	0.435**	0.553**	0.553**	0.108	−0.19	0.163	0.455**	0.794**	0.752**	0.585**	1			
TK	−0.311*	−0.134	0.134	0.204	0.011	0.418**	0.248*	−0.102	−0.121	0.055	0.097	1		
SOM	0.460**	0.345**	0.345**	0.297*	−0.066	0.264*	0.531**	0.589**	0.742**	0.707**	0.447**	0.044	1	
pH	0.345**	0.409**	0.409**	−0.131	0.344**	0.424**	0.739**	0.602**	0.552**	0.551**	0.474**	−0.208	0.405**	1

注：TD 为耕层深度，BD 为土壤容重，SP 为总孔隙度，SC 为土壤紧实度，FC 为田间持水量，WSA 为>0.25 mm 水稳性团聚体，AN 为碱解氮，SP 为有效磷，SK 为速效钾，TN 为全氮，TP 为全磷，TK 为全钾，SOM 为有机质。

　　由犁底层各土壤理化指标相关分析结果（表 6-3）可知，犁底层厚度与土壤田间持水量、有效磷、速效钾表现为极显著相关，与水稳性团聚体显著相关；土壤容重、总孔隙度与土壤有机质显著相关；紧实度与水稳性团聚体显著相关，与有效磷显著相关；田间持水量与水稳性团聚体、有效磷、速效钾、全钾等表现为极显著相关；土壤碱解氮、有效磷、全磷、有机质之间均有极显著相关关系；速效钾与碱解氮、有效磷极显著相关；全氮与碱解氮极显著相关；土壤全钾与全氮、碱解氮极显著相关，与有效磷显著相关；土壤 pH 与碱解氮、有效磷、速效钾、全磷等表现为极显著相关关系。

表 6-3　犁底层指标相关分析

	TD	BD	SP	SC	FC	WSA	AN	SP	SK	TN	TP	TK	SOM	pH
TD	1													
BD	−0.040	1												
SP	0.040	1.000**	1											
SC	0.035	0.229	−0.229	1										
FC	0.326**	0.137	−0.137	−0.079	1									
WSA	−0.298*	0.198	−0.197	0.425**	0.456**	1								
AN	0.045	0.168	−0.168	0.048	−0.192	0.262*	1							
SP	0.338**	0.000	0.000	−0.249*	0.458**	0.366**	0.641**	1						
SK	0.455**	0.054	−0.054	−0.155	0.488**	0.558**	0.378**	0.573**	1					

（续）

	TD	BD	SP	SC	FC	WSA	AN	SP	SK	TN	TP	TK	SOM	pH
TN	−0.028	0.138	−0.138	0.097	−0.128	0.316**	0.346**	0.237	0.032	1				
TP	−0.099	0.120	−0.120	0.013	0.473**	0.274**	0.729**	0.709**	0.465**	0.396**	1			
TK	0.083	0.009	−0.009	0.184	0.023	−0.112	0.320**	−0.284*	0.087	0.479**	−0.235	1		
SOM	0.008	0.294*	−0.294*	0.144	−0.055	0.268*	0.615**	0.501**	0.161	0.553**	0.656**	0.451**	1	
pH	0.153	−0.157	0.157	0.002	0.147	−0.086	0.569**	0.484**	0.448**	−0.130	0.600**	−0.152	−0.229	1

注：TD 为耕层深度，BD 为土壤容重，SP 为总孔隙度，SC 为土壤紧实度，FC 为田间持水量，WSA 为>0.25 mm 水稳性团聚体，AN 为碱解氮，SP 为有效磷，SK 为速效钾，TN 为全氮，TP 为全磷，TK 为全钾，SOM 为有机质。

表 6-4 为心土层各指标间相关分析，结果表明，心土层厚度与土壤紧实度、水稳性团聚体呈极显著相关；土壤容重、总孔隙度与田间持水量、有机质、pH 等极显著相关；土壤紧实度与水稳性团聚体、全磷表现为极显著相关与显著相关；田间持水量与有效磷、速效钾显著相关，与土壤有机质极显著相关；水稳性团聚体与土壤有机质显著相关；土壤碱解氮与速效钾、全磷、全钾、有机质呈极显著相关，与有效磷呈显著相关；土壤全磷与有效磷、全氮显著相关；有机质与速效钾显著相关，与全钾极显著相关；土壤 pH 与全磷、全钾表现为显著相关，与有机质表现为极显著相关关系。

表 6-4　心土层指标相关分析

	TD	BD	SP	SC	FC	WSA	AN	SP	SK	TN	TP	TK	SOM	pH
TD	1													
BD	0.145	1												
SP	−0.145	1.000**	1											
SC	0.559**	−0.047	0.047	1										
FC	−0.151	0.353**	0.353**	−0.062	1									
WSA	0.512**	0.010	−0.010	0.505**	−0.233	1								
AN	0.104	−0.190	0.190	0.074	0.076	0.209	1							
SP	−0.045	0.120	−0.120	−0.044	−0.288*	0.089	0.252*	1						
SK	−0.044	0.215	−0.215	−0.101	−0.280*	−0.082	0.543**	0.019	1					
TN	0.201	−0.085	0.085	0.217	−0.054	−0.204	0.065	0.037	0.068	1				
TP	−0.039	−0.192	0.192	−0.253*	−0.167	−0.138	0.500**	0.322**	−0.154	0.326**	1			
TK	0.037	0.225	−0.225	−0.033	0.038	−0.123	0.456**	−0.065	0.019	0.141	−0.210	1		
SOM	0.172	0.449**	0.449**	0.229	0.407**	0.311*	0.607**	0.006	−0.270*	0.041	0.222	0.391**	1	
pH	0.207	0.525**	0.525**	0.165	0.131	0.149	−0.151	−0.185	0.185	−0.194	−0.294*	−0.293*	0.368**	1

注：TD 为耕层深度，BD 为土壤容重，SP 为总孔隙度，SC 为土壤紧实度，FC 为田间持水量，WSA 为>0.25 mm 水稳性团聚体，AN 为碱解氮，SP 为有效磷，SK 为速效钾，TN 为全氮，TP 为全磷，TK 为全钾，SOM 为有机质。

二、农田合理耕层评价指标的建立

土壤质量评价需要选择合适的土壤质量指标，准确提取适宜评价指标是耕层土壤质量评价的重要环节。本研究所观测了耕层土壤容重、总孔隙度、耕层厚度、田间持水量、紧实度、水稳性团聚体、碱解氮、有效磷、速效钾、全氮、全磷、全钾、有机质、pH 14 项理化指标，为避免指标间存在信息重叠，影响评价结果的准确性，通过主成分分析法对调查指标进行筛选，剔除冗余指标，建立可以反映土壤质量最小的集合。

运用主成分分析法将调查的 14 个理化指标进行分析，选取特征值≥1 的主成分，将同一主成分中≥0.5 的指标分为一组，当出现同一指标在两个主成分中载荷绝对值均≥0.5 时，将该指标划分到与其他指标相关性较小的一组，若某评价指标在各主成分上的载荷均小于 0.5，则将其划分到载荷值最高的一组，计算评价指标的 Norm 值。Norm 值为该指标在成分组成的多维矢量空间中矢量常模的长度，长度越长，表明该指标在所有主成分中的综合载荷越大，其解释综合信息的能力就越强。Norm 值计算公式如下：

$$N_{ik} = \sqrt{\sum_i^k (u_{ik}^2 \cdot \lambda_k)} \qquad (6-1)$$

式（6-1）中，N_{ik} 表示第 i 个变量在特征值大于或等于 1 的前 k 个主成分上的综合载荷；u_{ik} 表示第 i 个变量在第 k 个主成分上的载荷；λ_k 为第 k 个主成分的特征值（Yemefack et al.，2006）。

分别计算各组指标 Norm 值，选取每组中 Norm 值在最高 Norm 值 10% 范围内指标，进一步分析每组所选指标的相关性，如果两指标间相关性显著，则剔除，若不显著，则将其划为评价指标。

耕作层分析结果如表 6-5 所示，经主成分分析后特征值≥1 的主成分有 5 个，累计贡献率达 87.252%，能够解释原始数据的大部分信息。根据载荷绝对值大小，将耕层厚度、有效磷、速效钾、全磷、有机质、pH 划分为第 1 组，耕层厚度、紧实度、水稳性团聚体为第 2 组，土壤容重、总孔隙度在第 1 组主成分和第 3 组主成分中载荷绝对值均大于0.5，由于第 3 组主成分中无其他指标，故将土壤容重和总孔隙度划分到第 3 组，碱解氮在第 1 组、第 4 组主成分中载荷均大于 0.5，因为碱解氮与第 1 组主成分中众多指标均有相关性，故将其划分到第 4 组，田间持水量在第 2 组、第 5 组主成分中载荷均大于 0.5，但与第 2 组主成分中指标高度相关，将其划到第 5 组，同理，土壤全钾也划分到第 5 组。第 1 组中，有效磷、速效钾、全氮、全磷、有机质、pH 间都显著相关，由于有机质在土壤评价中应用较多，且较稳定，故选择有机质进入评价指标体系。第 2 组中指标间也具有相关性，保留紧实度进入评价体系。同理，第 3 组中土壤容重进入指标体系。第 4 组只有碱解氮一个指标，直接纳入评价体系。第 5 组中田间持水量与土壤全钾不相关，均保留到评价体系中。最终确定土壤容重、紧实度、田间持水量、碱解氮、全钾、有机质共 6 个指标进入耕作层评价指标体系（表 6-5）。

表 6-5　耕作层主成分分析

指标代码	指标	分组	主成分					Norm 值
			1	2	3	4	5	
TD	耕层厚度	2	−0.557	−0.523	−0.433	0.12	0.165	1.688
BD	容重	3	−0.693	−0.024	0.617	0.244	0.244	1.877
SP	总孔隙度	3	0.693	0.024	−0.617	−0.244	−0.244	1.877
SC	紧实度	2	0.283	0.829	0.239	−0.304	0.011	1.562
FC	田间持水量	5	0.108	0.611	−0.484	0.084	0.544	1.304
WSA	水稳性团聚体	2	0.405	0.807	0.101	0.089	0.087	1.636
AN	碱解氮	4	0.711	−0.204	−0.087	0.526	0.06	1.853
SP	有效磷	1	0.859	−0.209	0.117	−0.173	0.173	2.129
SK	速效钾	1	0.864	−0.264	0.193	−0.234	0.084	2.167
TN	全氮	1	0.752	−0.457	0.171	0.251	0.112	1.998
TP	全磷	1	0.798	−0.195	0.072	−0.199	−0.246	1.989
TK	全钾	5	0.18	0.417	0.008	0.585	−0.63	1.216
SOM	有机质	1	0.748	−0.065	0.351	−0.036	0.093	1.868
pH	pH	1	−0.75	−0.098	0.129	−0.418	−0.297	1.914
特征值		—	5.873	2.579	1.483	1.222	1.058	—
贡献率（%）		—	41.952	18.419	10.596	8.73	7.556	—
累计贡献率（%）		—	41.952	60.371	70.966	79.696	87.252	—

注：TD 为耕层深度，BD 为土壤容重，SP 为总孔隙度，SC 为土壤紧实度，FC 为田间持水量，WSA 为＞0.25 mm 水稳性团聚体，AN 为碱解氮，SP 为有效磷，SK 为速效钾，TN 为全氮，TP 为全磷，TK 为全钾，SOM 为有机质。

表 6-6 为犁底层主成分分析结果，经主成分分析后特征值≥1 的主成分有 6 个，累计贡献率达 80.754％，也能替代原始数据的大部分信息。田间持水量在各主成分中载荷值均小于 0.5，将其划分到载荷值最高的第 1 组，根据载荷值绝对值判断，第 1 组为碱解氮、有效磷、速效钾、全氮、全磷、有机质田间持水量。同理，第 2 组为土壤容重、总孔隙度，第 3 组为土壤全钾，水稳性团聚体与土壤 pH 在第 1 组、第 4 组载荷值均大于 0.5，且均与第一组中其他指标高度相关，故将水稳性团聚体、pH 划入第 4 组中。犁底层厚度、土壤紧实度进入第 5 组。根据选取每组中最高 Norm 值 10％范围内指标的原则，剔除第 1 组中田间持水量、速效钾、全氮。再结合相关性结果将相关度高的指标剔除，最终进入犁底层评价指标体系的有犁底层厚度、容重、紧实度、水稳性团聚体、全钾、有机质、pH 7 个指标。

表 6-6　犁底层主成分分析

指标代码	指标	分组	主成分					Norm 值
			1	2	3	4	5	
TD	耕层厚度	5	-0.312	0.297	0.434	-0.222	0.525	1.177
BD	容重	2	0.283	0.827	-0.333	-0.16	-0.272	1.508
SP	总孔隙度	2	-0.283	-0.827	0.333	0.161	0.272	1.508
SC	紧实度	5	0.067	0.434	-0.342	0.425	0.616	1.174
FC	田间持水量	1	-0.494	0.459	0.304	-0.315	-0.117	1.387
WSA	水稳性团聚体	4	0.569	0.031	-0.42	0.555	0.1	1.501
AN	碱解氮	1	0.792	0.064	0.26	-0.247	0.218	1.764
SP	有效磷	1	0.817	-0.332	0.08	-0.134	-0.151	1.825
SK	速效钾	1	0.642	-0.384	-0.454	-0.09	-0.147	1.62
TN	全氮	1	0.511	0.246	0.412	0.393	0.003	1.364
TP	全磷	1	0.867	-0.084	0.155	-0.178	0.197	1.883
TK	全钾	3	-0.338	-0.072	-0.646	-0.381	0.388	1.301
SOM	有机质	1	0.708	0.337	0.396	0.079	0.05	1.684
pH	pH	4	-0.594	0.077	0.148	0.583	-0.218	1.482
特征值		—	4.518	2.311	1.865	1.454	1.158	—
贡献率（%）		—	32.272	16.504	13.323	10.386	8.269	—
累计贡献率（%）		—	32.272	48.776	62.099	72.485	80.754	—

注：TD 为耕层深度，BD 为土壤容重，SP 为总孔隙度，SC 为土壤紧实度，FC 为田间持水量，WSA 为 >0.25 mm 水稳性团聚体，AN 为碱解氮，SP 为有效磷，SK 为速效钾，TN 为全氮，TP 为全磷，TK 为全钾，SOM 为有机质。

心土层主成分分析结果如表 6-7 所示，经主成分分析后特征值 ≥1 的主成分有 6 个，累计贡献率达 76.260%，可以替代原始数据的大部分信息。心土层田间持水量在各主成分中仍无大于 0.5 的载荷，故将其划分到载荷值最大的第 1 组中，土壤碱解氮在第 1 组、第 3 组两主成分中均有大于 0.5 的载荷值，根据与同组指标相关性比较原则，最终划分为第 1 组，容重、总孔隙度、有机质仅在第 1 主成分中有大于 0.5 的载荷值，也划分到第 1 组中。第 2 组为心土层厚度、紧实度、水稳性团聚体。第 3 组为有效磷、全磷和 pH。第 4 组为全钾。速效钾划分至第 5 组，全氮在第 4 组、第 5 组主成分中的载荷值都大于 0.5，但由于全氮与第 4 组中土壤全钾相关性高于与第 5 组的速效钾，故全氮划分至第 5 组。根据最大 Norm 值原则，剔除田间持水量，根据相关性原则，剔除土壤总孔隙度和有机质，第 1 组仅保留土壤容重和碱解氮进入指标体系。同理，第 2 组中水稳性团聚体和第 3 组中土壤 pH 进入体系。第 4 组中只有土壤全钾，直接选入指标体系。第 5 组中两指标相关不显著，均纳入评价体系中。通过筛选，最终进入心土层评价指标体系（表 6-8）的为土壤容重、水稳性团聚体、碱解氮、速效钾、全氮、全钾和 pH 共 7 个指标。

表6-7 心土层主成分分析

指标代码	指标	分组	主成分					Norm 值
			1	2	3	4	5	
TD	耕层厚度	2	0.104	0.78	−0.217	0.232	0.142	1.282
BD	容重	1	−0.82	0.36	0.164	−0.036	−0.264	1.656
SP	总孔隙度	1	0.82	−0.36	−0.164	0.036	0.264	1.656
SC	紧实度	2	0.226	0.697	−0.33	0.291	0.102	1.29
FC	田间持水量	1	0.42	−0.419	−0.201	0.4	−0.408	1.243
WSA	水稳性团聚体	2	0.229	0.764	−0.198	−0.192	−0.144	1.299
AN	碱解氮	1	0.589	0.277	0.629	−0.027	−0.252	1.523
SP	有效磷	3	−0.058	0.216	0.536	−0.331	0.187	0.977
SK	速效钾	5	−0.422	−0.067	−0.322	−0.377	0.555	1.21
TN	全氮	5	0.043	0.093	0.255	0.598	0.65	1.118
TP	全磷	3	0.268	−0.046	0.784	−0.004	0.339	1.328
TK	全钾	4	−0.49	−0.095	−0.162	0.583	0.006	1.171
SOM	有机质	1	0.816	0.188	0.062	−0.006	−0.125	1.541
pH	pH	3	0.504	−0.034	−0.653	−0.335	0.223	1.426
特征值		—	3.399	2.298	2.211	1.401	1.367	—
贡献率（%）		—	24.28	16.414	15.794	10.01	9.762	—
累计贡献率（%）		—	24.28	40.694	56.489	66.498	76.26	—

注：TD 为耕层深度，BD 为土壤容重，SP 为总孔隙度，SC 为土壤紧实度，FC 为田间持水量，WSA 为＞0.25 mm 水稳性团聚体，AN 为碱解氮，SP 为有效磷，SK 为速效钾，TN 为全氮，TP 为全磷，TK 为全钾，SOM 为有机质。

表6-8 合理耕层指标体系

指标	耕作层	犁底层	心土
物理	容重 紧实度 田间持水量	耕层厚度 容重 紧实度 水稳性团聚体	容重 水稳性团聚体
化学	碱解氮 全钾 有机质	全钾 有机质 pH	碱解氮 速效钾 全氮 全钾 pH

三、基于模糊综合评价法的春玉米农田合理耕层评价

模糊综合评价法是一种基于模糊数学的综合评标方法，其根据模糊数学的隶属度理论把定性评价转化为定量评价，即用模糊数学对受到多种因素制约的事物或对象做出一个总体的评价。此方法具有结果清晰，系统性强的特点，能较好地解决模糊的、难以量化的问题，适合各种非确定性问题的解决。模糊综合评价法具体计算过程如下：

（1）建立隶属度函数，对评价指标进行标准化处理；

（2）建立模糊关系矩阵，计算各评价指标的权重系数；

（3）耕层土壤综合得分计算。

隶属函数的确定：不同的土壤肥力评价指标的最适范围不同，量纲也存在差异，因此首先对原始数据进行标准化处理，使得处理后的数据区间处于0.1～1。根据主成分因子载荷的正负，确定指标隶属函数的升降性。函数表达式如下：

$$f(x_i) = (x_{ij} - x_{i\min})/(x_{i\max} - x_{i\min}) \qquad (6-2)$$

$$f(x_i) = (x_{i\max} - x_{ij})/(x_{i\max} - x_{i\min}) \qquad (6-3)$$

式（6-2）为升型函数，式（6-3）为降型函数。其中 $f(x_i)$ 表示各个评价指标隶属度值，x_{ij} 表示各个评价指标的测定值，$x_{i\max}$、$x_{i\min}$ 表示第 i 项指标的最大值和最小值。

权重的确定：对选定的评价指标做主成分分析，提取评价指标的公因子方差，各指标公因子方差占公因子方差之和的比例即为评价指标权重值。

土壤综合质量指数（IFI）的计算：根据各评价指标的权重和隶属度乘积相加得出计算式为：

$$IFI = \sum_{1}^{n} f_i \cdot W_i \qquad (6-4)$$

式（6-4）中，IFI 为土壤综合质量指数；W_i 表示第 i 个因子的权重；f_i 代表第 i 个因子的隶属度；n 为评价因子的总个数。

表6-9为2017年37个调查样点耕层的 IFI 值，由计算结果可知，2017年耕作层土壤综合质量指数在0.22～0.67，最高为样点5，最低为样点24，综合指数与产量拟合曲线为 $Y = 5\,768.60X + 9\,910.43$（$R^2 = 0.784\,7^{**}$）（图6-1）。犁底层综合质量指数变化在0.21～0.59，最高为样点11，最低为样点2，综合指数与产量拟合曲线为 $Y = 5\,499.31X + 9\,985.89$（$R^2 = 0.725\,2^{**}$）（图6-2）。心土层综合质量指数变化在0.32～0.61，最高为样点13，最低为样点20，综合指数与产量拟合曲线为 $Y = 7\,385.77X + 8\,487.70$（$R^2 = 0.603\,7^{**}$）（图6-3）。

表6-9　2017年旱地合理耕层综合质量指数

样地编号	耕作层	犁底层	心土层	样地编号	耕作层	犁底层	心土层
1	0.25	0.44	0.55	5	0.67	0.57	0.58
2	0.25	0.21	0.36	6	0.59	0.54	0.59
3	0.34	0.51	0.55	7	0.34	0.25	0.33
4	0.44	0.47	0.61	8	0.33	0.25	0.5

（续）

样地编号	耕作层	犁底层	心土层	样地编号	耕作层	犁底层	心土层
9	0.64	0.58	0.6	24	0.22	0.27	0.42
10	0.65	0.56	0.6	25	0.36	0.36	0.44
11	0.61	0.59	0.6	26	0.36	0.32	0.34
12	0.35	0.54	0.54	27	0.27	0.23	0.35
13	0.44	0.49	0.61	28	0.37	0.48	0.42
14	0.57	0.53	0.57	29	0.26	0.24	0.36
15	0.35	0.56	0.57	30	0.34	0.23	0.49
16	0.45	0.56	0.57	31	0.26	0.34	0.44
17	0.32	0.51	0.51	32	0.32	0.22	0.54
18	0.45	0.46	0.55	33	0.36	0.55	0.55
19	0.54	0.46	0.56	34	0.34	0.28	0.55
20	0.34	0.24	0.32	35	0.65	0.52	0.6
21	0.28	0.24	0.5	36	0.24	0.36	0.45
22	0.45	0.47	0.59	37	0.54	0.54	0.6
23	0.46	0.31	0.53				

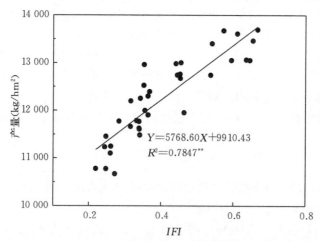

图 6-1　2017 年玉米产量与耕作层土壤综合质量指数的关系

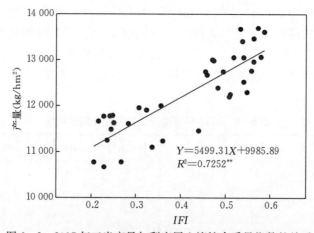

图 6-2　2017 年玉米产量与犁底层土壤综合质量指数的关系

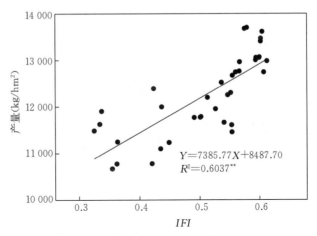

$$Y = 7385.77X + 8487.70$$
$$R^2 = 0.6037^{**}$$

图 6 - 3　2017 年玉米产量与心土层土壤综合质量指数的关系

2018 年调查的 30 个样点综合质量指数如表 6 - 10，2018 年耕作层土壤综合质量指数在 0.24～0.70，最高为样点 13，最低为样点 29，综合指数与产量拟合曲线为 $Y = 13\,083.13X - 223.71$（$R^2 = 0.639\,2^{**}$）（图 6 - 4）。犁底层综合质量指数变化在 0.26～0.69，最高为样点 10，最低同为样点 29，综合指数与产量拟合曲线为 $Y = 12\,672.31X + 2.23$（$R^2 = 0.671\,7^{**}$）（图 6 - 5）。心土层综合质量指数变化在 0.30～0.60，最高为样点 50，最低为样点 53，综合指数与产量拟合曲线为 $Y = 16\,620.07X - 1\,909.47$（$R^2 = 0.731\,4^{**}$）（图 6 - 6）。

表 6 - 10　2018 年旱地合理耕层综合质量指数

样地编号	耕作层	犁底层	心土层	样地编号	耕作层	犁底层	心土层
38	0.5	0.36	0.47	53	0.35	0.35	0.3
39	0.52	0.44	0.46	54	0.61	0.5	0.58
40	0.41	0.43	0.49	55	0.57	0.48	0.58
41	0.46	0.45	0.43	56	0.5	0.48	0.54
42	0.5	0.35	0.33	57	0.48	0.52	0.52
43	0.37	0.45	0.51	58	0.45	0.49	0.5
44	0.5	0.44	0.46	59	0.48	0.55	0.49
45	0.41	0.35	0.35	60	0.4	0.47	0.47
46	0.47	0.61	0.4	61	0.47	0.49	0.44
47	0.61	0.69	0.57	62	0.56	0.48	0.56
48	0.25	0.26	0.34	63	0.56	0.49	0.56
49	0.35	0.62	0.47	64	0.51	0.62	0.48
50	0.7	0.63	0.6	65	0.48	0.42	0.45
51	0.5	0.52	0.55	66	0.24	0.26	0.39
52	0.34	0.34	0.45	67	0.43	0.34	0.3

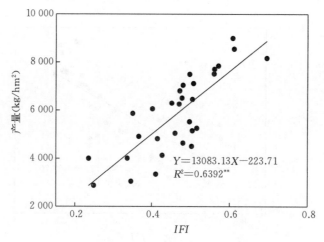

图 6-4　2018 年玉米产量与耕作层土壤综合质量指数的关系

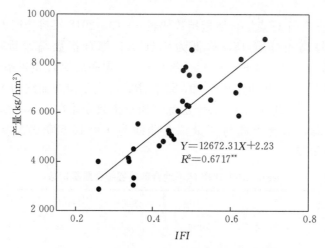

图 6-5　2018 年玉米产量与犁底层土壤综合质量指数的关系

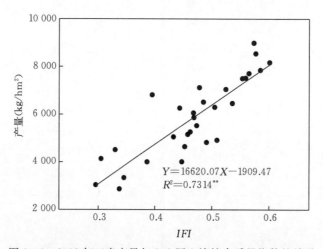

图 6-6　2018 年玉米产量与心土层土壤综合质量指数的关系

根据以上分析可知，运用模糊综合评价法计算 2017 年 37 个样点的耕作层、犁底层、心土层土壤综合评价指数范围分别为 0.22～0.67、0.21～0.59、0.32～0.61，各样点玉米产量与土壤综合质量指数拟合相关系数 R^2 在耕作层、犁底层、心土层分别为 0.784 7、0.725 2、0.603 7。2018 年，30 个样点的耕作层、犁底层、心土层土壤综合评价指数范围分别为 0.24～0.70、0.26～0.69、0.30～0.60，各样点玉米产量与土壤综合质量指数拟合相关系数 R^2 在耕作层、犁底层、心土层分别为 0.639 2、0.671 7、0.734 4。

四、基于改进的内梅罗综合指数法的旱地耕层合理性评价

改进的内梅罗指数法在评价土壤环境质量时综合考虑所有评价参数，能更直观的定性描述土壤环境质量的总体水平，在面对大量的土壤样品时，能给出综合性的评价结论。改进的内梅罗综合指数（P）计算公式如下。

$$P = \sqrt{\frac{(P_i)^2 + (P_{i\min})^2}{2} \cdot \frac{n-1}{n}} \qquad (6-5)$$

式（6-5）中，P 为内梅罗综合指数；P_i 为耕层各指标平均得分；$P_{i\min}$ 为耕层各指标得分最小值；n 为样本数。

表 6-11 为 2017 年 37 个调查样点耕层的内梅罗综合指数值，由结果可知，2017 年耕作层土壤内梅罗综合指数在 0.13～0.44，最高为样点 5，最低为样点 24，综合指数与产量拟合曲线为 $Y = 8\,042.93X + 10\,248.50$（$R^2 = 0.759\,5^{**}$）。犁底层综合质量指数变化在 0.12～0.36，最高为样点 10，最低为样点 2，综合指数与产量拟合曲线为 $Y = 8\,815.07X + 10\,012.01$（$R^2 = 0.744\,3^{**}$）（图 6-8）。心土层综合质量指数变化在 0.20～0.40，最高为样点 11，最低为样点 20，综合指数与产量拟合曲线为 $Y = 10\,842.8X + 8\,785.55$（$R^2 = 0.619\,9^{**}$）（图 6-9）。

表 6-11　2017 年旱地合理耕层内梅罗综合指数

样地编号	耕作层	犁底层	心土层	样地编号	耕作层	犁底层	心土层
1	0.15	0.27	0.34	13	0.26	0.30	0.39
2	0.15	0.12	0.22	14	0.39	0.33	0.35
3	0.20	0.31	0.33	15	0.21	0.34	0.34
4	0.26	0.31	0.39	16	0.27	0.35	0.34
5	0.44	0.35	0.35	17	0.19	0.31	0.31
6	0.36	0.34	0.39	18	0.27	0.28	0.36
7	0.20	0.15	0.20	19	0.37	0.28	0.37
8	0.20	0.15	0.32	20	0.20	0.15	0.20
9	0.39	0.35	0.39	21	0.17	0.15	0.33
10	0.43	0.36	0.40	22	0.27	0.31	0.39
11	0.38	0.36	0.40	23	0.27	0.19	0.32
12	0.21	0.33	0.33	24	0.13	0.16	0.26

（续）

样地编号	耕作层	犁底层	心土层	样地编号	耕作层	犁底层	心土层
25	0.21	0.22	0.28	32	0.19	0.13	0.33
26	0.21	0.20	0.20	33	0.21	0.33	0.36
27	0.16	0.14	0.22	34	0.20	0.17	0.34
28	0.22	0.31	0.27	35	0.43	0.32	0.38
29	0.15	0.14	0.22	36	0.14	0.22	0.27
30	0.20	0.14	0.30	37	0.38	0.35	0.38
31	0.15	0.20	0.26				

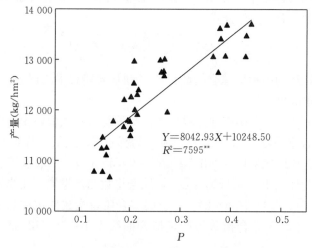

图 6-7 2017 年玉米产量与耕作层内梅罗综合指数的关系

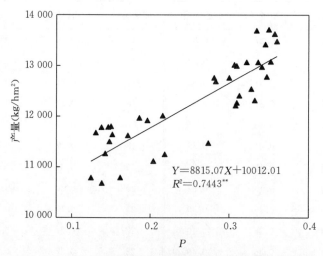

图 6-8 2017 年玉米产量与犁底层内梅罗综合指数的关系

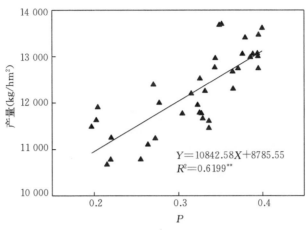

图 6 - 9　2017 年玉米产量与心土层内梅罗综合指数的关系

　　表 6 - 12 为 2018 年 30 个调查样点耕层的内梅罗综合指数值，由结果可知，2018 年耕作层土壤内梅罗综合指数在 0.14～0.42，最高为样点 50，最低为样点 66，综合指数与产量拟合曲线为 $Y=21\,275.55X-77.32$（$R^2=0.647\,2^{**}$）（图 6 - 10）。犁底层综合质量指数变化在 0.16～0.45，最高为样点 47，最低为样点 66，综合指数与产量拟合曲线为 $Y=16\,919.13X+885.86$（$R^2=0.652\,3^{**}$）（图 6 - 11）。心土层综合质量指数变化在 0.18～0.45，最高为样点 50，最低为样点 67，综合指数与产量拟合曲线为 $Y=20\,831.50X-312.05$（$R^2=0.658\,1^{**}$）（图 6 - 12）。

表 6 - 12　2018 年旱地合理耕层内梅罗综合指数

样地编号	耕作层	犁底层	心土层	样地编号	耕作层	犁底层	心土层
38	0.29	0.22	0.30	53	0.20	0.21	0.18
39	0.31	0.27	0.30	54	0.36	0.31	0.43
40	0.25	0.26	0.30	55	0.36	0.31	0.36
41	0.28	0.27	0.26	56	0.30	0.30	0.35
42	0.30	0.21	0.20	57	0.30	0.40	0.34
43	0.22	0.28	0.31	58	0.28	0.30	0.31
44	0.30	0.27	0.31	59	0.28	0.38	0.29
45	0.25	0.21	0.21	60	0.24	0.30	0.29
46	0.28	0.41	0.24	61	0.28	0.30	0.27
47	0.37	0.45	0.36	62	0.35	0.29	0.34
48	0.15	0.16	0.20	63	0.35	0.33	0.34
49	0.21	0.42	0.30	64	0.30	0.38	0.29
50	0.42	0.39	0.45	65	0.28	0.25	0.30
51	0.30	0.39	0.34	66	0.14	0.16	0.23
52	0.20	0.21	0.30	67	0.26	0.20	0.18

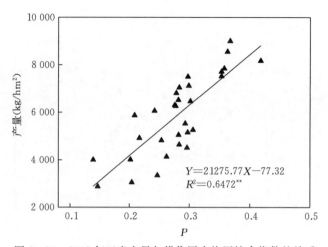

图 6-10 2018 年玉米产量与耕作层内梅罗综合指数的关系

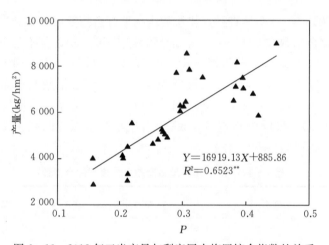

图 6-11 2018 年玉米产量与犁底层内梅罗综合指数的关系

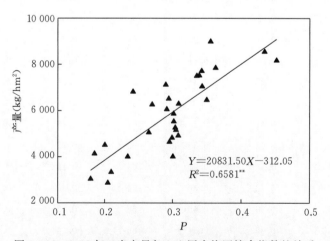

图 6-12 2018 年玉米产量与心土层内梅罗综合指数的关系

根据以上分析可知，运用修正的内梅罗指数法计算 2017 年 37 个样点的耕作层、犁底层、心土层土壤综合评价指数范围分别为 0.13～0.44、0.12～0.36、0.20～0.40，各样点玉米产量与土壤综合质量指数拟合相关系数 R^2 在耕作层、犁底层、心土层分别为 0.759 5、0.744 3、0.619 9。2018 年，30 个样点的耕作层、犁底层、心土层土壤综合评价指数范围分别为 0.14～0.42、0.16～0.45、0.18～0.45，各样点玉米产量与土壤综合质量指数拟合相关系数 R^2 在耕作层、犁底层、心土层分别为 0.647 2、0.652 3、0.658 1。

五、基于主成分分析法的春玉米农田耕层合理性评价

主成分分析法在土壤评价中，通过建立原始数据矩阵实施，经过标准化和相关矩阵的计算，分别求出相关矩阵的特征向量、特征根，以及主成分的方差贡献率、累积贡献率，根据累积贡献率选择主成分的个数，建立主成分方程，然后计算各主成分得分和综合得分。主成分综合指数计算公式为：

$$F = \sum_{i}^{n} W_i \cdot Z_i \qquad (6-6)$$

式（6-6）中，F 为主成分综合指数；W_i 表示主成分贡献率；Z_i 为样本对应主成分的得分。利用主成分分析，求得耕层主成分特征值及各耕层指标在主成分上的特征向量。

由表 6-13 可知，2017 年耕作层指标特征值≥1 的前 3 个主成分累计贡献率大于 80%，表示前 3 个主成分对总体方差的解释能力较强。根据前 3 个主成分的特征向量及标准化后的指标变量，计算主成分得分情况。计算公式如下：

$$Z_1 = -0.480X_1 + 0.493X_2 + 0.429X_3 + 0.436X_4 - 0.116X_5 + 0.373X_6 \qquad (6-7)$$

$$Z_2 = 0.069X_1 + 0.133X_2 - 0.514X_3 + 0.114X_4 + 0.619X_5 + 0.563X_6 \qquad (6-8)$$

$$Z_3 = 0.378X_1 + 0.475X_2 - 0.265X_3 - 0.298X_4 - 0.606X_5 + 0.325X_6 \qquad (6-9)$$

式中，$Z_1 \sim Z_3$ 为 3 个耕作层指标主成分综合得分；$X_1 \sim X_6$ 为土壤容重、紧实度、田间持水量、碱解氮、全钾和有机质的标准化后数值。

表 6-13　2017 年旱地耕层指标主成分特征值及贡献率

	主成分	PC-1	PC-2	PC-3	PC-4	PC-5	PC-6	PC-7
	特征值	2.405	1.313	1.108	0.668	0.326	0.179	—
耕作层	贡献率（%）	40.085	21.882	18.472	11.135	5.441	2.985	—
	累计贡献率（%）	40.085	61.967	80.439	91.574	97.015	100	—
	特征值	1.986	1.822	1.195	1.111	0.571	0.237	0.079
犁底层	贡献率（%）	28.367	26.035	17.072	15.866	8.153	3.382	1.126
	累计贡献率（%）	28.367	54.402	71.473	87.339	95.492	98.874	100

（续）

	主成分	PC-1	PC-2	PC-3	PC-4	PC-5	PC-6	PC-7
心土层	特征值	2.643	1.49	1.217	0.917	0.547	0.13	0.056
	贡献率（％）	37.754	21.284	17.384	13.103	7.815	1.855	0.805
	累计贡献率（％）	37.754	59.038	76.422	89.524	97.339	99.195	100

2017 年犁底层指标特征向量值≥1 的前 4 个主成分累计贡献率为 87.339％，对总体方差有较高解释能力。根据前 4 个主成分的特征向量值及标准化后的指标变量，计算主成分得分情况（表 6-14）。计算公式如下：

$$Z_1 = 0.599X_1 + 0.568X_2 + 0.245X_3 - 0.019X_4 - 0.144X_5 + 0.479X_6 + 0.09X_7$$
$$(6-10)$$

$$Z_2 = 0.333X_1 - 0.146X_2 + 0.512X_3 - 0.069X_4 + 0.68X_5 - 0.249X_6 - 0.277X_7$$
$$(6-11)$$

$$Z_3 = 0.007X_1 + 0.037X_2 + 0.392X_3 + 0.005X_4 - 0.128X_5 - 0.441X_6 + 0.796X_7$$
$$(6-12)$$

$$Z_4 = -0.069X_1 + 0.178X_2 + 0.162X_3 + 0.928X_4 - 0.097X_5 - 0.163X_6 - 0.199X_7$$
$$(6-13)$$

式中，$Z_1 \sim Z_4$ 为 4 个犁底层指标主成分综合得分；$X_1 \sim X_7$ 为犁底层厚度、容重、紧实度、水稳性团聚体、全钾、有机质和 pH 的标准化后数值。

表 6-14　2017 年旱地耕层指标特征向量值

指标	耕作层			指标	犁底层				指标	心土层		
	PC-1	PC-2	PC-3		PC-1	PC-2	PC-3	PC-4		PC-1	PC-2	PC-3
BD	-0.480	0.069	0.378	TD	0.599	0.333	0.007	-0.069	BD	0.385	0.099	-0.488
SC	0.493	0.133	0.475	BD	0.568	-0.146	0.037	0.178	WSA	-0.412	-0.038	0.339
FC	0.429	-0.514	-0.265	SC	0.245	0.512	0.392	0.162	AHN	-0.457	-0.27	-0.332
AHN	0.436	0.114	-0.298	WSA	-0.019	-0.069	0.005	0.928	SAK	0.275	0.645	-0.067
TK	-0.116	0.619	-0.606	TK	-0.144	0.68	-0.128	-0.097	TN	0.437	-0.155	0.222
SOM	0.373	0.563	0.325	SOM	0.479	-0.249	-0.441	-0.163	TK	0.373	-0.358	0.553
				pH	0.09	-0.277	0.796	-0.199	pH	-0.260	0.590	0.420

2017 年心土层指标特征值≥1 的前 3 个主成分累计贡献率为 76.422％，满足信息提取要求。根据前 3 个主成分的特征向量及标准化后的指标变量，计算主成分得分情况。计算公式如下：

$$Z_1 = 0.385X_1 - 0.412X_2 - 0.457X_3 + 0.275X_4 + 0.437X_5 + 0.373X_6 - 0.26X_7$$
$$(6-14)$$

$$Z_2 = 0.099X_1 - 0.038X_2 - 0.27X_3 + 0.645X_4 - 0.155X_5 - 0.358X_6 + 0.59X_7$$
$$(6-15)$$

$$Z_3 = -0.488X_1 + 0.339X_2 - 0.332X_3 - 0.067X_4 + 0.222X_5 + 0.553X_6 + 0.42X_7$$

$$(6-16)$$

式中，$Z_1 \sim Z_3$ 为 3 个心土层指标主成分综合得分；$X_1 \sim X_7$ 为心土层容重、水稳性团聚体、碱解氮、速效钾、全氮、全钾、pH 的标准化后数值。

由 2017 年耕层主成分综合指数计算结果（表 6-15）可知 37 个调查样点耕作层土壤主成分综合指数在 −1.09～1.08 范围内，最高为样点 9，最低为样点 36，综合指数与产量拟合曲线为 $Y = 975.64X + 12\,253.58$（$R^2 = 0.619\,9^{**}$）（图 6-13）。犁底层综合质量指数变化在 −0.82～1.16，最高为样点 10，最低为样点 3，综合指数与产量拟合曲线为 $Y = 1\,144.63X + 12\,254.83$（$R^2 = 0.607\,1^{**}$）（图 6-14）。心土层综合质量指数变化在 −1.08～1.09，最高为样点 20，最低为样点 1，综合指数与产量拟合曲线为 $Y = 823.56X + 12\,254.83$（$R^2 = 0.436\,8^{**}$）（图 6-15）。

表 6-15　2017 年旱地合理耕层主成分综合指数

样地编号	耕作层	犁底层	心土层	样地编号	耕作层	犁底层	心土层
1	−1.08	0.22	−1.08	20	−0.18	−0.17	1.09
2	−0.65	−0.62	−0.91	21	−0.92	−0.35	−0.52
3	−0.27	−0.82	0.23	22	0.74	0.40	0.61
4	0.86	0.40	0.17	23	0.94	−0.29	0.19
5	0.28	0.98	1.05	24	−0.68	−0.42	−0.83
6	1.03	0.41	−0.13	25	−0.26	−0.40	0.10
7	0.00	−0.17	1.09	26	−0.27	−0.30	1.03
8	−0.40	−0.32	−0.56	27	−0.91	−0.71	−0.95
9	1.08	1.00	−0.12	28	−0.22	0.39	0.08
10	0.40	1.16	0.69	29	−1.09	−0.36	−0.89
11	1.02	0.97	0.71	30	−0.57	−0.36	−0.56
12	−0.25	−0.12	0.25	31	−0.91	−0.52	−0.87
13	0.87	−0.79	−0.06	32	−0.01	−0.38	−1.04
14	0.72	1.07	1.05	33	−0.27	−0.22	0.06
15	−0.39	−0.21	1.04	34	−0.60	−0.30	−1.02
16	0.84	0.33	0.27	35	0.27	0.45	0.20
17	−0.06	−0.82	0.18	36	−1.09	−0.51	−0.81
18	0.70	0.11	0.02	37	0.63	1.11	0.20
19	0.72	0.15	0.02				

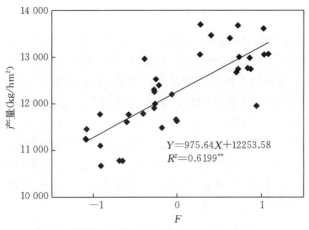

图 6 - 13　2018 年玉米产量与心土层主成分综合指数的关系

第二节　耕作栽培模式对春玉米产量、耕层环境及根系特性的影响

关于耕作措施、施肥方法和种植密度等诸多与耕作因素相关的因素在玉米中可产生高产和高效率的研究有很多，但研究大多局限在一种或两种措施上。因此，在水肥管理、栽培措施及气候资源等结合进行多因素综合栽培模式研究的基础上，明确不同栽培模式春玉米增产效应及机制，合理地进行肥料等资源的优化配置，最终建立东北南部地区春玉米高产高效栽培模式。旱作农田，合理密植、田间配置、化肥调控、土壤耕作与培肥调节玉米的生长环境和其自身的生长发育是缩差增产最主要的栽培措施。通过阐明产量差形成的关键过程与机理，为东北春玉米种植区缩差增产、提高养分利用效率提供理论支撑与技术途径。

一、不同耕作栽培模式下春玉米产量变化

在辽宁省铁岭市设置不施肥旋耕等行距（T1）、一次性施肥旋耕等行距（T2）、秸秆还田＋氮肥分期翻耕等行距（T3）和有机肥＋氮肥分期翻耕大小垄栽培（T4）4 种栽培模式，分析不同栽培模式对春玉米产量形成、地上地下器官的生长发育、养分的积累与转运、土壤理化特征等的影响。由表 6 - 16 分析可知，2017—2019 年栽培模式间产量及产量构成因素存在差异。2017 年不同栽培模式间产量的大小为 T1＜T2＜T3＜T4，2018 年和 2019 年的趋势与 2017 年一致。与不施肥模式 T1 相比，T2、T3、T4 模式的产量显著提高，其中，2017 年分别提高了 12.59％、14.61％、30.50％，2018 年分别提高了35.82％、50.59％、74.10％，2019 年分别提高了 35.77％、57.51％、60.64％。

从产量构成因素来看，与不施肥模式 T1 相比，T2、T3、T4 模式的百粒重均有所提高，其中，2017 年分别提高了 19.02％、18.35％、22.29％，2018 年分别提高了

15.93%、12.78%、19.83%，2019年分别提高了51.70%、45.54%、54.18%。受种植密度的影响，种植密度最低的T2模式的穗粒数最大，较T1、T3、T4模式有所增加，其中，2017年分别提高了15.68%、15.57%、27.54%，2018年分别提高了44.91%、1.45%、35.45%，2019年分别提高了17.73%、9.01%、26.58%。种植密度最高的T4模式的穗数最大，较T1、T2、T3模式均显著增加，其中，2017年分别提高了15.75%、42.72%、21.49%，2018年分别提高了35.79%、68.62%、36.70%，2019年分别提高了15.51%、51.91%、15.32%。

表6-16 不同耕作栽培模式下玉米产量构成因素及产量

年份	品种	处理	百粒重（g）	穗粒数	穗数（10^4穗/hm^2）	产量（t/hm^2）
2017	XY335	T1	27.35 ± 0.50c	577 ± 10b	6.3 ± 0.14b	9.98 ± 0.21c
		T2	37.14 ± 1.40b	660 ± 18a	5.0 ± 0.17c	12.25 ± 0.52b
		T3	37.06 ± 0.44b	560 ± 8b	6.0 ± 0.10b	12.46 ± 0.43b
		T4	40.79 ± 0.50a	473 ± 4c	7.3 ± 0.22a	14.16 ± 0.47a
	ZD958	T1	36.41 ± 0.29b	488 ± 5c	6.4 ± 0.15b	11.30 ± 0.25b
		T2	38.75 ± 0.32a	572 ± 6a	5.3 ± 0.19c	11.71 ± 0.52b
		T3	38.40 ± 0.15a	506 ± 2b	6.1 ± 0.07b	11.93 ± 0.43b
		T4	37.18 ± 0.51b	493 ± 5b	7.4 ± 0.08a	13.61 ± 0.47a
2018	XY335	T1	28.60 ± 1.21b	252 ± 12c	6.44 ± 0.02b	4.62 ± 0.06d
		T2	36.58 ± 0.58a	426 ± 2a	4.69 ± 0.06c	7.31 ± 0.03c
		T3	34.68 ± 2.09a	419 ± 17a	6.32 ± 0.04b	9.14 ± 0.11b
		T4	35.28 ± 0.23a	333 ± 5b	8.23 ± 0.02a	9.66 ± 0.09a
	ZD958	T1	32.91 ± 1.01b	278 ± 1b	5.63 ± 0.04b	5.15 ± 0.18d
		T2	34.73 ± 0.80b	342 ± 8a	5.03 ± 0.08c	5.96 ± 0.17c
		T3	34.69 ± 0.86a	338 ± 8a	5.67 ± 0.06b	6.55 ± 0.11b
		T4	38.43 ± 1.05a	234 ± 5c	8.16 ± 0.02a	7.35 ± 0.15a
2019	XY335	T1	23.21 ± 0.43c	547 ± 9b	6.44 ± 0.01b	8.17 ± 0.03c
		T2	34.93 ± 0.75a	627 ± 9a	4.79 ± 0.04c	10.49 ± 0.04b
		T3	33.27 ± 0.63ab	571 ± 11b	6.44 ± 0.02b	12.24 ± 0.07a
		T4	30.80 ± 1.35b	534 ± 27b	7.53 ± 0.02a	12.32 ± 0.12a
	ZD958	T1	24.70 ± 1.04c	440 ± 16c	6.33 ± 0.03b	6.87 ± 0.05d
		T2	37.75 ± 0.09b	535 ± 1a	4.92 ± 0.02c	9.93 ± 0.03c
		T3	36.46 ± 0.44b	495 ± 5b	6.35 ± 0.09b	11.45 ± 0.14b
		T4	43.07 ± 0.82a	384 ± 6d	7.22 ± 0.02a	11.84 ± 0.03a

注：不同字母表示同一时期不同耕作模式间差异显著（$P<0.05$）。XY335为先玉335，ZD958为郑单958，T1：不施肥旋耕等行距，T2：一次性施肥旋耕等行距，T3：秸秆还田＋氮肥分期翻耕等行距，T4：有机肥＋氮肥分期翻耕大小垄栽培。

二、不同耕作栽培模式对土壤环境的影响

1. 土壤紧实度　由图 6-14 可知，2018 年和 2019 年间不同栽培模式下土壤紧实度随土层深度增加呈现先增大后减小的趋势，T1、T2 模式在 15 cm 土层深度处的紧实度显著增加，2018 年和 2019 年平均值分别是 1 215.36 kPa 和 1 710.92 kPa。而 T3、T4 模式在 30 cm 土层深度处的紧实度显著增加，2018 年和 2019 年平均值分别是 1 413.21 kPa 和 1 912.00 kPa。T1、T2 模式 0～30 cm 土层深度的土壤紧实度要高于 T3、T4 模式，而 30～40 cm 土层深度中则是 T3、T4 模式高于 T1、T2 模式。

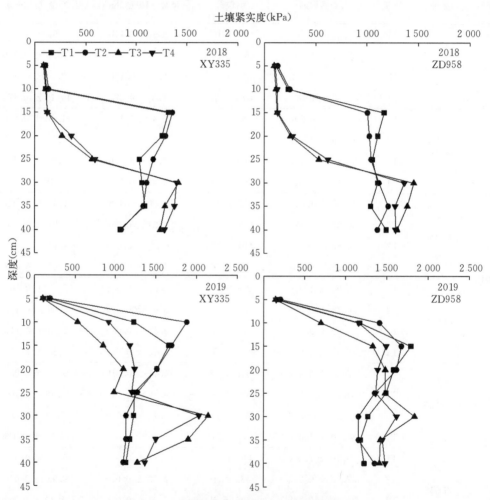

图 6-14　不同耕作栽培模式下土壤坚实度变化
注：XY335 为先玉 335，ZD958 为郑单 958，T1：不施肥旋耕等行距，T2：一次性施肥旋耕等行距，T3：秸秆还田＋氮肥分期翻耕等行距，T4：有机肥＋氮肥分期翻耕大小垄栽培。

2. 土壤含水量　2018、2019 年两年栽培模式间吐丝期土壤含水量的空间分布规律相近，整体上呈现随土层的加深而变大的趋势，表层的土壤含水量分布规律表现为以植株为

中心的"中间高、两边低"的对称状态分布。2018 年 0～60 cm 土层含水量为 4.30％～14.54％，2019 年 0～60 cm 土层含水量为 4.75％～15.58％。

耕作方式和种植方式对不同土层的土壤含水量有影响，由表 6-17 分析可知，就耕作方式而言，2018 年和 2019 年各模式均呈现出旋耕在各土层中的土壤含水量要高于翻耕，其中，2018 年 T1、T2 模式在 0～20、20～40、40～60 cm 土层中的土壤含水量较 T3、T4 模式分别高 1.60％、9.22％、4.44％，2019 年分别高 9.56％、18.43％、9.61％。而在 0～30、30～60 cm 土层中，T1、T2 模式较 T3、T4 模式在 2018 年和 2019 年分别高 5.55％、5.21％和 13.30％、11.88％。就种植方式而言，采用大小垄种植方式（T4）在 30～60 cm 土层中的土壤含水量在 2018 年和 2019 年较等行距种植方式（T1、T2、T3）分别低 2.28％和 5.27％。

表 6-17　不同耕作栽培模式土壤平均含水量的变化

| 年份 | 品种 | 处理 | 土层深度（cm） | | | | |
			0～20	20～40	40～60	0～30	30～60
2018	XY335	T1	9.67±0.02a	12.13±0.09a	11.93±0.09b	10.43±0.03a	12.06±0.02b
		T2	8.60±0.05c	11.54±0.01b	12.44±0.03a	9.37±0.06c	12.35±0.01a
		T3	7.27±0.13d	10.66±0.04d	12.13±0.19b	8.10±0.08d	11.94±0.16b
		T4	9.14±0.09b	11.37±0.09c	11.03±0.03c	9.73±0.10b	11.29±0.04c
	ZD958	T1	8.50±0.03b	12.71±0.01a	12.98±0.03b	9.79±0.01b	13.01±0.01a
		T2	7.60±0.02c	11.72±0.03c	13.23±0.04a	8.81±0.01c	12.89±0.02a
		T3	7.80±0.03c	9.73±0.35d	12.54±0.03c	8.28±0.02d	11.77±0.21b
		T4	9.62±0.31a	12.28±0.05b	12.73±0.20c	10.27±0.05a	12.82±0.10a
2019	XY335	T1	11.17±0.10a	13.57±0.05a	12.91±0.10b	11.88±0.09a	13.21±0.08a
		T2	10.67±0.10b	13.08±0.17b	13.66±0.25a	11.56±0.16b	13.38±0.15a
		T3	9.36±0.19c	10.70±0.08c	12.43±0.04c	9.63±0.14c	12.03±0.04b
		T4	9.00±0.16d	10.90±0.10c	11.90±0.20d	9.47±0.13c	11.73±0.18c
	ZD958	T1	8.69±0.10d	12.13±0.08a	14.11±0.01a	9.39±0.05c	13.89±0.04a
		T2	10.03±0.01a	12.18±0.07a	12.37±0.08b	10.61±0.03a	12.45±0.12b
		T3	9.13±0.10c	10.39±0.08c	11.49±0.15c	9.29±0.01d	11.39±0.08d
		T4	9.53±0.06b	11.04±0.06b	12.58±0.20b	9.95±0.08b	12.16±0.18c

注：不同字母表示同一时期不同耕作栽培模式间差异显著（$P<0.05$）。XY335 为先玉 335，ZD958 为郑单 958；T1：不施肥旋耕等行距，T2：一次性施肥旋耕等行距，T3：秸秆还田＋氮肥分期翻耕等行距，T4：有机肥＋氮肥分期翻耕大小垄栽培．

3. 土壤速效氮　由图 6-15、图 6-16 可知，2018 年、2019 年不同栽培模式间吐丝期土壤铵态氮、硝态氮含量的分布规律相近，呈现出随土层深度的增加而降低的趋势。不同模式间在 0～60 cm 土层深度中铵态氮、硝态氮的总含量大小关系为 T1＜T2＜T3＜T4，2018 年和 2019 年与不施肥模式 T1 相比，T2、T3、T4 铵态氮的总含量分别增加了 21.47 mg/kg、37.25 mg/kg、73.37 mg/kg 和 14.40 mg/kg、30.53 mg/kg、98.67 mg/kg，硝态氮的总含量分别增加了 12.48 mg/kg、44.52 mg/kg、73.69 mg/kg 和 5.25 mg/kg、27.73 mg/kg、99.48 mg/kg，在 0～10、10～20 cm 土层深度中的大小关系与总含量的大小关系相同。与不施肥模式 T1 相比，T2、T3、T4 模式 2018 年和 2019 年在 0～10 cm 土层深度中铵态氮分别增加了 17.62 mg/kg、26.51 mg/kg、43.36 mg/kg 和 8.28 mg/kg、18.24 mg/kg、41.59 mg/kg，硝态氮分别增加了 9.92 mg/kg、33.44 mg/kg、43.58 mg/kg 和 1.69 mg/kg、12.21 mg/kg、42.84 mg/kg，在 10～20 cm 土层深度中铵态氮分别增加了 3.34 mg/kg、7.91 mg/kg、20.75 mg/kg 和 1.58 mg/kg、4.63 mg/kg、34.47 mg/kg，硝态氮分别增加了 1.55 mg/kg、9.07 mg/kg、25.93 mg/kg 和 0.34 mg/kg、4.54 mg/kg、28.02 mg/kg。T4 模式在 0～40 cm 各土层深度中的铵态氮和硝态氮含量显著高于其他 3 个处理，而 40～60 cm 土层深度中无明显规律。不同栽培模式下 20 cm 以下土壤硝态氮的含量要高于铵态氮。

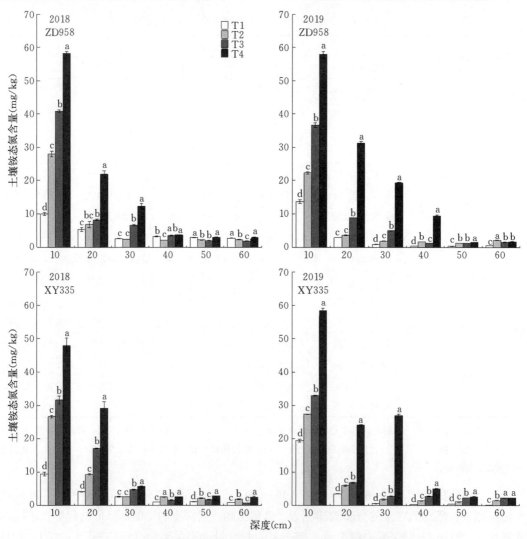

图 6-15　不同耕作栽培模式下 0～60 cm 土层中土壤铵态氮垂直分布

注：XY335 为先玉 335，ZD958 为郑单 958；T1：不施肥旋耕等行距，T2：一次性施肥旋耕等行距，T3：秸秆还田+氮肥分期翻耕等行距，T4：有机肥+氮肥分期翻耕大小垄栽培。

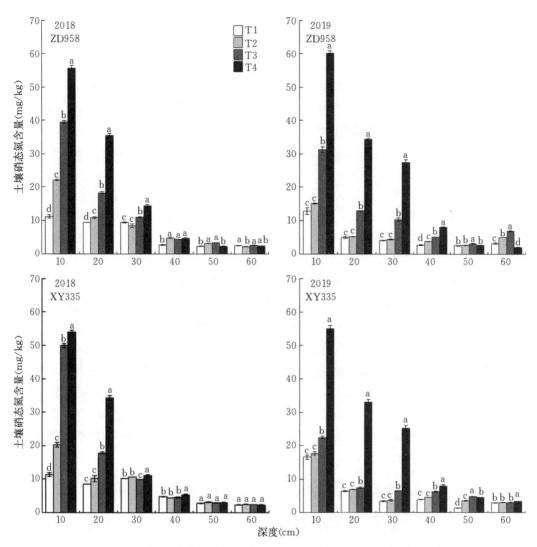

图 6-16　不同耕作栽培模式下 0～60 cm 土层中土壤硝态氮垂直分布

注：XY335 为先玉 335，ZD958 为郑单 958；T1：不施肥旋耕等行距，T2：一次性施肥旋耕等行距，T3：秸秆还田＋氮肥分期翻耕等行距，T4：有机肥＋氮肥分期翻耕大小垄栽培。

三、不同耕作栽培模式对根系特性的影响

1. 根系长度　2018 年根长密度的范围为 0～7.85 cm/cm³，T4 模式在 0～30 cm 土层中的根长密度较大，2019 年根长密度的范围为 0～10.50 cm/cm³，T2 模式在 0～30 cm 土层中的根长密度较大。无论采用旋耕还是翻耕，根系在 0～30 cm 土层中向水平方向延伸，在 30～60 cm 土层中向垂直方向延伸。分析可知，根系长度在 0～60 cm 土层中的分布随着土壤深度的增加而降低，且主要分布在 0～30 cm 的土层中。T1 模式在 2018 年 0～30 cm 土层中的根长分布最低，与 T2、T3、T4 模式相比，分别降低了 5.77％、5.78％和

3.77%。而在 2019 年，T3 模式在 0～30 cm 土层中的根长分布最低，与 T1、T2、T4 模式相比，分别降低了 2.25%、11.00% 和 1.05%。30～60 cm 土层中的根系分布规律则相反。

2. 根系表面积 2018 年根表面积密度的范围为 0～0.97 cm²/cm³，T4 模式在 0～30 cm 土层中的根表面积密度较大，2019 年根表面积密度的范围为 0～1.43 cm²/cm³，T2 模式在 0～30 cm 土层中的根表面积密度较大。无论采用旋耕还是翻耕，根系在 0～30 cm 土层中向水平方向延伸，在 30～60 cm 土层中向垂直方向延伸。不同模式的根系表面积在 0～60 cm 土层中的分布随着土壤深度的增加而降低，且主要分布在 0～30 cm 的土层中。T1 模式在 2018 年和 2019 年 0～30 cm 土层中的根表面积分布最低，与 T2、T3、T4 模式相比，分别降低了 4.96%、5.96%、3.11% 和 9.61%、0.17%、0.55%。在 30～60 cm 土层中，T1 模式在 2018 年和 2019 年的根表面积分布最高，与 T2、T3、T4 模式相比，分别增加了 21.42%、26.90%、12.46% 和 42.58%、0.54%、1.73%。

3. 根系干重 2018 年根干重密度的范围为 0～3.29 g/cm³，T4 模式在 0～30 cm 土层中的根干重密度较大，2019 年根干重密度的范围为 0～4.34 g/cm³，T3 模式在 0～30 cm 土层中的根干重密度较大。无论采用旋耕还是翻耕，根系在 0～30 cm 土层中向水平方向延伸，在 30～60 cm 土层中向垂直方向延伸。不同模式的根干重在 0～60 cm 土层中的分布随着土壤深度的增加而降低，且主要分布在 0～30 cm 的土层中。与在 0～30 cm 土层中的根干重分布最低的 T1 模式相比，T2、T3、T4 模式在 2018 年和 2019 年分别增加了 3.59%、4.17%、4.52% 和 3.13%、3.34%、0.52%。在 30～60 cm 土层中，T1 模式在 2018 年和 2019 年的根干重分布最高，与 T2、T3、T4 模式相比，分别增加了 25.63%、31.01%、34.55% 和 23.89%、25.90%、3.33%。

第三节　秸秆还田方式对土壤结构及生物学特性的影响

一、秸秆还田方式对土壤物理指标及微生物的影响

1. 土壤紧实度及微生物对秸秆还田的响应 研究证明，深翻降低了土壤紧实度，而免耕和混拌对土壤紧实度并未产生显著影响；深翻和混拌秸秆还田方式均增加了细菌和真菌的多样性指数。其中，混拌还田对细菌多样性指数提高幅度更为显著，但公主岭及铁岭的免耕覆盖降秸秆还田低了细菌多样性（图 6-17）。连续 4 年秸秆还田增氮幅度平均为 12.3%，明显改变了微生物的群落结构，细菌多样性指数显著增加。

2. 秸秆还田培肥减氮的效应 研究不同年际间秸秆还田对氮肥阈值的影响，明确了秸秆还田条件下减氮阈值，连续 4 年秸秆还田氮肥减量 15% 不减产。对秸秆还田及耕作方式与土壤理化指标进行主成分分析表明，秸秆还田对土壤理化特性贡献为 60%，耕作作用贡献率为 14%；不能解释因素占 22%（图 6-18）。

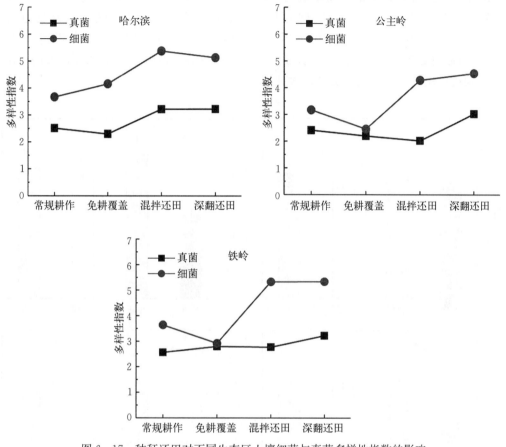

图 6-17 秸秆还田对不同生态区土壤细菌与真菌多样性指数的影响

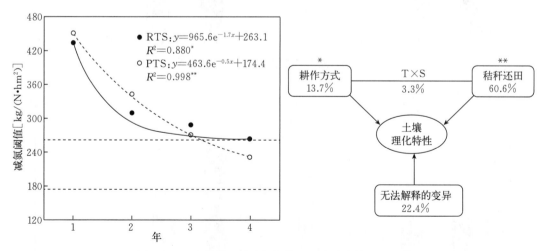

图 6-18 秸秆还田的减氮阈值及土壤理化特性的贡献

注：旋耕秸秆还田（RTS），翻耕秸秆还田（PTS）。

3. 秸秆还田增氮培肥的生物学机制　研究秸秆还田方式对土壤有机碳、全氮及土壤微生物碳氮含量的影响发现，秸秆还田显著提高土壤肥力，有机碳和全氮含量提高3.3%、18.6%；其中，条带还田增加了土壤生物活性，微生物量碳氮显著提高（图6-19），同时促进氨氧化基因表达量，抑制亚硝酸盐还原基因表达（图6-20）；长期还田可减少反硝化作用的氮素损失，提高氮素利用效率。

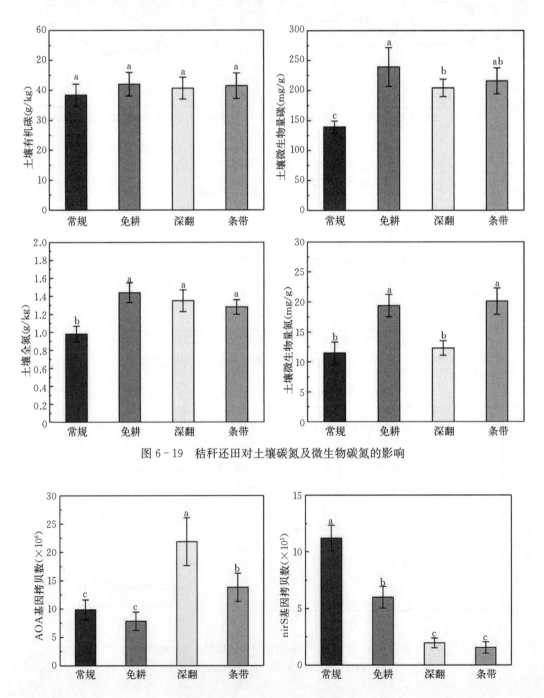

图6-19　秸秆还田对土壤碳氮及微生物碳氮的影响

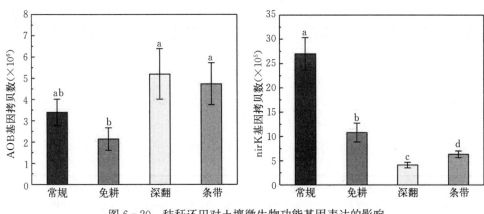

图 6-20　秸秆还田对土壤微生物功能基因表达的影响

4. 秸秆还田方式对春玉米水氮利用效率影响差异　秸秆还田明显改变了耕层结构，其中旋耕秸秆还田（RTS）显著增加了深层土壤的比根长，秸秆还田也进一步调控了水分时空变化，促进根系下扎。实现了调功能促进根系生长，改结构强化水肥匹配供给，实现产量增加了 9.5%，水分利用效率增加了 8.6%。旋耕秸秆还田（RTS）较翻耕秸秆还田（PTS）显著提高了的籽粒氮素回收效率（NRE），但却降低了水分利用效率（WUE），旋耕秸秆还田具有更高的水分消耗，并且翻耕还田在不施氮条件下，仍能保持一定籽粒产量导致；随着施氮水平升高，氮素农学效率显著下降；2 种还田方式下，施氮在 N2 水平（187 kg/hm²）可显著提高氮素籽粒回收率和氮素农学效率，同时获得较高水分利用效率。秸秆还田与氮素对籽粒氮素回收率与水分利用效率有显著交互作用，年份因素对氮素及水分利用效率影响不一致（表 6-18）。

表 6-18　秸秆还田与施氮对氮素回收率（NRE）、农学效率
（NAE）及水分利用率（WUE）的影响

处理		NRE（%）		NAE（kg/kg）		WUE［kg/(mm·hm²)］	
		2016	2017	2016	2017	2016	2017
RTS	N0	—	—	—	—	14.3c	22.4c
	N1	41.7b	44.8b	28.7a	32.7a	21.8b	31.8b
	N2	54.9a	54.1a	23.9b	29.5a	24.1b	37.9a
	N3	45.3b	40.5b	21.9b	21.2b	27.4a	37.4a
	平均	47.3A	46.4A	24.8A	27.8A	21.9B	32.4B
PTS	N0	—	—	—	—	19.1c	30.2c
	N1	21.3b	28.8b	15.8a	18.1a	22.8b	35.6b
	N2	45.5a	39.6a	15.5a	15.0b	26.2a	36.9ab
	N3	43.6a	30.8b	12.2b	11.8c	26.6a	38.3a
	平均	36.8B	33.1B	14.5B	14.9B	23.7A	35.2A
耕作＋秸秆还田（Ts）		85.3***		136.0***		37.2***	
施氮量（N）		41.4***		16.8***		165.6***	

（续）

处理	NRE（%）		NAE（kg/kg）		WUE［kg/(mm·hm²)］	
	2016	2017	2016	2017	2016	2017
年份（Y）	3.2ns		2.9ns		838.2***	
Ts×N	7.7**		1.5ns		13.9***	
Ts×Y	1.3ns		1.6ns		2.2ns	
N×Y	10.2**		1.3ns		2.2ns	
Ts×N×Y	2.1ns		0.9ns		3.5*	

注：不同大小写字母表示在 0.05 水平差异显著（$P<0.05$），ns 表示无显著差异；*，**和***表示分别在 $P<0.05$，$0.05<P<0.01$ 和 $P<0.01$ 差异显著。旋耕秸秆还田（RTS），翻耕秸秆还田（PTS），氮素回收效率（NRE），农学效率（NAE），水分利用效率（WUE）。

5. 秸秆还田方式对农田氮效率提升影响的微生态机制 如图 6 - 21 所示，T1S1、T2S1 较 T1S0、T2S0 显著提高了氨氧化细菌（AOB）的基因拷贝数，T1S1 显著增加了

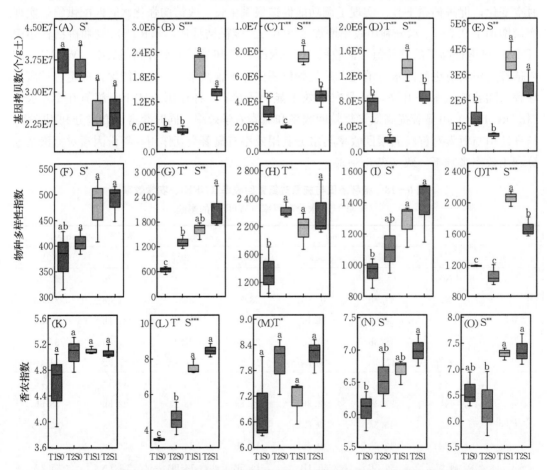

图 6 - 21 秸秆还田方式对土壤硝化与反硝化微生物基因拷贝数、物种和群指数的影响

注：T1S0 为全层旋耕秸秆不还田，T2S0 为条带旋耕秸秆不还田，T1S1 为全层旋耕秸秆还田，T2S1 为条带旋耕秸秆还田。

反硝化微生物 nirK、nirS、nosZ 的基因拷贝数；T2S1 较 T1S1 显著降低了 nirK、nirS 的基因拷贝数。T1S1、T2S1 较 T1S0 显著提高了 AOB 以及反硝化微生物（nirK、nirS、nosZ）的多样性指数，T2S1 较 T1S1 显著降低了 nosZ 相关的物种多样性指数。说明秸秆还田处理较不还田处理具有提高土壤氮循环微生物物种和种群多样性作用，同时条带还田较全层还田处理表现出可降低氨氧化和反硝化作用过程，有利于土壤氮素利用效率提升。

6. 秸秆还田与耕作方式对春玉米农田地力提升的贡献机制 对不同秸秆还田处理下土壤理化指标与微生物群落结构多样指标进行主成分及置换多元方差分析，结果表明，T1S1、T2S1 较 T1S0、T2S0 显著提高了土壤 SWC、$NO_3^- - N$、SOC 和 TN 等指标，秸秆还田与耕作方式分别对土壤理化性质指标变化作用分别占比为 60.6% 和 13.7%（图 6 - 22）同样对土壤氨氧化过程、反硝化过程相关微生物的物种和群落多样性具有显著增强作用，秸秆还田与耕作方式分别对土壤微生物群落结构属性作用分别占比为 60.6% 和 5.5%。说明秸秆还田较秸秆不还田处理对土壤理化和微生物结构特性改善提升作用明显。

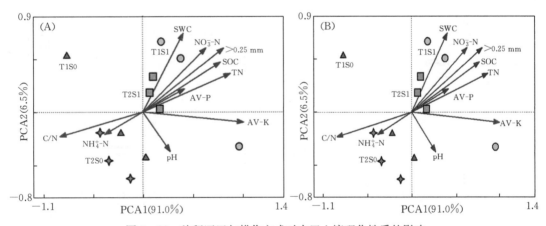

图 6 - 22 秸秆还田与耕作方式对农田土壤理化性质的影响

注：SWC 为土壤水分含量，SOC 是土壤有机碳，TN 为全氮，AV - P 为有效磷，AV - K 为速效钾，C/N 为碳氮比，$NO_3^- - N$ 为硝态氮，$NH_4^+ - N$ 为硝态氮；T1S0 为全层旋耕秸秆不还田，T2S0 为条带旋耕秸秆不还田，T1S1 为全层旋耕秸秆还田，T2S1 为条带旋耕秸秆还田处理。

二、秸秆还田与施氮对根系特性及耕层土壤生物特性的影响

1. 秸秆还田对根系特性的调控 秸秆还田方式对吐丝期春玉米根系垂直根长分布、水平根长分布和总根长的影响（$P<0.05$）。从根长垂直分布看，在 0～30 cm 土层，PTS 处理根长显著高于其他处理，高出 7.9%～43.2%；在 30～60 cm 土层，秸秆条带还田（PSS 和 RSS 处理）根长明显高于秸秆全层还田（PTS 和 RTS 处理）。从根长水平分布可知，根长分布表现为以植株为中心由近及远递减，距植株 0～10 cm 范围根长分布表现出 PTS 处理最高，翻耕处理（PSS、PTS）在距植株 10～20 cm 根长分布。

表 6 - 19　耕作和秸秆还田方式对吐丝期春玉米根长及其分布的影响

处理	垂直根长分布（m）		水平根长分布（m）			总根长
	0～30 cm	30～60 cm	0～10 cm	10～20 cm	20～30 cm	（m）
PTS	454.8a	80.3b	290.7a	157.7a	80.3b	535.1a
PSS	421.4a	102.5a	281.4a	133.5b	102.4a	523.9a
RTS	317.6b	79.8b	209 3b	105.2c	82.9b	397.4b
RSS	383 2ab	111.5a	280.3a	136.6b	998a	494.7a

注：PTS 为翻耕秸秆还田；PSS 为条带翻耕秸秆还田；RTS 为旋耕秸秆还田；RSS 为条带旋耕秸秆还田；不同字母表示处理间差异显著。

2. 秸秆还田和施氮对土壤养分及土壤酶活性的影响　对比 PTS 处理，RTS 处理显著提高了 β-葡萄糖苷酶、N-乙酰葡糖氨糖苷酶和酸性磷酸酶活性，提高幅度分别为 33.1%、36.0% 和 23.5%（图 6 - 23，$P<0.05$）。2 种秸秆还田方式下，均在施氮量为 MN 时获得最高的 β-葡萄糖苷酶、N-乙酰葡糖氨糖苷酶、亮氨酸氨肽酶和酸性磷酸酶活性。

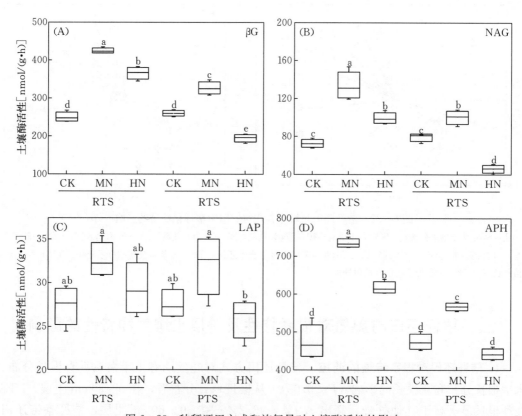

图 6 - 23　秸秆还田方式和施氮量对土壤酶活性的影响

注：βG 为 β-葡萄糖苷酶，NAG 为 N-乙酰葡糖氨糖苷酶，LAP 为亮氨酸氨肽酶，APH 为酸性磷酸酶，RTS 为旋耕秸秆还田，PTS 为翻耕秸秆还田，CK 为施肥处理，MN 为适量施肥，HN 为高量施肥。

3. 秸秆还田和施氮水平对土壤微生物的影响机制 秸秆还田方式、N 及其交互作用显著影响了细菌、真菌的基因拷贝数。对比 PTS 处理，RTS 处理显著提高了土壤细菌和真菌基因拷贝数，提高幅度分别为 2.0 倍和 8.9 倍（图 6-24，$P<0.05$）。与不施氮肥的 CK 处理相比，增施氮肥显著促进了真菌基因拷贝数的提高，提高幅度为 1.2～3.6 倍。

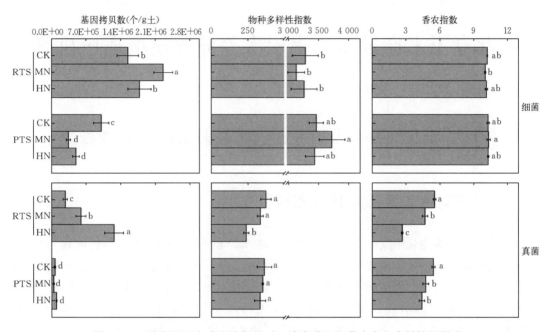

图 6-24 秸秆还田方式和施氮量对土壤真菌和细菌丰度和多样性的影响

细菌群落 beta 多样性受到秸秆还田方式与施氮水平影响明显，各处理表现分散，秸秆还田方式和施氮水平对真菌群落 beta 多样性影响有别于细菌群落多样性；研究证明，细菌和真菌 alpha 多样性与土壤理化性质和酶活性的相关性，细菌和真菌 alpha 多样性均与土壤含水量和紧实度呈现显著负相关关系，同时细菌 alpha 多样性与土壤铵态氮含量呈现显著正相关关系，真菌 alpha 多样性与土壤全氮含量呈现显著负相关关系。

第七章

东北春玉米产量与效率层次差异的逆境适应机制

第一节　不同生态区降水量分布及对玉米产量的影响

一、不同生态区降水量分布特征

降水量在作物生长中发挥着关键作用，全球 80％的农田和接近 100％的牧场为雨养，气候变化在作物上的效应很大程度上依赖于降水的变化。气候变暖将造成降水与蒸发量的改变，包括季节分布、强度和年际变化等，这势必将对我国玉米生产带来重大影响。高亮之等（1994）采用蒸散比（实际蒸散量/最大可能蒸散量）估算了 GISS、GFDL 和UKMO 3 种气候情景下，我国各地气候和土壤的干湿状况。不同的情景结果不一，但总的说来，当 CO_2 倍增时，我国西北气候干燥、华北平原北部水资源匮乏的现状将不会改变，有些甚至呈不断恶化的趋势；华北平原南部的气候和土壤将变得相对湿润；长江下游仍将继续保持湿润状态，这意味着洪涝出现的概率增大，而四川有变旱的趋势。此外，统计资料显示，气温每升高 1 ℃，蒸发量将比现在增大 5％～10％。由此推算，气候变暖后，我国未来的水分蒸发将比现在大 7％～15％，即农业水资源普遍恶化。这必将引起我国灌溉农业区的作物产量出现大幅度下降，而旱地作物减产更严重。

利用中国气象局提供的全国 722 个气象站点数据，对我国六个玉米产区 1951—2008年 58 年间年降水量的分析表明，北方春播玉米区、黄淮海夏播玉米区、西南山地玉米区和南方丘陵玉米区年降水量均呈减少的趋势，但未达到显著水平，而西北内陆灌溉玉米区和青藏高原玉米区呈极显著的增加趋势。青藏高原玉米区以每 10 年 28.7 mm 的速度增加，增加的幅度最大；其次，西北内陆灌溉玉米区以每 10 年 12.5 mm 的速度增加，均达到了极显著水平（表 7-1）。

表 7-1　不同玉米产区年降水量的变化

玉米种植区	气象站点数	1951—2008 年降水量均值（mm）	降水量变化（mm）		
			1951—1980 年	1981—2008 年	1951—2008 年
北方春播玉米区	203	469.1	−19.755ns	−19.919ns	−3.07ns

（续）

玉米种植区	气象站点数	1951—2008 年降水量均值（mm）	降水量变化（mm）		
			1951—1980 年	1981—2008 年	1951—2008 年
黄淮海夏播玉米区	91	677.6	−28.767ns	−4.072ns	−4.61ns
西南山地玉米区	125	1 204.4	19.211ns	−27.872ns	−8.79ns
南方丘陵玉米区	157	1 421.1	−28.881ns	−12.703ns	8.85ns
西北灌溉玉米区	68	118.5	8.347*	5.604ns	12.46**
青藏高原玉米区	78	337.9	1.787ns	10.766ns	28.72**

注：*、**表示差异显著、极显著，ns 表示差异不显著。

二、干旱胁迫对玉米生长与产量的影响

玉米起源于热带和亚热带地区，喜暖湿气候，年降水量 800~1 100 mm 并在玉米生长期间每月均匀降雨 100 mm，最适宜玉米生长。鲍巨松（1991）研究指出，严重水分胁迫影响玉米产量形成的关键时期是孕穗期，此期间干旱导致雄穗严重败育，采用耐旱品种或人工辅助授粉，可减少产量损失。戴俊英（1990）认为，中度水分胁迫对不同玉米品种生育期均有抑制作用。苗期适度干旱可促进根系生长，有较强的适应干旱能力，拔节后抗旱能力减弱，尤其在性器官形成期受干旱损伤最重，减产最大。李耕（2009）试验表明，玉米 3 叶期、拔节期和雌穗小花分化期淹水 3 d，单株产量分别降低 13.2%、16.2% 和27.9%，开花期和乳熟初期淹水 3 d 对产量没有实质性影响。玉米在湿涝条件下，根系生长受抑制，平均根长、总根量、根重、根层深度与土壤含水量均呈现显著的负相关。研究提出，玉米全生育期耗水 200~300 m³/亩，一般随产量水平提高用水量相应增加，如果供水不足，则引起相应减产，而各生育期缺水程度不同，对产量的影响程度也不同。一般认为，花期即抽雄至灌浆始期 15~20 d 是需水的关键时期。玉米籽粒灌浆期土壤缺水，灌浆初期时籽粒和产量有很大降低，后期缺水主要是降低了粒重，粒重的降低主要是由于缩短了线性籽粒灌浆期，而不是降低了线性籽粒灌浆速率。干旱对玉米发育后半期的影响大于生育前半期，干旱使经济器官严重损伤，使玉米的空秆率增高，穗长、穗粒数、千粒重减量及经济系数降低。在苗期与成熟期玉米用水量为每天 1~2 mm，以吐丝期至籽粒形成期用水量最大，每天接近 8 mm。

研究表明，吐丝期干旱胁迫 15 d 后，不同抗旱性玉米品种不同程度减产，抗旱品种郑单 958（ZD958）和不抗旱品种陕单 902（SD902）籽粒产量分别比对照降低 39.1% 和44.8%；且干旱胁迫下籽粒产量郑单 958 比陕单 902 高 14.74%。干旱显著增加了 2 个干物质转运量、转运率和花前营养器官储藏同化物对籽粒的贡献率（表 7-2）。与对照相比，干旱胁迫下郑单 958 和陕单 902 干物质转运量、转运率和花前营养器官储藏同化物对籽粒产量的贡献率分别比对照提高了 53.2%、85.8%、151.4% 和 30.7%、55.7%、137.3%，且郑单 958 增加幅度高于陕单 902。说明干旱胁迫下郑单 958 具有较大的花前营养器官储藏同化物对籽粒的贡献率是其抗旱增产的物质基础。

表7-2 干旱胁迫对不同玉米品种干物质转运量、转运率对籽粒贡献率和籽粒产量的影响

品种	处理	干物质转运量 （kg/hm²）	干物质转运率 （%）	花前储藏同化物对 籽粒贡献率（%）	籽粒产量 （kg/hm²）
郑单958	正常灌水	1 332a	20.31a	20.39a	6 534.1a
	干旱胁迫	2 040b	37.74b	51.26b	3 979.5b
陕单902	正常灌水	1 248a	19.64a	19.83a	6 292.6a
	干旱胁迫	1 632b	30.59b	47.06b	3 468.3b
F值		151.01*	2.98*	ns	5.71*

注：* 表示达到 $P<0.05$ 差异显著，ns 表示未达到显著差异。

干旱胁迫 10 d 后，2 个品种叶片净光合速率（Pn）均较对照显著下降，至干旱胁迫 15 d，郑单 958 的 Pn 降低幅度明显小于陕单 902，且 2 个品种减低幅度分别为 55.6% 和 68.1%。说明郑单 958 能保持较高的光合速率。2 个品种气孔导度变化与 Pn 变化趋势相似（图 7-1B），在干旱胁迫处理期整体呈下降趋势，干旱处理显著降低了 Pn，至干旱胁迫 15 d，Pn 值郑单 958 和陕单 902 分别降低 64.3% 和 77.1%，且陕单 902 的 Pn 下降幅

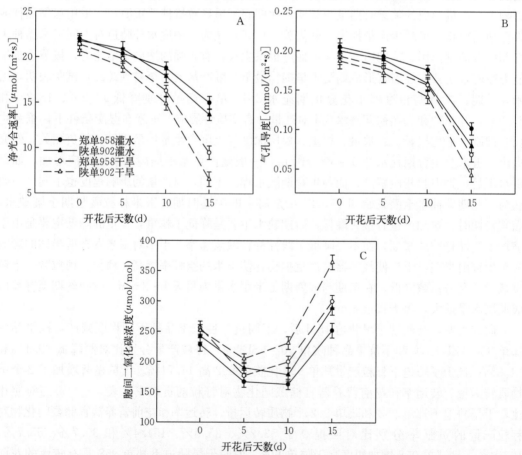

图 7-1 干旱胁迫对不同玉米花后光合速率、气孔导度和胞间二氧化碳浓度的影响

度较大，说明郑单 958 气孔导度值高有利于 CO_2 进入进行光合作用。而胞间 CO_2 浓度（C_i）与 Pn 变化趋势相反（图 7-1C），在干旱胁迫下 2 个品种 C_i 呈先下降后增加趋势，且干旱处理高于对照；干旱胁迫显著增加 Pn，至干旱胁迫 15 d，郑单 958 和陕单 902 的 Pn 分别增加 10.5% 和 19.4%，此时，郑单 958 受到非气孔限制的影响程度小于陕单 902。

最大光化学效率（F_v/F_m）反应 PSⅡ 原初最大光能利用效率。随着干旱胁迫程度增加，2 个品种叶片 F_v/F_m 值呈下降趋势，至干旱胁迫 15 d，郑单 958 的 F_v/F_m 值大于陕单 902，且下降幅度小（图 7-2），表明郑单 958 具有较高的最大光化学效率。实际量子产额（$\Phi_{PSⅡ}$）反应实际光化学效率。2 个品种 $\Phi_{PSⅡ}$ 在干旱胁迫和正常灌水处理呈下降趋势，郑单 958 和陕单 902 的 $\Phi_{PSⅡ}$ 值下降幅度分别为 37.2% 和 43.3%，且郑单 958 的 $\Phi_{PSⅡ}$ 值大于陕单 902。

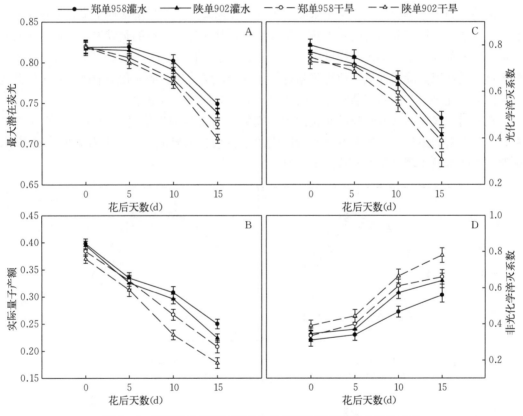

图 7-2　干旱胁迫对不同玉米品种花后叶绿素荧光参数的影响

光化学猝灭系数（q_P）表示光化学反应，q_P 变化趋势与 $\Phi_{PSⅡ}$ 基本一致；而非光化学猝灭系数（q_N）与 q_P 变化趋势相反，呈总体上升趋势。2 个品种的 q_N 值陕单 902 大于郑单 958。处理间 q_N 值表现为干旱胁迫大于对照，至干旱胁迫 15 d，q_N 值 ZD958 和 SD902 增加幅度分别为 80.1% 和 84.9%。表明干旱胁迫下郑单 958 过剩的光能以热耗散较少，光能转化效率高。

超氧化歧化酶（SOD）、过氧化物酶（POD）和过氧化氢酶（CAT）是植株体内防御活性氧伤害的重要保护酶，可清除植物体内具有潜在危害的 O_2^- 和 H_2O_2。宋风斌（1995）

研究表明，水分胁迫引起叶绿素和蛋白质的迅速下降和脯氨酸含量水平的增加；过氧化氢酶（CAT）活性开始随胁迫时间而增强，而后下降；SOD活性迅速增强。沈秀瑛（1994）认为，SOD、CAT活性随干旱加重而呈下降趋势，酸性磷酸酯酶活性随干旱加重而增强。葛体达（2005）认为，水分胁迫下膜质过氧化作用增强是造成细胞内膜系统紊乱和伤害的原因，而超微结构的破坏造成光合作用降低是导致玉米减产的生理因素。晏斌（1995）认为，玉米叶片的涝渍伤害可能是由于SOD活性被抑制，导致超氧阴离子过剩而引起的。研究表明，干旱胁迫导致SOD、POD和CAT酶活性呈上升后下降趋势（图7-3），说明干旱初期可以诱导玉米叶片的SOD、POD和CAT酶活性升高，减缓过活性氧对植株的伤害。至干旱胁迫15 d，2个品种的SOD、POD和CAT酶活性显著下降，但郑单958的SOD、POD和CAT酶活性高于陕单902；说明干旱胁迫下郑单958能够保持较高的清除活性氧的能力。干旱胁迫下2个玉米品种的光合作用降低、保护酶活性下降，加速了叶片衰老，增加了花前营养器官同化物转运量（率）及其对籽粒产量的贡献率，最终减少籽粒产量。但郑单958受干旱影响程度小于陕单902，与陕单902比，郑单958具有高活性的抗氧化酶活性以清除活性氧，使得膜脂过氧化度轻，维持较高的光化学效率，延长叶片光合功能期，促进了花前营养器官储藏同化物转运量对籽粒的贡献率。

众多研究表明，玉米吐丝灌浆关键生育期的土壤水分临界值是田间持水量的50%左右，70%左右为最佳；45%左右是产量形成的土壤水分临界值，80%左右为最佳临界值。土壤干旱缺水及土壤过湿均导致玉米减产。

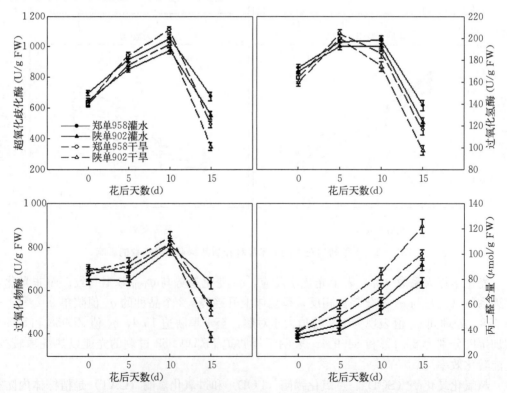

图7-3 干旱胁迫对不同玉米品种花后叶片SOD、POD、CAT活性和丙二醛含量的影响

第二节　产量效率提升对干旱逆境因子的适应

干旱促进叶片衰老、抑制光合作用和减少干物质积累与转运，从而使玉米产量降低。光合作用是玉米生长发育中最基本的代谢过程，也是产量和品质形成的基础。干旱对玉米最直接的影响就是光合能力下降。干旱阻碍 CO_2 进入叶片并降低光合速率，首要表现为气孔关闭，抑制 CO_2 同化量的吸收，促使光系统 II 的活性和卡尔文循环电子需求间的不平衡，超出光合机构吸收的光能所利用的范围，就会产生叶片光合机构的光抑制。玉米植株也可以通过光能捕获减少、非光化学耗散、抗氧化酶、叶黄素循环反应等途径，阻止体内活性氧代谢失调破坏对生物膜结构的破坏以适应干旱环境。但干旱胁迫对玉米光合生理特性，即光合作用系统中电子传递速率之间的协调性研究较少。因此，通过不同干旱胁迫及复水后光合电子传递系统电子传递方面研究，可阐明玉米品种适应干旱环境的光合生理机制，以期为玉米抗旱育种及节水栽培提供依据。

一、干旱及复水处理对玉米叶片快速叶绿素荧光变化的影响

为了更清晰地比较干旱胁迫对不同品种玉米叶绿素荧光动力学曲线的影响，将其进行标准化。干旱胁迫下陕单 609 和陕单 902 叶片叶绿素荧光诱导曲线均出现典型的快速叶绿素荧光动力学曲线（OJIP）各相（图 7-4）。与对照相比，干旱胁迫使陕单 902 叶绿素荧光动力学曲线中的 J 相、I 相升高，其中 J 相的升高达到显著水平，而干旱胁迫对陕单 609 叶绿素荧光动力学曲线影响较小；复水后陕单 609 叶绿素荧光动力学曲线各相逐渐恢复到对照水平，而陕单 902 叶绿素荧光动力学曲线 J 相依然保持较高水平。说明在干旱胁迫下，陕单 902 比陕单 609 光系统 II 受到的损害大，复水后陕单 609 比陕单 902 的恢复能力强。

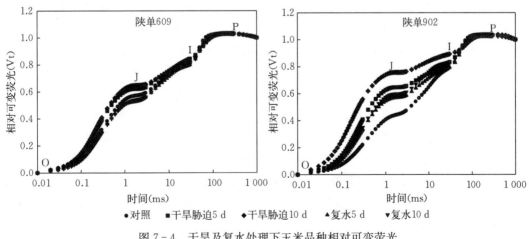

图 7-4　干旱及复水处理下玉米品种相对可变荧光

将 O 点与 K 点和 J 点间的相对可变荧光进行标准化，通过比较相对可变荧光的差值（ΔV）（图 7-5）发现，在干旱胁迫下 2 个品种的叶绿素荧光产量均在 300 μs 时出现了显著的正向峰值，即 K 带（K-band）。干旱胁迫 5 d 和 10 d，陕单 902 在 300 μs 时的叶绿素荧光产量比陕单 609 的高，且在干旱胁迫 10 d 时达到显著。表明陕单 902 光系统 II 能量连通性及放氧复合体（OEC）的稳定性较差，PS II 供体侧受到了更严重伤害。复水过程中，陕单 609 恢复较快，最终恢复到对照水平；而陕单 902 最终未恢复到对照水平，仍保持较高的叶绿素荧光产量，表明陕单 902 恢复能力弱。

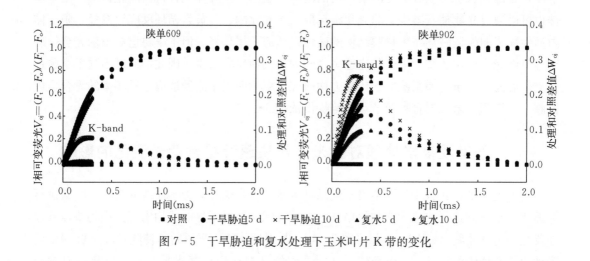

图 7-5 干旱胁迫和复水处理下玉米叶片 K 带的变化

二、干旱及复水处理对玉米叶片 PS II 特性及电子传递的影响

随着干旱胁迫加剧，电子传递的量子产额（φE_o）逐渐下降，干旱胁迫 5 d 和 10 d 陕单 609 和陕单 902 的 φE_o 分别较对照降低 23.1%、31.9% 和 34.7%、55.8%，复水后陕单 609 的 φE_o 有了明显的回升，接近于对照水平，而陕单 902 的 φE_o 仍处于较低水平，较对照下降 20.6%。PS I 末端受体还原的量子产额（φ_{Ro}）下降分别为 25.8%、37.4% 和 42.7%、64.6%，复水后陕单 609 的 φ_{Ro} 恢复到接近对照水平，陕单 902 仍较对照下降 29.3%。电子传递给 PS I 受体侧的概率（δ_{Ro}）下降分别为 3.4%、8.1% 和 12.3%、19.9%，复水后陕单 609 的 δ_{Ro} 恢复到对照水平，陕单 902 仍较对照下降 10.9%。PS II 最大光化学效率（φ_{Po}）和性能指数 PI_{abs} 同样呈现出下降趋势，干旱胁迫 5 d 和 10 d 陕单 609 和陕单 902 的 φ_{Po} 分别较对照降低 5.8%、8.8% 和 9.4%、17.6%，复水后陕单 609 的 φ_{Po} 迅速恢复到对照水平，而陕单 902 未能恢复到对照水平，仍较对照下降 4.2%；与对照相比，干旱胁迫 5 d 和 10 d 陕单 609 和陕单 902 的 PI_{abs} 分别下降 33.6%、47.4% 和 64.6%、84.4%（图 7-6），复水后 2 个品种的 PI_{abs} 均出现不同程度的回升，陕单 609 的恢复程度显著高于陕单 902。

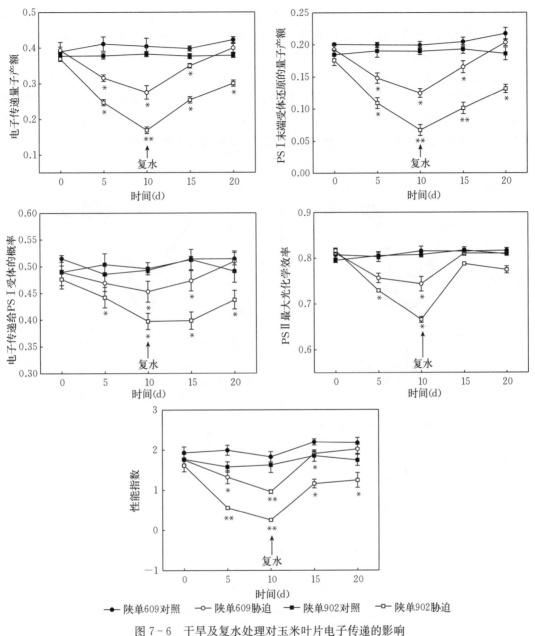

图 7-6 干旱及复水处理对玉米叶片电子传递的影响

注：＊、＊＊表示差异显著、极显著。

三、干旱胁迫和复水处理对玉米叶片 PS Ⅰ 特性的影响

随干旱胁迫的加剧，2 个品种的 820 nm 光放射曲线（MR/MR。）曲线均发生显著的变化（图 7-7）。与对照相比，干旱胁迫下最低点逐渐升高，10 d 时变化最为显著。陕单 609 的 MR/MR。曲线的变化幅度较陕单 902 小；复水后，陕单 609 的 MR/MR。曲线逐渐

恢复到对照水平，陕单 902 MR/MR。曲线最低点未能恢复到对照水平。PS I 的活性（$\Delta I/I_o$）均随着干旱胁迫的加剧而下降。与对照相比，干旱胁迫 5 d 和 10 d 陕单 609 和陕单 902 的 $\Delta I/I_o$ 分别下降 21.3%、29.4% 和 42.3%、49.9%；复水后陕单 609 的 $\Delta I/I_o$ 快速恢复到对照水平，而陕单 902 的 $\Delta I/I_o$ 恢复程度较小，仍较对照下降 24.2%。而且光合性能指数（PI_{total}）同样呈现出下降趋势，与对照相比，干旱胁迫 5 d 和 10 d 陕单 609 和陕单 902 的 PI_{total} 分别下降 37.9%、55.2% 和 72.4%、89.6%。复水后 2 个品种的 PI_{total} 均出现不同程度的回升，陕单 609 的恢复程度显著高于陕单 902。

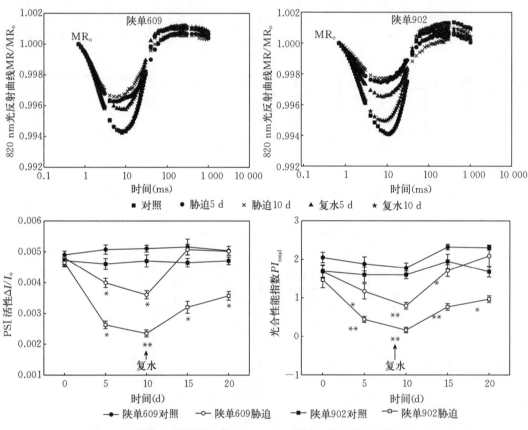

图 7 - 7　干旱及复水处理对玉米品种 820 nm 光反射曲线及光系统 I 活性的影响

四、干旱和复水对玉米品种 PS II 和 PS I 能量分配的影响

干旱对 PS II 的能量分配及利用效率造成了显著影响（图 7 - 8）。结果表明，干旱引起 PS II 有效光化学量子产量［Y（II）］的降低；陕单 609 的变化程度较陕单 902 小。相反，PS II 调节性能量耗散量子产量［Y（NPQ）］与非调节性能量耗散量子产量［Y（NO）］在干旱下呈上升趋势；并均于胁迫后第 10 天达最高显著水平。而陕单 609 的 Y（NPQ）变化程度较陕单 902 大，Y（NO）较陕单 902 小。复水处理后，Y（II）逐渐上升，Y

（NPQ）和 Y（NO）逐渐下降，且陕单 609 的恢复程度明显高于陕单 902。

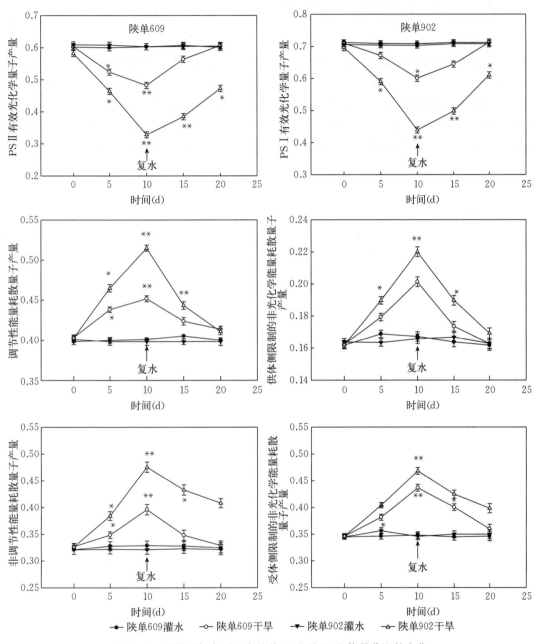

图 7-8　干旱及复水下玉米品种 PSⅡ及 PSⅠ能量分配的变化

2 个玉米品种的 PSⅠ氧化还原状态对干旱及复水的响应存在差异。干旱引起 SD902 叶片 PSⅠ受体侧限制的非光化学能量耗散量子［Y（NA）］上升，PSⅠ有效光化学量子产量［Y（Ⅰ）］的显著下降，而 PSⅠ供体侧限制的非光化学能量耗散量子［Y（ND）］没有显著变化。干旱使得陕单 609Y（NA）显著降低，Y（ND）显著上升，而 Y（Ⅰ）

保持较高水平。复水后，陕单 609 叶片的 Y（NA）、Y（ND）快速恢复，而陕单 902 中 Y（NA）、Y（Ⅰ）依然较对照有显著差异。

综上所述，玉米品种通过调控植株叶片光系统协调性适应干旱环境。抗旱品种陕单 609 在干旱及复水下能较好地协调 PSⅡ和 PSⅠ间的电子传递变化，保持较高 PSⅡ、PSⅠ的活性，从而维持光合系统结构与功能的整体性。这种自我保护机制维持了光合系统的稳定性，是其适应干旱环境的生理原因。同时干旱胁迫下，环式电子传递对玉米 PSⅡ、PSⅠ起着重要的保护作用，是主要的光保护防御机制。不同抗旱性品种间响应不同，抗旱强品种陕单 609 中热耗散的响应保护了叶片 PSⅡ和 PSⅠ免遭光抑制的损伤；而抗旱差陕单 902 中没有起到显著的保护作用，造成了 PSⅡ和 PSⅠ不可逆的光抑制。

第八章

东北春玉米产量与效率差异的同化物运转机制

第一节 不同类型玉米品种源库特征及运转效率

一、氮肥对不同基因型品种库容及碳氮代谢的影响

基于基因型和氮肥因素相互作用优化了 XY335 的维管束结构，从而使 N300（施纯氮 300 kg/hm²）的条件下其物质运转效率比 ZD958 高 11.3%。反过来，高物质运转效率增加了籽粒灌浆速率和碳、氮向籽粒的运输此外，在氮肥处理中调节碳氮比提供了更多的同化物，以促进小花发育并增加最终籽粒数并提高籽粒产量。在一定程度上，这些发现可为玉米育种和栽培提供信息，以便获得更高的籽粒产量，特别是更高的灌浆率、库容和物质在籽粒中的分配。此外，未来的研究还应侧重于优化玉米穗柄和穗轴茎节中的维管束系统，以提高籽粒产量。

1. 氮肥对不同基因型玉米产量及库容特性的影响 两品种相比较，增加施氮量后显著增加了穗粒数及千粒重，导致产量平均增加 27.0%，库容平均增加 33.2%，库容填充百分比平均减少 8.6%。有趣的是，与 ZD958 相比，XY335 的千粒重较低（平均 8.0%），但穗粒数较高（平均 10.8%），这导致在 N300 处理中 XY335 库容和产量分别比 ZD958 高 7.6% 和 6.9%，在 N0 和 N150 处理中，两品种间库容量没有显著差异（表 8 - 1）。

表 8 - 1 不同玉米品种产量及库容特性对氮肥的响应

品种	氮水平 (kg/hm²)	穗粒数 (粒)	千粒重 (g)	产量 (t/hm²)	库容 (g/m²)	库容百分比 (%)
	N0	320.67c	229.32f	4.78e	496.32 d	65.13b
XY335	N150	476.00b	284.07 d	8.55c	912.94c	63.34b
	N300	535.33a	327.57b	10.38a	1 183.85a	59.29b
	N0	261.33 d	272.74e	5.49 d	481.03 d	77.02a
ZD958	N150	458.67b	297.28c	8.70c	920.27c	63.9b
	N300	480.00b	340.18a	9.59b	1 102.52b	58.69b

注：同列同一品种不同小写字母表示在 0.05 水平上差异显著。

2. 氮肥对不同基因型品种籽粒灌浆特性的影响　　玉米授粉后，两个品种百粒重的变化似乎都经历了 3 个阶段的增加变化，从逐渐增加到快速增加到轻微增加。最初，当重量逐渐增加时，品种之间没有明显差异。然后授粉后 25 d 左右 XY335 的百粒重比 ZD958 增加迅速。相应地，XY335 比 ZD958 更快地达到最大灌浆速率。但最终粒重表现为 XY335 小于 ZD958。

一般而言，增加施氮量可提高 2 个玉米品种到达最大灌浆速率的时间，最大灌浆速率和平均灌浆速率，尤其是 N300。此外，与 XY335 相比，ZD958 的到达最大灌浆速率时间的数值更高，而在 3 种氮肥条件下，从 ZD958 获得的最大灌浆速率和平均灌浆速率相比 XY335 平均低 3.3% 和 3.3%。但 XY335 在 N0（不施纯氮）、N150（施纯氮 150 kg/hm²）和 N300 水平上的有效灌浆期平均分别比 ZD958 缩短 7.2%、9.0% 和 13.2%（表 8-2）。

表 8-2　不同玉米品种籽粒灌浆参数对氮肥的响应

品种	氮水平	到达最大灌浆速率的天数（d）	最大灌浆速率 [mg/(粒·d)]	有效灌浆期 (d)	平均灌浆速率 [mg/(粒·d)]
	N0	31.25b	9.53d	40.92c	3.18d
XY335	N150	23.43e	10.56b	40.66c	3.52b
	N300	22.45f	11.08a	43.72b	3.69a
	N0	32.66a	9.51d	44.09b	3.17d
ZD958	N150	24.65d	10.20c	44.67b	3.39c
	N300	25.09c	10.40bc	50.36a	3.47bc

注：同列同一品种不同小写字母表示在 0.05 水平上差异显著。

3. 氮肥对不同基因型品种碳氮含量及酶活性的影响　　在两个生长阶段，玉米茎的碳氮比随着施氮量的增加而逐渐降低。此外，在施氮处理中 ZD958 茎中的氮含量明显高于 XY335 茎中的氮含量，从而导致 XY335 的茎中的碳氮比比 ZD958 的大。值得注意的是，在两施氮的处理中，XY335 叶片的碳和氮含量显著高于 ZD958。在 N0、N150 和 N300 处理中，XY335 籽粒的碳和氮含量分别比 ZD958 籽粒高 9.9%～32.3% 和 13.6%～47.5%，表明两不同基因型品种物质从源到库得转运存在差异（图 8-1）。

一般来说，蔗糖合成酶和蔗糖磷酸合成酶的活性以及穗叶的蔗糖含量在玉米开花后第 20 d 左右达到峰值。两种酶的活性水平随着氮输入的增加而逐渐上升（图 8-2）。对于蔗糖合成酶活性，在 N0、N150 和 N300 处理中，XY335 分别 ZD95 高 16.1%、10.3% 和 15.2%。相反，3 个氮水平下，在 XY335 中观察到的蔗糖磷酸合成酶活性 ZD958 中低 13.0%、10.4% 和 12.0%。XY335 叶片中的蔗糖含量也比 ZD958 低 5.3%、15.9% 和 14.4%，分别对应于 3 个不同氮水平。

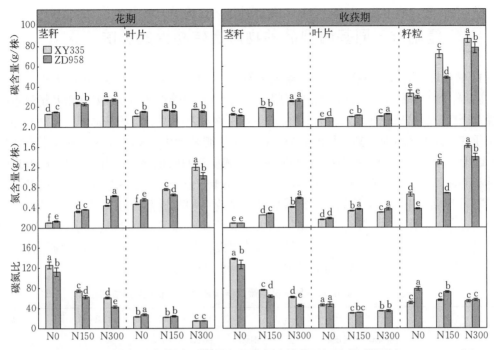

图 8-1 不同玉米品种碳氮含量及碳氮比对氮肥水平的响应

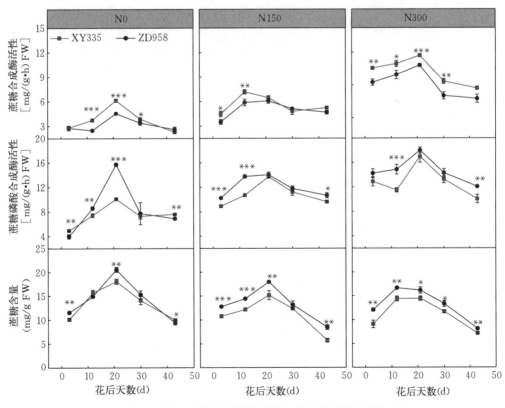

图 8-2 不同玉米品种蔗糖及蔗糖合成酶对氮肥水平的响应

二、氮肥对不同基因型品种物质运转特性的影响

1. 氮肥对不同基因型品种维管束结构的影响 总的来说，无论维管束的大小还是维管束的面积、数量和密度都受到施氮的显著影响。此外，维管束的面积和数量以及维管束的密度受基因型影响更显著（表8-3）。增加施氮水平两种基因型品种的基部茎、穗柄和穗轴节的木质部和韧皮部均观察到增加的趋势。在每个氮肥处理中，XY335的小维管束总面积比ZD958大，特别是在穗柄中，这是因为其较大的韧皮部的面积导致。由于在N300处理中基部茎和穗轴节中木质部或韧皮部的面积较大，从小维管束的面积也观察到了类似的结果。

与维管束面积的结果相似，大维管束和小维管束的数量都因施氮量增加而显著增加。此外，在N300处理中，XY335的穗柄和穗轴组织中小维管束的数量分别比ZD958的平均值高10.6%和12.0%（表8-3）。结合维管束面积和数量的结果，无论供应何种水平的氮，XY335在每个组织中都明显产生比ZD958更高的维管束密度。

表8-3 不同玉米品种籽粒维管束结构及个数对氮肥梯度的响应

部位	品种	氮水平	大维管束面积（mm²）			小维管束面积（mm²）			维管束条数（条）		维管束密度
			木质部	韧皮部	总	木质部	韧皮部	总	大	小	（条/mm²）
基部茎节	XY335	N0	3.76d	0.75e	8.34d	2.30cd	0.41d	17.42c	115.39d	574.76c	2.85a
		N150	6.27b	1.61c	13.16b	3.81b	0.83c	20.38b	187.23b	665.96bc	3.10a
		N300	10.19a	3.65a	27.99a	4.70a	1.49a	28.55a	289.70a	758.92a	2.87a
	ZD958	N0	4.95c	1.09d	10.56c	2.03e	0.26e	13.86d	141.49c	450.40d	2.46b
		N150	6.20b	1.43c	14.30b	3.00c	0.71c	16.53c	184.74b	562.53c	2.47b
		N300	10.27a	3.30b	27.73a	4.26b	1.23b	27.52b	280.93a	756.35a	2.49b
穗柄节	XY335	N0	2.24c	1.16c	6.18c	1.31d	0.39e	5.19d	111.91d	230.14d	3.86b
		N150	3.84b	2.07bc	12.36b	2.20c	0.74c	9.33c	144.93b	350.41c	4.82a
		N300	9.23a	4.91a	22.92a	3.71a	1.64a	14.54a	224.62a	456.72a	4.72a
	ZD958	N0	2.30bc	1.24c	6.74c	1.28d	0.31f	4.39d	116.45bc	224.69d	2.77d
		N150	3.32bc	1.77c	11.57b	2.15c	0.66d	8.81c	131.06bc	343.1c	3.23bc
		N300	8.72a	4.74a	22.1a	3.11b	1.21b	12.26b	219.26a	408.49b	3.51bc
穗位节	XY335	N0	0.97c	0.49c	5.20d	0.65d	0.09d	1.94e	57.47c	90.99c	0.64b
		N150	1.79b	1.39b	6.32bc	1.47c	0.29c	4.92c	63.82bc	145.62ab	0.71a
		N300	3.02a	1.87a	8.75a	2.74a	0.49a	7.03a	80.78a	158.63a	0.75a
	ZD958	N0	1.09c	0.47c	5.42cd	0.69d	0.07d	1.74e	58.02c	93.86c	0.58c
		N150	1.99b	1.46b	7.10b	1.37c	0.26c	4.19d	72.24ab	138.36b	0.62bc
		N300	3.14a	1.84a	8.92a	2.11b	0.38b	6.19b	82.64a	139.56b	0.61bc
方差分析	氮肥		***	***	***	***	***	***	***	***	***
	基因型		ns	ns	ns	***	**	**	ns	**	***
	氮肥×基因型		ns	ns	ns	ns	*	ns	ns	ns	ns

注：***表示 P<0.001差异显著。ns表示未达到显著差异。

2. 氮肥对不同基因型品种物质运转特性 3 个氮水平上，XY335 的根系伤流量比 ZD958 高 9.8%～13.8%。物质运转效率与根系伤流量的反应相似，相对于未施氮的处理，施氮处理显示出更高的物质运转效率。此外，在 N150 和 N300 处理下，XY335 的物质运转效率值高于 ZD958，分别高出 5.7%和 11.3%（图 8-3）。

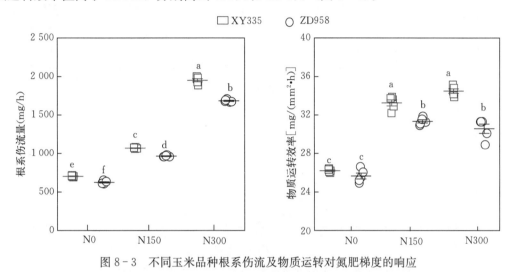

图 8-3 不同玉米品种根系伤流及物质运转对氮肥梯度的响应

第二节 氮肥对春玉米籽粒灌浆及物质运转的影响

一、氮肥对春玉米籽粒灌浆及物质分配的影响

氮素施用显著提高了玉米的根系伤流和物质转运效率（MTE），这表明氮素显著增加^{13}C光合产物在籽粒中的分配比例和花后干物质增长量。此外，施氮使 67 500 株/hm² 和 90 000 株/hm² 条件下的籽粒平均灌浆率（G_{mean}）分别提高了 30.0%和 36.1%，籽粒灌浆速率的增加导致了灌浆期的籽粒库容得到明显提高。氮肥施用优化了穗粒系统的维管束结构，提高了物质运转效率，最终提高了籽粒灌浆速率和籽粒产量。

1. 籽粒灌浆参数 根据灌浆参数，利用 logistic 方程模拟了玉米的灌浆过程（图 8-4）。氮输入显著增加了百粒重（库容）：在籽粒灌浆第一阶段（定义了籽粒大小），籽粒重量增加了 42.7%～46.3%，与 N0 相比，施氮量使籽粒灌浆第一阶段的完成时间提前 3～7 d。与 ND 相比，HD 达到了最高的籽粒灌浆速率的时间延迟了 1～5 d。

2. 干物质积累及分配特性 种植密度和氮水平均对玉米的花期（R1），灌浆期（R3）和成熟期（R6）的总干物质（DM）的显著影响，氮肥及氮密互作均显著影响物质积累及物质转运。随着氮肥施用量的增加，总 DM 显著增加（$P < 0.05$），尤其是在 HD 条件下，R1 增加了 33.0%，R3 增加了 59.0%，R6 增加了 87.1%。类似地，与 N0 相比，N 量使花后干物质积累显著增加，即从 R1 到 R3 的 DM 累积增加 218.1%，从 R3 到 R6 的 DM 累积增加 161.4%，以及 170.3% 从 R1 到 R6。然而，施氮使营养器官的干物质转运（DMTE）

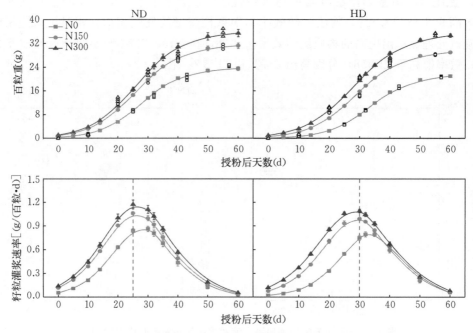

图 8-4　春玉米籽粒灌浆速率及百粒重对氮肥及密度的响应

注：参考线代表达到籽粒灌浆高峰的时间。ND 和 HD 代表密度为 67 500 株/hm² 和 90 000 株/hm²；N0、N150 和 N300 表示施氮量分别为 0 kg/hm²、150 kg/hm² 和 300 kg/hm² 水平。

从 R1 到 R3 和从 R3 到 R6 的干物质转运效率分别降低了 45.1％和 56.7％（图 8-5）。

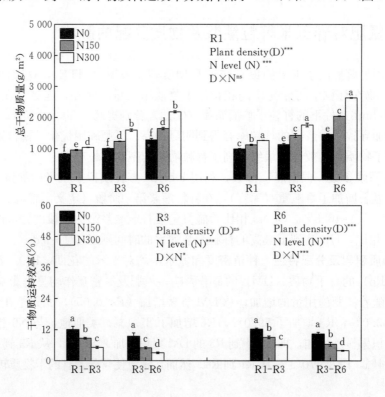

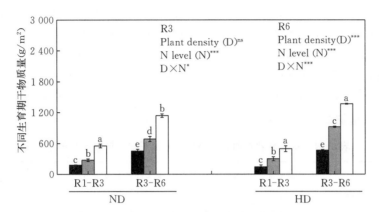

图 8-5 春玉米干物质积累和分配对氮肥及密度的响应

注：ND 和 HD 代表密度为 67 500 株/hm² 和 90 000 株/hm²；N0、N150 和 N300 表示施氮量分别为 0 kg/hm²、150 kg/hm² 和 300 kg/hm²。不同处理间显著性差异为 5%水平。ns 表示无显著差异；*，**和***分别表示 5%，1%和 0.1%的显著差异。

3. ^{13}C 光合产物分配比例 在 ^{13}C 标记 24 h 后，在茎干中 ^{13}C 光合产物的分配最高比例，然后发现其他叶片，鞘，穗轴和穗叶的 ^{13}C 光合产物分布非常低。有趣的是，在 ND 和 HD 条件下，N0 处理在茎中的 ^{13}C 光合产物分布高于 N300 处理。在成熟阶段，HD 条件下 N300 处理的籽粒中 ^{13}C 光合产物分配比例最高分别为 48.3% 和 57.3%。与 N0 相比，N300 处理中的 ^{13}C 光合产物在籽粒中的分配比例增加了 0.7%～10.5%（图 8-6）。

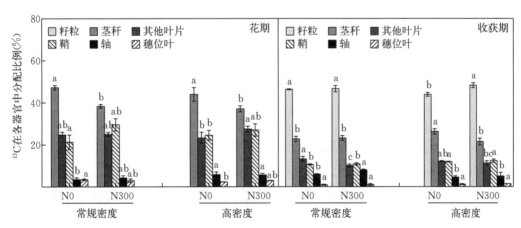

图 8-6 春玉米花期和灌浆期 ^{13}C 光合产物在各器官的分配比例

注：N0、N150 和 N300 表示施氮量分别为 0 kg/hm²、150 kg/hm² 和 300 kg/hm² 水平。不同字母表示差异显著。

二、氮肥对春玉米维管束结构与物质运转效率的影响

1. 维管束结构特性 种植密度和氮肥水平显著影响韧皮部和木质部的维管束，包括维管束的总面积（TAVB）以及大维管束面积（PBVB）和小维管束面积（PSVB）与总维管束的比值（PBVB、PSVB）。基部茎节（0.36）和穗位节（0.45）的 PBVB 平均值均

低于 PSVB（0.64 和 0.55）。然而，在穗轴节间，单个小维管束管束平均面积减少而单个大维管束平均面积增加，导致穗柄（0.45）和穗轴（0.30）的 PBVB 均高于 PSVB（0.55 和 0.70）。氮肥的施用通过增加小维管束的面积，特别是增加穗柄和穗轴节间增加的 PSVB。在穗柄和穗轴中，单个小维管束的平均面积分别增加了 53.4% 和 102.6%。此外，穗柄和穗轴韧皮部小维管束面积分别增加 34.8% 和 35.0%，而在木质部中，穗柄和穗轴小维管束面积只增加 27.4% 和 18.4%。

表 8-4 春玉米灌浆期大、小维管束面积对氮肥和密度的响应

位置	种植密度	处理	大维管束平均面积 (×10⁻³mm²)			小维管束平均面积 (×10⁻³mm²)			TAVB (mm²)	PBVB	PSVB
			总	韧皮部	木质部	总	韧皮部	木质部			
基部茎节	ND	N0	63.1d	7.3c	26.4c	48.8c	2.4b	11.7b	33.7d	0.30c	0.70a
		N150	89.9bc	9.3b	32.3b	62.9a	2.5b	10.3b	49.8b	0.30c	0.70a
		N300	122.6a	13.5a	49.8a	63.8a	3.4a	15.6a	61.9a	0.37b	0.63b
	HD	N0	79.0cd	5.4c	31.0b	47.2c	2.3b	9.7b	33.0d	0.34b	0.66b
		N150	97.3b	6.0c	29.8bc	48.2c	2.6bc	9.4b	41.1c	0.42a	0.58c
		N300	135.4a	13.1a	51.0a	53.0b	2.3b	14.4a	53.5b	0.44a	0.56c
穗位节	ND	N0	59.8c	5.3c	17.4c	40.4b	1.7b	6.9a	20.3d	0.41bc	0.59ab
		N150	77.1b	5.9bc	17.0c	40.8b	2.2a	7.1a	24.2c	0.44bc	0.56ab
		N300	89.0a	8.2a	20.9a	46.3a	2.2a	7.5a	33.0a	0.45b	0.55b
	HD	N0	76.9b	6.1bc	13.2d	37.1c	0.5c	5.3b	16.1e	0.56a	0.44c
		N150	83.0ab	6.5b	19.8ab	42.6b	2.0ab	6.8a	22.4cd	0.44bc	0.56ab
		N300	85.3a	6.9b	18.1bc	46.2a	2.1ab	7.0a	28.5b	0.40c	0.60a
穗柄节	ND	N0	83.3cd	13.7d	23.3d	24.1c	2.2c	4.6c	13.7d	0.58b	0.42c
		N150	77.3d	15.2cd	26.5c	24.2c	2.6bc	4.7c	17.3c	0.49c	0.51b
		N300	109.3a	18.6b	30.0b	45.9a	3.5a	6.8a	32.8a	0.45d	0.55a
	HD	N0	85.7bc	18.2b	22.6d	19.2d	2.1c	4.2c	12.9de	0.68a	0.32d
		N150	92.6b	17.0bc	28.9bc	22.3c	2.4c	4.8c	12.3e	0.59b	0.41c
		N300	113.7a	21.4a	41.7a	39.7b	3.1ab	6.1b	29.8b	0.52c	0.48b
穗轴节	ND	N0	82.8d	12.7c	29.8b	22.3e	2.9c	6.3c	7.6c	0.73a	0.27c
		N150	152.7b	17.3b	41.6b	47.3c	3.5bc	6.8bc	17.b	0.69b	0.31b
		N300	169.6a	19.6a	45.1a	58.6a	4.6ab	8.1a	24.5a	0.65c	0.35a
	HD	N0	121.2c	19.1b	22.7c	21.7e	2.8c	6.2c	8.5c	0.76a	0.24c
		N150	144.5b	18.1b	44.7a	28.1d	3.3bc	7.5ab	9.6c	0.69b	0.31b
		N300	176.7a	23.6a	43.0a	44.7c	4.0b	7.2b	17.9b	0.66bc	0.34ab

注：TAVB，维管束总面积；PBVB，大维管束面积占总维管束面积比例；PSVB，小维管束占总维管束面积比例。ND 和 HD 代表密度为 67 500 株/hm² 和 90 000 株/hm²；N0、N150 和 N300 表示施氮量分别为 0 kg/hm²、150 kg/hm² 和 300 kg/hm² 水平。不同小写字母表示不同处理间显著性差异为 5% 水平。

2. 物质转运特性　种植密度（D）和氮肥水平（N）显著影响根系伤流，氮肥和D×N交互显著影响物质转运效率（MTE）。与N0相比，施氮量显著增加了ND和HD条件下根系伤流和MTE的（$P<0.05$），根系伤流分别增加了93.0%和89.3%，MTE分别增加了16.3%和30.4%。在N300处理中在HD下获得MTE最高值［23.1 mg/(mm² · h)］。与ND相比，HD在N300下使MTE增加了11.6%（图8-7）。

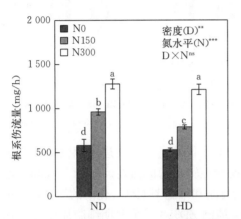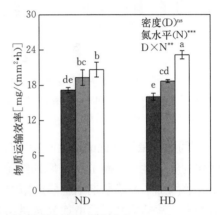

图8-7　春玉米灌浆期伤流及物质运转对氮密互作的响应

注：**、***表示差异达 $P<0.01$、$P<0.001$ 显著，ns 表示未达显著差异。

3. 不同器官蔗糖浓度差与共质体运输途径　蔗糖是叶片光合产物的主要输出形式，蔗糖在叶片中一经合成，便可由蔗糖浓度梯度经由茎秆分配到籽粒和根系中，各器官间的蔗糖浓度差是蔗糖共质体运输的主要动力，且蔗糖的共质体运输是蔗糖转运的主要方式。蔗糖的转运方式还包括消耗能量的质外体运输，通过蔗糖转化酶、蔗糖合成酶及转运蛋白的参与完成蔗糖的跨膜运输，是籽粒及成熟后期蔗糖转运的重要方式，因受能量消耗等一系列因素的限制其转运量并不高，但是却是植株主动调控蔗糖运转的主要方式。研究表明，2种不同的基因型品种其蔗糖浓度差异与共质体运输途径关系发现，籽粒灌浆过程中XY335器官间（茎秆、籽粒）的蔗糖浓度差显著低于ZD958；相较于ZD958，籽粒灌浆后期XY335的共质体运输减弱更加明显，在相似籽粒物质积累量的情况下，XY335灌浆后期的质外体运输比例有可能更高（图8-8）。

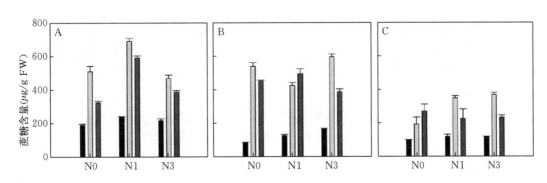

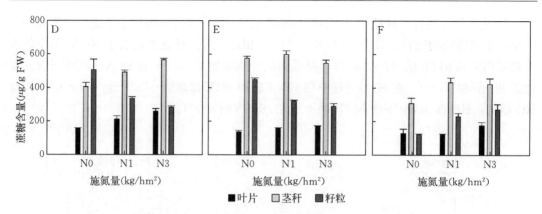

图 8-8　春玉米不同器官蔗糖浓度差与共质体运输途径

注：XY335 不同器官灌浆初期（A）、灌浆中期（B）和灌浆末期（C）蔗糖含量；ZD958 不同器官灌浆初期（D）、灌浆中期（E）和灌浆末期（F）蔗糖含量。N0、N1 和 N3 分别代表氮肥施用量 0 kg/hm²、150 kg/hm² 和 300 kg/hm²。

4. 不同器官蔗糖转化酶活性与蔗糖卸载　氮素供给量显著促进了灌浆前期细胞蔗糖酸性转化酶的活性，抑制了灌浆后期细胞蔗糖酸性转化酶的活性；对于 XY335，增加氮素供给显著增加了灌浆前期细胞质蔗糖中性转化酶和细胞壁蔗糖转化酶的活性，而抑制灌浆中后期转化酶的活性；而增加氮素供给显著抑制 ZD958 灌浆前期细胞质中性转化酶的活性，促进中后期转化酶活性的增加（图 8-9）；灌浆前期和灌浆后期 ZD958 细胞壁蔗糖转化酶对氮素供给量响应不敏感，而灌浆中期则存在显著的抑制作用。不同基因型玉米杂交种蔗糖转化酶活性对氮素供给量的响应存在明显不同。

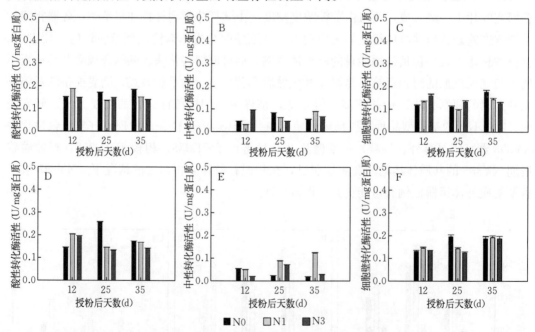

图 8-9　春玉米不同时期蔗糖转化酶活性与蔗糖卸载

注：XY335 和 ZD958 灌浆期酸性转化酶活性（A 和 D）、中性转化酶活性（B 和 E）以及细胞壁转化酶活性（C 和 F）；N0、N1 和 N3 分别代表氮肥施用量 0 kg/hm²、150 kg/hm² 和 300 kg/hm²。

5. 内源激素对蔗糖转运蛋白的调控　对不同基因型品种进行氮梯度处理，研究不同灌浆时期激素含量与转化酶活性的相关关系发现，氮素供给通过影响灌浆中后期（ABA）、灌浆初期和末期（JA）植株器官间的含量，从而影响了转化酶活性（灌浆期籽粒中 ABA 和 JA 与 n-invertase、acid-invertase、SPS、SS、CWI 及蔗糖显著相关性），调控了籽粒对蔗糖的卸载（图 8-10）。

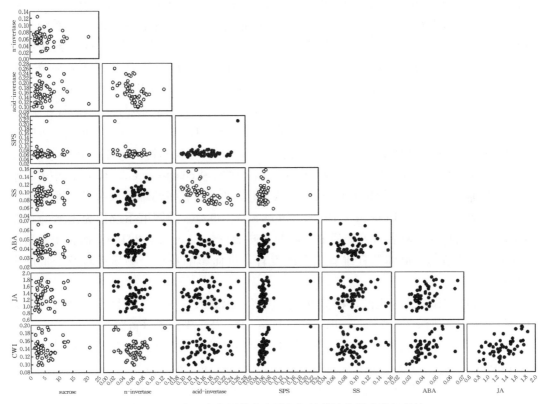

图 8-10　春玉米内源激素含量与籽粒蔗糖代谢酶的相关性

注：n-invertase，中性蔗糖转化酶；acid-invertase，酸性蔗糖转化酶；SPS，磷酸蔗糖合成酶；SS，蔗糖合成酶；ABA，脱落酸；JA，茉莉酸；CWI，细胞壁蔗糖转化酶。

第三节　综合措施对春玉米产量及物质运转特性的调控机制

一、不同栽培模式对春玉米产量及干物质生产的影响

近 20 年玉米产量的提高主要依赖于密度的增加（Tollenaar et al.，2006）。密度增加会造成耕层根系间竞争的加剧，群体冠层结构变差（Liu et al.，2011）。大量研究表明，宽窄行（Wang et al.，2015）、深松（Cai et al.，2014）等栽培技术措施及措施间的互作，均通过优化高密群体冠层结构和耕层结构从而有利于产量的提高（Jin et al.，2012）。

宽窄行可以显著提高灌浆期冠层中下部叶片的光能辐射和净光合速率,延长活跃灌浆期,增加花后物质的生产(Maddonni et al.,2001;Trouwborst et al.,2010;Liu et al.,2011),同时增加根系间的相互作用,增加光合物质向根系的分配,提高根冠比(Maina et al.,2002;O'Brien et al.,2005),而深松可有效改善土壤结构,促进根系的伸长生长,提高灌浆期根系活力及对地上部水分、养分的供应,延长群体冠层下部叶片的功能期,间接优化冠层结构,提高花后物质的积累(Wang et al.,2008;Guan et al.,2014)。

玉米花后物质的运转,即 C、N 的交互代谢通过贯穿于玉米植株的维管束系统实现(Evans T,1928;Arber,1930;M W,et al.,2000)。叶片的光合产物(C)经由维管束韧皮部卸载到籽粒和根系中(Wigoda et al.,2014),籽粒中的 C 几乎全部来源于此(Bolanos,1995;Antonietta et al.,2014);根系吸收的水、N 以及营养器官中转移出来的 N(其比例为 45%~65%;Hirel et al.,2007),通过维管束的木质部运输到籽粒中去,卸载到根系中的 C 同时调控根系对 N 的吸收(Rajcanand,1999)。因此,灌浆期维管束系统的特征通过调节各器官间的 C、N 代谢,影响叶片与籽粒间物质运转的能力,成为花后物质积累的重要影响因素(Monneveux et al.,2005;Echarte et al.,2008)。小麦、水稻上关于茎秆维管束系统的相关研究还发现,灌浆期穗茎节间的维管束数量、面积与穗部性状呈显著正相关(Li et al.,1999;Xu et al.,1998)。维管束系统作为玉米的疏导组织,其结构特征影响着营养物质的吸收及运转效率(Le et al.,2015),而关于栽培模式如何通过调节高密群体茎秆维管束系统发育,进而影响花后干物质运转及产量形成鲜见报道。

本研究以耕作方式为主区,种植方式为裂区二因素裂区设计。主区设定两种耕作方式:传统旋耕(耕深 20~25 cm;Rotary tillage;R)及条带深松(耕深 35~40 cm,Subsoiling tillage;S);每种耕作方式又同时包含两种种植方式:传统的等行距种植(Uniform plant spacing;U)及宽窄行种植(行间距为 40~80 cm;Wide-narrow plant spacing;W);共设置旋耕等行距种植(RU)、旋耕宽窄行种植(RW)、深松等行距种植(SU)和深松宽窄行种植(SW)4 个处理。研究各栽培模式玉米高密植群体籽粒产量形成与花后物质运转效率的关系,确定不同栽培模式群体,花后物质运转与维管束系统特征间的关系,探明优化措施对维管束系统及花后物质生产的调控效应,为东北春玉米密植高产提供有益借鉴。

1. 综合措施对春玉米产量及干物质积累的影响 相比传统旋耕等行距种植(RU)(10.9 t/hm²,表 8-5),深松等行距种植(SU)、旋耕宽窄行种植(RW)、深松宽窄行种植(SW)(平均产量分别为 11.4 t/hm²、11.5 t/hm² 和 12.5 t/hm²)产量显著增加,分别提高 4.1%,5.0% 及 12.5%。产量构成各因素中,SU,RW 和 SW 处理的穗粒数和百粒重显著高于 RU,其中穗粒数分别提高 3.8%,4.3% 及 9.6%,百粒重分别提高 7.6%,8.8%,及 9.5%。玉米群体花后干物质积累的比例不同栽培模式均略微高于 RU(表 8-5)与 RU 比,总生物量分别提高 9.2%,6.6% 和 15.3。同时优化栽培模式花后干物质的积累均显著高于传统栽培模式(RU;11.4% SU,11.7% RW,及 23.8% SW)。

表 8-5　不同栽培模式产量构成、干物质积累及收获指数

处理	产量 (t/hm²)	穗粒数 (穗)	百粒重 (g)	总干物质 (g/株)	花前干物质 (g/株)	花后干物质 (g/株)
RU	10.94c	425.5c	24.65b	228.2b	107.2a	121.0c
SU	11.41b	442.2bc	26.67a	251.3ab	114.8a	136.5b
RW	11.51b	444.7b	27.03a	244.4ab	107.5a	137.0b
SW	12.51a	470.7a	27.25a	269.5a	110.7a	158.82a

注：RU，旋耕等行距种植（传统栽培）；SU，深松等行距种植；RW，旋耕宽窄行种植；SW，深松宽窄行种植。小写字母表示处理间均值差异显著（$P<0.05$）。

2. 不同器官碳氮含量　花前干物质积累量、叶片、茎秆的碳含量（C）、氮（N）含量及优化栽培模式处理间的 C/N（除 RU 茎秆的 C/N 显著高于其他处理以外），均无显著差异（表 8-6），但是相较于 RU 模式，SU，RW 和 SW 栽培模式收获期叶片中的 C、N 含量显著降低，C/N 比除 SW 处理显著低于其他处理外，处理间并没有表现出显著的差异；茎秆中 SW 处理的 C 含量显著高于其他处理，宽窄行种植（RW 和 SW）茎秆中的 N 含量显著高于等行距种植（RU 和 SU），C/N 显著下降（$P<0.05$），降幅分别为 SU（−4%）、RW（−27%）及 SW（−39%；表 8-6）这可能是由于灌浆过程中 SU，RW 和 SW 栽培模式茎秆转出了更多的 C 同时茎秆中全 N 的积累量提高的原因。

表 8-6　春玉米不同器官开花期和收获期 C、N 含量以及 C/N

处理		开花期			收获期		
		C (g/kg)	N (g/kg)	C/N	C (g/kg)	N (g/kg)	C/N
叶片	RU	17.66a	1.16a	15.19a	12.96b	0.57c	22.78a
	SU	18.04a	1.22a	14.86a	17.04a	0.77a	22.12a
	RW	16.45a	1.14a	14.48a	15.24a	0.72ab	21.19ab
	SW	17.17a	1.19a	14.46a	15.46a	0.79a	19.60b
茎秆	RU	29.47a	0.54a	55.11a	27.52ab	0.27b	103.4a
	SU	33.27a	0.65a	50.88b	28.69ab	0.29b	98.96b
	RW	31.52a	0.65a	48.75b	25.97b	0.32ab	80.51c
	SW	32.26a	0.64a	50.85b	31.80a	0.43a	73.67d

注：RU，旋耕等行距种植（传统栽培）；RW，旋耕宽窄行种植；SU，深松等行距种植；SW，深松宽窄行种植。小写字母表示处理间均值差异显著（$P<0.05$）。

二、不同栽培模式下春玉米物质运转特性

1. 茎秆不同节间维管束的数量　相较于传统旋耕等行距种植（RU；CK），优化栽培模式（SU、RW 及 SW）处理的基部节间维管束数量显著提高，但是由于茎秆的横截面积也同时提高，维管束密度（除 SU 处理外）并没有显著提高。而 SU 处理基部节间维管束密度的显著提高主要是由于小维管束数量显著高于其他处理。另外，各处理间穗轴维管束

的数量也没有显著差异。SW 处理穗位节间由于小维管束数量显著提高而优于其他处理。优化栽培模式处理穗柄节间维管束数量，SW（维管束数量 425）、RW（维管束数量 334）、SU（维管束数量 354）显著高于 UR（维管束数量 295），大、小维管束以及维管束密度也表现出相似的显著性差异。优化栽培模式穗轴维管束数量显著高于 UR，其他指标并无显著性差异。改良的栽培模式显著优化了穗柄节间维管束的分化，SU 处理同时显著提高了基部节间的小维管束数量（表 8-7）。

表 8-7　不同栽培模式对春玉米灌浆期（R3）维管束数量及密度的影响

节间	处理	大维管束 （个）	小维管束 （个）	总数 （个）	截面面积 CSA （mm²）	密度 （个/mm²）
基部	RU	234.8bc	298.3b	537.6b	373.9a	1.4b
	SU	250.6b	388.4a	639.0a	386.6a	1.7a
	RW	255.0b	290.0b	545.0b	403.9a	1.3b
	SW	294.4a	334.8ab	628.7ab	407.6a	1.6ab
穗位	RU	153.2a	207.9c	361.1b	169.4b	2.1a
	SU	156.8a	235.8ab	392.6b	170.4b	2.3a
	RW	155.7a	229.3b	385.0b	205.1ab	1.9a
	SW	187.5a	250.4a	437.9a	229.2a	1.9a
穗柄	RU	132.2c	162.6c	294.8c	119.5a	2.5b
	SU	146.4b	208.3b	354.8b	126.0a	2.8ab
	RW	151.0b	182.8bc	333.8b	131.2a	2.5b
	SW	167.8a	256.9a	424.7a	135.7a	3.2a
穗轴	RU	30.96a	73.17a	104.1b	88.34a	1.2a
	SU	33.23a	81.55a	114.8ab	93.76a	1.2a
	RW	33.21a	77.60a	110.8ab	98.09a	1.1a
	SW	33.82a	83.20a	117.0a	102.7a	1.2a

注：RU，旋耕等行距种植（传统栽培）；RW，旋耕宽窄行种植；SU，深松等行距种植；SW，深松宽窄行种植；CSA，截面面积。小写字母表示处理间均值差异显著（$P<0.05$）。

2. 茎秆不同节间维管束的结构　由表 8-8 可知，SW 基部节间小维管束面积显著高于其他栽培模式，其增加主要来自韧皮部面积的显著提高（$P<0.05$）。深松处理（SU，SW）穗位节间大维管束的面积显著高于旋耕处理（RW，RU）。相较 RU，优化栽培模式（SU、RW 及 SW）穗柄节间大、小维管束的面积均有显著提高，其增加也是来自韧皮部，变化规律同穗位节间大维管束，但优化栽培模式各处理间差异未达到显著水平。相较于 RU，穗轴大、小维管束面积显著提高，其中大维管束的提高主要来自木质部的提高，小维管束则来自木质部与韧皮部的协同增加。优化栽培模式（SU、RW 及 SW）对茎秆维管束面积有显著的改良作用，主要表现在基部节间小维管束、穗柄维管束、穗轴小维管束的韧皮部，以及穗位、穗轴大维管束的木质部面积的提高。其中深松处理（SU、SW）韧皮部的提高大于旋耕处理（RW、RU）。

表 8-8　不同栽培模式对灌浆期（R3）维管束面积的影响（×10⁻³ mm²）

节间	处理	大维管束			小维管束		
		总合	木质部	韧皮部	总合	木质部	韧皮部
基部	RU	75.5a	36.9a	9.99a	39.7b	19.7a	3.72c
	SU	78.0a	38.0a	11.8a	42.2b	18.1a	5.33b
	RW	77.5a	35.5a	11.4a	43.6b	22.4a	5.59b
	SW	81.7a	38.7a	11.4a	59.7a	22.3a	7.38a
穗位	RU	50.5b	25.5b	8.21a	40.6b	13.3a	4.27a
	SU	62.0a	24.6b	8.73a	51.6ab	14.2a	5.32a
	RW	51.0b	25.2b	8.39a	47.3ab	14.4a	4.38a
	SW	64.1a	32.6a	8.57a	53.2a	15.0a	4.99a
穗柄	RU	73.6b	32.2a	8.36d	27.7b	9.61a	3.02c
	SU	77.2a	33.8a	12.2b	36.5a	11.4a	4.44a
	RW	76.1a	32.5a	10.5c	32.4a	9.69a	3.25c
	SW	82.6a	34.3a	15.0a	37.1a	10.6a	3.86b
穗轴	RU	98.2b	35.9b	14.8a	22.8b	8.27b	3.61c
	SU	114.5a	40.3a	15.3a	37.1a	10.2ab	4.33b
	RW	103.6a	41.0a	14.8a	30.7ab	10.8a	4.12b
	SW	100.2a	44.8a	15.5a	36.6a	10.2ab	4.84a

注：RU，旋耕等行距种植（传统栽培）；RW，旋耕宽窄行种植；SU，深松等行距种植；SW，深松宽窄行种植。小写字母表示处理间均值差异显著（$P<0.05$）。

3. 物质运转效率及籽粒灌浆　相较于 RU 处理，优化栽培模式（SU、RW 及 SW）维管束面积（VBA）、根系伤流量显著增加，由于截面面积（CSA）处理间无显著差异，所以维管束面积比例也存在同样的显著性差异。优化栽培模式 SW 处理显著高于 SU、RW 和 RU，且 SU 和 RW 间差异不显著。因此，茎秆维管束的物质转运效率 SW 显著高于 SU 和 RU；RW、SU 处理显著高于 RU，物质转运效率较 RU 提高 11% ～ 42%（表 8-9）。

表 8-9　灌浆期（R3）物质运转效率及最大百粒灌浆速率

处理	维管束面积（mm²）	横截面积（mm²）	比例（%）	伤流量（mg/h）	物质运转效率[mg/(mm²·h)]	最大灌浆速率[g/(粒·d)]
RU	29.57c	373.9a	7.91c	560c	18.88c	1.12d
SU	36.43b	386.6a	9.42ab	770b	21.0b	1.24c
RW	32.41b	403.9a	8.02b	760b	23.36ab	1.34b
SW	44.04a	407.6a	10.8a	1 180a	26.74a	1.40a

注：RU，旋耕等行距种植（传统栽培）；RW，旋耕宽窄行种植；SU，深松等行距种植；SW，深松宽窄行种植。小写字母表示处理间均值差异显著（$P<0.05$）。

进一步分析维管束系统与产量形成间的相关关系：花后干物质积累与穗粒数和粒重显著正相关（$R_{KN}=0.856^{**}$、$R_{KW}=0.794^{**}$；图 8-11A），同时茎秆维管束的物质运转效率和最大灌浆速率与花后干物质的积累也存在相同的相关关系（$R_{MT}=0.943^{**}$、$R_{KFR}=0.942^{**}$；图 8-11B）；且穗轴小维管束韧皮部面积与茎秆维管束的运转效率和最大灌浆速率显著正相关（$R_{MT}=0.911^{**}$、$R_{KFR}=0.828^{**}$；图 8-11C），同时柄节间维管束数量也与茎秆维管束的运转效率及最大灌浆速率显著正相关（$R_{MT}=0.899^{**}$、$R_{KFR}=0.79^{**}$；图 8-11D）。

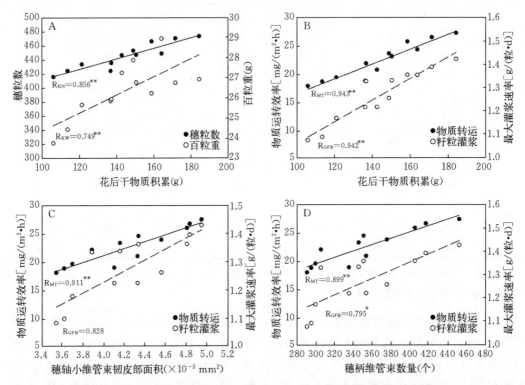

图 8-11 产量构成与花后干物质积累、物质运转效率、籽粒灌浆及穗部维管束系统间的相关关系

注：穗粒数和百粒重与花后干物质积累的相关关系（A），维管束的运转效率和最大灌浆速率与花后干物重的关系（B），维管束的运转效率和最大灌浆速率与穗轴小维管束韧皮部面积（C），维管束的运转效率和最大灌浆速率与穗柄节间维管束数量（D）。R 代表相关系数；图 A 中 R_{KN} 和 R_{KW} 分别代表穗粒数和百粒重与花后干物质积累间的相关系数；图 B、C 和 D 中 R_{MT} 和 R_{GFR} 分别代表物质运转和籽粒灌浆与花后干物质积累、穗轴小维管束韧皮部面积和穗柄维管束数量间的相关系数。** 和 * 分别表示在 0.01 和 0.05 水平上差异显著。

第九章

东北春玉米产量与效率差异的化学调控机制

第一节 化学调控对玉米产量形成及光热水利用效率的影响

一、化学调控对产量形成及籽粒激素含量的影响

探索不同生态区玉米产量潜力及突破技术途径，提高单产和资源利用效率是玉米栽培的重要研究方向。因此，通过调整栽培措施改善高密度下玉米生长发育和光热水利用效率，对提高玉米群体生产力和实现玉米可持续生产有重要意义。氮肥的合理运筹是当前农业生产中作物管理的重点。作为玉米需求量最大的营养元素，适量施氮有利于调控作物生长发育，改善光合性能，实现优质高产。合理的化学调控技术是提高光热资源利用率、实现作物高产的有效途径。研究不同氮肥水平并结合喷施化学调控剂处理，通过比较产量、叶片光合指标、籽粒内源激素含量、籽粒灌浆特性、资源利用效率等变化，研究高密度下化学调控与氮肥对春玉米产量形成及光热水利用效率的调控机制，旨在为玉米高产高效栽培提供理论依据。

1. 化学调控对叶片净光合速率（Pn）及最大光化学效率（F_v/F_m）的影响　由图 9-1 可知，叶片 Pn 和 F_v/F_m 在两年中随玉米的生长发育呈先升高后降低的趋势，均在灌浆初期达到最大值。化学调控处理显著提高了各生育时期叶片 Pn 和 F_v/F_m，与对照相比分别提高 9.41%～14.54% 和 5.12%～9.29%。随着施氮量的增加，Pn 和 F_v/F_m 先升高后降低，表现为 N200＞N300＞N100，其中 Pn 在 N200 下分别比 N100 和 N300 高 21.89%～22.42% 和 7.90%～9.38%，F_v/F_m 在 N200 下分别比 N100 和 N300 高 17.16%～22.83% 和 4.35%～5.48%。在化学调控（Y）和氮肥共同作用下，N200＋Y 处理下的 Pn 和 F_v/F_m 最高。

2. 化学调控对花后玉米籽粒激素含量的影响　籽粒 IAA 和 CTK 含量在灌浆过程中呈先升高后降低的趋势，均于吐丝后 25 d 达到最大值。化学调控处理显著提高了籽粒 IAA 和 CTK 含量，随着施氮量的增加，IAA 和 CTK 含量先升高后降低，在化学调控和氮肥共同作用下，N200＋Y 处理下籽粒 IAA 和 CTK 含量最高。籽粒 GA 含量在灌浆过程中呈降低趋势，化学调控处理显著提高了籽粒 GA 含量，随着施氮量的增加，GA 含量

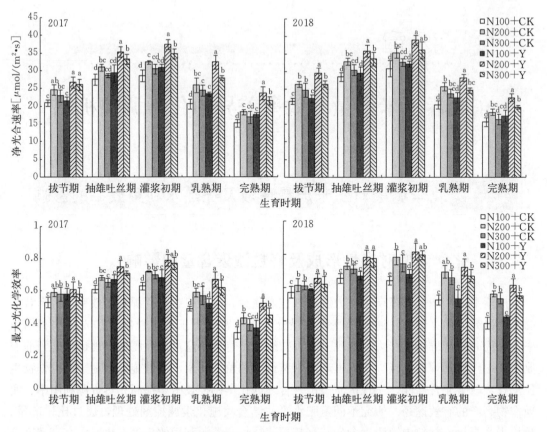

图 9-1 高密度下化学调控对叶片净光合速率及最大光化学效率的影响

先升高后降低，在化学调控和氮肥共同作用下，N200＋Y 处理下籽粒 GA 含量最高。籽粒 ABA 含量在灌浆过程中先升高后降低，在吐丝后 25 d 达到最大值。化学调控处理显著提高了玉米吐丝后籽粒 ABA 含量，不同氮肥处理下，N200 的 ABA 含量最高。在化学调控和氮肥共同作用下，N200＋Y 处理下籽粒 ABA 含量最高（表 9-1）。

表 9-1 高密度下化学调控对花后玉米籽粒激素含量的影响

| 激素 | 处理 | 花后天数（d） | | | | |
		10	15	20	25	30
IAA	N100＋CK	142.64c	147.02c	154.43d	193.22c	185.00c
	N200＋CK	153.97b	156.22bc	165.75b	209.39ab	199.98abc
	N300＋CK	141.95c	148.64c	156.80cd	199.02bc	191.38bc
	N100＋Y	154.87b	163.24ab	162.92bc	218.52a	206.75abc
	N200＋Y	163.56a	171.37a	173.57a	222.88a	216.61a
	N300＋Y	153.92b	161.39ab	165.25b	212.34ab	212.39ab

（续）

激素	处理	花后天数（d）				
		10	15	20	25	30
CTK	N100+CK	98.70d	126.74c	148.21c	232.70d	199.03cd
	N200+CK	110.88bc	131.47bc	160.77b	253.30bc	197.01d
	N300+CK	99.29d	130.84bc	157.11b	252.58bc	184.12e
	N100+Y	106.46c	137.41abc	153.76bc	248.36c	207.09ab
	N200+Y	118.07a	146.08a	169.50a	270.92a	214.34a
	N300+Y	115.66ab	139.65ab	169.05a	259.55b	205.93bc
GA	N100+CK	529.29d	308.50b	251.09d	255.61bc	213.05ab
	N200+CK	557.14bc	316.57ab	288.61b	249.34c	207.33b
	N300+CK	545.45cd	309.09b	270.15c	218.46d	206.88b
	N100+Y	559.18bc	319.16ab	263.55cd	271.77ab	221.45ab
	N200+Y	593.61a	329.67a	314.80a	285.87a	225.66a
	N300+Y	564.68b	320.04ab	297.91b	272.13ab	221.29ab
ABA	N100+CK	213.71d	238.08c	543.79d	730.00d	290.00d
	N200+CK	229.38bc	274.70ab	596.34b	793.68c	280.04e
	N300+CK	220.37cd	267.44b	574.87c	759.92d	305.84c
	N100+Y	238.59b	273.99ab	568.09c	856.15b	333.95b
	N200+Y	278.84a	295.66a	613.45a	903.17a	350.18a
	N300+Y	275.36a	283.21ab	566.83c	815.19c	240.24f

注：不同小写字母表示在0.05水平上差异显著。

3. 高密度下化学调控对籽粒灌浆参数的影响　　以开花后天数为自变量，开花后每隔5 d测得的百粒重为因变量，用 Logistics 方程模拟籽粒灌浆过程。由表9-2可以看出，化学调控减少了籽粒达到最大灌浆速率时的天数（T_{max}），更快地达到最大灌浆速率，并提高了最大灌浆速率（V_{max}）和平均灌浆速率（V_m），而对灌浆活跃期（P）影响不显著。随着施氮量的增加，最大灌浆速率和平均灌浆速率先升高后降低，在 N200 达到最大，达到最大灌浆速率时的天数和灌浆活跃期略有增加。在化学调控和氮肥共同作用下，N200+Y 的籽粒灌浆速率和灌浆活跃期最大且达到最大灌浆速率时的天数最短。

表 9-2　高密度下化学调控对籽粒灌浆参数的影响

处理	方程参数			籽粒灌浆参数			
	A	B	C	T_{max}（d）	V_{max} [g/(100粒·d)]	V_m [g/(100粒·d)]	P（d）
N100+CK	30.61	60.83	0.142 7	28.79	1.092 0	0.501 9	42.05
N200+CK	34.16	53.91	0.136 9	29.13	1.169 1	0.544 9	43.83
N300+CK	34.50	51.45	0.133 5	29.52	1.151 4	0.539 6	44.94

（续）

处理	方程参数			籽粒灌浆参数			
	A	B	C	T_{max} (d)	V_{max} [g/(100 粒·d)]	V_m [g/(100 粒·d)]	P (d)
N100＋Y	32.75	54.24	0.140 5	28.42	1.150 3	0.535 8	42.70
N200＋Y	37.00	42.72	0.133 5	28.12	1.234 9	0.591 6	44.94
N300＋Y	34.64	46.71	0.136 7	28.12	1.183 8	0.561 1	43.89

注：A 为终极生长量；B 为初值参数；C 为生长速率参数；T_{max} 为达到最大灌浆速率的天数；V_{max} 为最大灌浆速率；V_m 为平均灌浆速率；P 为灌浆活跃期。

4. 籽粒灌浆速率与激素含量的相关性分析　利用 Logistic 方程模拟玉米籽粒灌浆过程，结合表 9 - 3 各籽粒灌浆参数，计算出花后不同阶段，玉米籽粒在不同处理下的灌浆速率，与同一时期籽粒内源激素含量进行相关分析（表 9 - 3）。玉米籽粒灌浆速率在花后10 d 到 30 d 与 IAA 含量呈显著正相关，在花后 10 d 到 25 d 与 CTK 含量呈显著正相关，在花后 10 d、15 d 和 25 d 与 ABA 含量呈显著正相关，表明在灌浆前期和中期，其灌浆速率与 IAA、CTK 和 ABA 密切相关，IAA、CTK 和 ABA 的含量越高，其灌浆速率就越快。在花后 15 d，籽粒灌浆速率与 GA 含量呈极显著负相关。

表 9 - 3　籽粒灌浆速率与激素含量的相关性分析

项目	IAA	CTK	GA	ABA
花后 10 d 灌浆速率	0.83*	0.89*	0.12	0.95**
花后 15 d 灌浆速率	0.90*	0.97**	−0.92**	0.91*
花后 20 d 灌浆速率	0.92**	0.90*	0.23	0.68
花后 25 d 灌浆速率	0.88*	0.93**	0.56	0.89*
花后 30 d 灌浆速率	0.81*	0.41	0.16	0.28

注：*、**表示差异显著、极显著。

二、高密度下化学调控对光热水利用效率的影响

随施氮量的增加，2017 年玉米光能利用效率（RUE）逐渐增加，2018 年 RUE 呈先增加后降低趋势。2017—2018 年热量利用效率（HUE）和水分利用效率（WUE）均随施氮量增加而先增加后降低，N200 最大。化学调控显著增加了 2017—2018 年玉米 RUE、HUE 和 WUE，与对照相比分别提高了 2.24%～6.96%、8.675%～10.05%和8.70%～10.02%。在化学调控和氮肥共同作用下，N200＋Y 的玉米 RUE、HUE 和 WUE 最大，光热水利用效率最高（表 9 - 4）。

表 9 - 4　高密度下化学调控对玉米光热水利用效率的影响

处理	光能利用效率（%）		热量利用效率 [kg/(hm²·℃·d)]		水分利用效率 [kg/(hm²·mm)]	
	2017	2018	2017	2018	2017	2018
N100＋CK	2.42bc	2.43d	3.48b	2.95c	20.55c	19.14c
N200＋CK	2.48b	2.57c	3.73ab	3.34ab	22.14abc	21.07bc
N300＋CK	2.68a	2.47d	3.61b	3.05bc	21.44bc	19.33c
N100＋Y	2.40c	2.62bc	3.69b	3.20bc	22.56abc	19.90bc
N200＋Y	2.66a	2.70a	3.99a	3.65a	24.30a	24.03a
N300＋Y	2.69a	2.67ab	3.71ab	3.34ab	23.22ab	22.03ab

注：不同小写字母表示在 0.05 水平上差异显著。

三、高密度下化学调控对产量及其与资源利用效率的关系

在 2017 年和 2018 年不同处理下玉米产量基本一致。随着施氮量的增加，产量先升高后降低，N200 达到最大，化学调控显著提高了各施氮量下的产量。从产量构成因素来看，化学调控和氮肥对穗数影响不大，而对穗粒数和千粒重有显著影响，穗粒数和千粒重均随施氮量的增加而先升高后降低，化学调控显著增加了各施氮量下的穗粒数和千粒重。所有处理中，N200＋Y 处理穗粒数和千粒重最大、产量最高，在 2017 年和 2018 年产量分别达到 12 646 kg/hm² 和 11 704 kg/hm²（表 9 - 5）。

表 9 - 5　高密度下化学调控和氮肥对玉米产量及其构成因素的影响

处理	穗数（穗/hm²）		穗粒数		千粒重（g）		产量（kg/hm²）	
	2017 年	2018 年	2017 年	2018 年	2017 年	2018 年	2017 年	2018 年
N100＋CK	81 078a	80 325a	541c	531c	332b	294c	10 511c	9 840bc
N200＋CK	81 654a	80 793a	568b	550bc	327b	298bc	11 548b	10 430b
N300＋CK	81 782a	78 685b	560b	533c	316c	298bc	11 053bc	9 204c
N100＋Y	81 657a	81 052a	571b	556abc	340ab	306bc	11 427b	9 990bc
N200＋Y	81 683a	81 184a	591a	581a	351a	327a	12 646a	11 704a
N300＋Y	82 150a	81 167a	570b	566ab	339ab	314ab	11 921b	10 732ab

注：不同小写字母表示在 0.05 水平上差异显著。

探讨两年中高密度下化学调控对玉米群体光热水利用效率的调控效应，相关分析结果表明（图 9 - 2），除 2017 年 RUE 与产量相关性不显著外，两年中 RUE、HUE 和 WUE 均与产量呈显著或极显著正相关关系。说明高密度下通过提高群体光、热、水利用效率，可实现产量的提高。

小结：化学调控显著提高了叶片 Pn 和 F_v/F_m，增加了籽粒内源激素含量和灌浆速率，提高了光热水利用效率和产量。在 200 kg/hm² 施氮量下，玉米光合特性最好，籽粒 ABA、CTK 和 IAA 含量最高，有效增强了灌浆速率，提高了群体光热水利用效率，从而提高了玉米产量。因此，高种植密度下 200 kg/hm² 施氮量配施化学调控可以改善玉米光

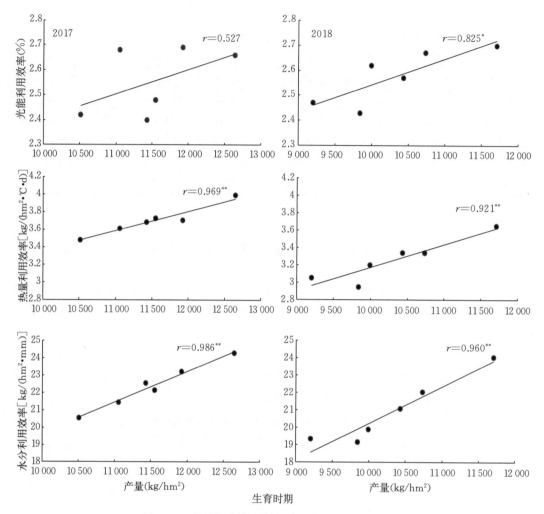

图 9-2 产量与群体光热水利用效率的相关性分析

合和籽粒灌浆进程，提高光热水利用效率和产量。

第二节 化学调控对玉米干物质积累及茎秆抗倒伏特性的影响

增加氮肥投入量可以显著增加玉米产量，我国农业系统严重依赖氮肥施用，施氮量远高于世界平均施氮水平。目前，我国氮肥利用率仅为 25%，而世界及北美的氮肥利用率高达 42% 和 65%。过量施用氮肥会降低氮肥利用效率和产量，增加玉米倒伏风险，造成产量损失。2017 年，国家针对农业面源污染提出"两减"目标，为响应国家政策、实现玉米生产的高产高效必须降低氮肥用量。黑龙江地区高密度种植下玉米易发生倒伏，但该玉米主产区的化学调控剂应用面积较少，其与氮肥互作机制研究缺乏进展。为此，本试验研究 90 000 株/hm² 高密度种植条件下，氮肥与化学调控互作对玉米茎秆性状及产量的影响，以期为黑龙江高密度种植下化学调控抗倒减氮增产提供理论和试验依据。

一、化学调控和氮肥处理对产量构成和果穗性状的影响

化学调控显著提高玉米产量、穗粒数和千粒重，比对照分别增加 8.7%、3.8% 和 5.5%，但化学调控对穗数影响不显著。氮肥水平显著影响产量和穗粒数，产量随施氮量的增加呈先增加后降低的趋势，其中对照下 N200 处理较 N100 处理高 9.9%，与 N300 处理差异不显著；玉黄金处理下，N200 处理产量达最高水平 12 646 kg/hm²，分别较 N100 和 N300 处理高 10.7% 和 5.7%。穗粒数随施氮量增加先增加后降低，在对照下 N200 处理穗粒数最大，而 N200 和 N300 处理无显著性差异；在玉黄金处理下，穗粒数在 N200 处理下显著高于 N100 和 N300 处理。化学调控和氮肥对玉米产量及其构成因素没有互作效应（表 9-6）。

表 9-6 高密度下化学调控和氮肥对玉米产量及产量因子的影响

化学调控（Y）	施氮量（N）	产量（kg/hm²）	穗数（hm²）	穗粒数	千粒重（g）
	N100	10 511±719c	81 078±545a	541±23c	332±31b
CK	N200	11 548±667b	81 654±782a	568±18b	327±1b
	N300	11 053±580bc	81 782±927a	560±24b	316±11c
	N100	11 427±401b	81 657±701a	571±31b	340±10ab
Y	N200	12 646±495a	81 683±587a	591±16a	351±34a
	N300	11 921±538b	82 150±752a	570±13b	339±34ab
变异来源					
Y		**	ns	*	*
N		*	ns	*	ns
Y×N		ns	ns	ns	ns

注：同一列中不同字母表示不同化学调控和施氮量处理差异显著（$P < 0.05$）。*和**分别表示在 0.05 和 0.01 水平上差异显著，ns 表示差异不显著。CK：对照，清水；Y：化学调控处理；N：施氮量。N100：施氮量为 100 kg/hm²；N200：施氮量为 200 kg/hm²；N300：施氮量为 300 kg/hm²。

化学调控显著增加玉米穗粗和行粒数，比对照分别增加 2.8% 和 8.7%；显著降低玉米秃尖长，比对照降低 30.6%。随着氮肥水平的提高，穗粗先增加后降低，其中 N200 处理穗粗最大；随着施氮量的增加，玉米秃尖长逐渐降低，N200 处理与 N300 处理无显著性差异；而氮肥水平对穗长、穗行数和行粒数影响不显著。化学调控和氮肥对玉米果穗性状没有互作效应（表 9-7）。

表 9-7 高密度下化学调控和氮肥对玉米果穗性状的影响

化学调控（Y）	施氮量（N）	穗长（cm）	穗粗（mm）	穗行数	行粒数	秃尖长（cm）
	N100	20.4±0.6a	52.1±0.9b	17.6±0.9a	36.6±1.1b	1.54±0.28a
CK	N200	21.7±1.0a	54.9±1.2a	18.4±0.9a	38.4±2.1ab	1.22±0.41b
	N300	21.9±1.5a	53.2±0.9ab	17.2±1.1a	39.2±3.5ab	1.26±0.25b

（续）

化学调控（Y）	施氮量（N）	穗长（cm）	穗粗（mm）	穗行数	行粒数	秃尖长（cm）
Y	N100	21.2±0.7a	54.8±1.2a	18.0±1.4a	40.8±0.8a	1.18±0.30b
	N200	21.0±1.0a	54.8±1.7a	21.0±2.0a	41.0±2.5a	0.84±0.43c
	N300	21.9±1.7a	54.2±1.8ab	17.2±1.8a	42.4±1.1a	0.77±0.22c
变异来源						
Y		ns	*	ns	**	**
N		ns	*	ns	ns	*
Y×N		ns	ns	ns	ns	ns

注：同一列中不同字母表示不同化学调控和施氮量处理差异显著（$P < 0.05$）。*和**分别表示在0.05和0.01水平上差异显著，ns表示差异不显著。CK：对照，清水；Y：化学调控处理；N：施氮量。N100：施氮量为100 kg/hm²；N200：施氮量为200 kg/hm²；N300：施氮量为300 kg/hm²。

二、化学调控和氮肥处理对干物质积累特性的影响

除抽雄期外，化学调控对玉米其他各生育时期干物质积累量均有极显著影响。化学调控处理后，拔节期、灌浆初期和乳熟期的干物质积累量较对照分别降低41%、13.2%和10.1%；在成熟期化学调控处理的干物质积累量较对照增加了4.8%。随氮肥水平的提高，除灌浆初期外各生育时期干物质积累量显著增加。化学调控和氮肥在玉米拔节期和成熟期有互作效应，其中完熟期，在对照下，干物质积累量在N300处理下达到最大值388.0 g/株，而在化学调控处理下，干物质积累量在N200处理下即可达到较高水平385.1 g/株，由此可看出化学调控和氮肥之间的互作影响（表9-8）。

化学调控显著增加玉米花后干物质积累量和花后干物质贡献率（表9-8），比对照分别增加7.9%和3.2%。随氮肥水平的提高，玉米花后干物质积累量和花后干物质贡献率增加，但N200处理和N300处理差异不显著。化学调控和氮肥对花后干物质积累量和花后干物质贡献率互作效应显著，对照处理下，花后干物质积累量和花后干物质贡献率均表现为N300＞N200＞N100，而在化学调控处理下则表现为N200＞N300＞N100。玉米花后干物质积累量和花后干物质贡献率在施氮量200 kg/hm²配合化学调控处理下达到最大值235.0 g/株和61.0%。

表9-8 高密度下化学调控和氮肥对玉米单株干物质积累特性的影响

化学调控（Y）	施氮量（N）	不同生育时期单株干物质积累量（g/株）					花后单株干物质积累量（g/株）	花后单株干物质贡献率（%）
		拔节期	抽雄期	灌浆初期	乳熟期	完熟期		
CK	N100	46.6±0.8c	155.0±12.0b	222.9±8.9ab	320.0±7.9bc	320.3±5.4c	165.2±8.1d	51.6±1.2c
	N200	63.0±0.5b	149.0±2.3b	235.9±11.0a	335.5±4.6ab	360.0±3.9b	211.0±8.9bc	58.6±1.7ab
	N300	77.2±1.6a	160.0±1.6a	240.2±4.4a	349.9±7.9a	388.0±7.2a	228.0±7.5ab	58.8±1.2ab

（续）

化学调控（Y）	施氮量（N）	不同生育时期单株干物质积累量（g/株）					花后单株干物质积累量（g/株）	花后单株干物质贡献率（%）
		拔节期	抽雄期	灌浆初期	乳熟期	完熟期		
Y	N100	29.8±1.3e	155.0±3.7b	189.7±4.8c	311.2±7.6c	348.0±5.3b	193.0±3.0c	55.5±1.1b
	N200	34.9±1.1d	150.0±4.9b	197.8±3.0c	320.1±4.8bc	385.1±5.8a	235.0±11.5a	61.0±1.0a
	N300	44.2±1.8c	163.0±2.1a	205.8±3.8bc	326.6±5.5bc	387.0±4.6a	224.0±9.5ab	57.9±1.0ab
变异来源								
Y		***	ns	***	***	***	**	**
N		***	*	***	***	***	***	***
Y×N		***	ns	ns	ns	***	*	*

注：同一列中不同字母表示不同化学调控和施氮量处理差异显著（$P < 0.05$）。*和**分别表示在 0.05 和 0.01 水平上差异显著，ns 表示差异不显著。CK：对照，清水；Y：化学调控处理；N：施氮量。N100：施氮量为 100 kg/hm²；N200：施氮量为 200 kg/hm²；N300：施氮量为 300 kg/hm²。

三、化学调控和氮肥处理对节间茎秆力学和形态特征的影响

化学调控处理显著增加玉米基部第三节间的抗折断力和穿刺强度，分别比对照增加 12.6% 和 31.8%（表 9-9）。随施氮水平的提高，玉米基部第三节间的抗折断力和穿刺强度显著降低，N100 处理机械强度最大。化学调控和氮肥对玉米茎秆机械强度有互作效应，随施氮量的增加，化学调控处理机械强度降低幅度小于对照，其中对照处理下，N100 和 N200 处理间抗折断力差异显著，而在化学调控下 N100 和 N200 处理差异不显著。

化学调控显著增加玉米基部第三节间最小直径（表 9-9）；显著降低玉米基部第三节间长，比对照降低 10.7%。随氮肥水平的提高，玉米基部第三节间的最大直径先增加后降低；玉米基部第三节间长随氮肥水平的提高显著增加。对照处理下，随施氮量增加基部第三节间最小直径先增加后降低，而化学调控处理下 N100 和 N200 处理间无显著差异；对照处理下，随施氮量增加基部节间长显著增加，而化学调控处理下节间长的增加不显著，由此可见，化学调控和氮肥对玉米基部第三节间的最小直径和节间长均表现出互作效应。200 kg/hm² 施氮量下进行化学调控玉米基部第三节间最大、最小直径最长，节间长较短，有利于增强玉米的抗倒伏性。

表 9-9 化学调控和氮肥对灌浆初期玉米基部第三节间机械强度和形态特征的影响

化学调控（Y）	施氮量（N）	机械强度		形态特征		
		抗折断力（N）	穿刺强度（N/mm²）	最大直径（mm）	最小直径（mm）	节间长（cm）
CK	N100	375±14abc	42.8±1.0c	23.0±0.7b	20.0±0.5bcd	19.8±1.3b
	N200	351±13c	43.9±0.9c	23.9±1.5a	21.6±0.4a	21.7±0.6b
	N300	299±7d	35.2±1.7d	22.6±0.6b	19.1±0.6cd	25.9±0.5a
Y	N100	400±8a	58.8±1.1a	23.2±0.6b	19.8±0.6cd	19.2±1.7b
	N200	390±12ab	52.1±1.7b	24.3±0.5a	21.2±0.7abc	20.3±0.7b
	N300	366±9bc	49.7±0.9b	23.1±0.6b	21.5±0.6ab	20.7±1.1b

（续）

化学调控	施氮量	机械强度		形态特征		
（Y）	（N）	抗折断力（N）	穿刺强度（N/mm²）	最大直径（mm）	最小直径（mm）	节间长（cm）
变异来源						
Y		***	***	ns	*	***
N		***	***	*	**	***
Y×N		*	***	ns	**	*

注：同一列中不同字母表示不同化学调控和施氮量处理差异显著（$P < 0.05$）。*和**分别表示在 0.05 和 0.01 水平上差异显著，ns 表示差异不显著。CK：对照，清水；Y：化学调控处理；N：施氮量。N100：施氮量为 100 kg/hm²；N200：施氮量为 200 kg/hm²；N300：施氮量为 300 kg/hm²。

四、化学调控和氮肥处理对单株叶面积的调控

从拔节期到抽雄期，单株叶面积迅速增加，但是从灌浆初期开始单株叶面积明显降低（图 9-3）。化学调控显著降低各生育时期单株叶面积，在拔节期、抽雄期、灌浆初期、乳熟期和完熟期比对照分别降低 13.8%、15.6%、10.4%、5.7%和 5.4%。除完熟期外，其他各生育时期单株叶面积均随着氮肥水平的提高呈先增加后降低的趋势，在拔节期、抽雄期、灌浆初期和乳熟期 N200 处理比 N100 处理分别增加 6.5%、10.9%、6.7%和 7.1%；N200 处理比 N300 处理分别增加 10.7%、8.8%、9.8%和 2.4%。化学调控和氮肥对拔节期和灌浆初期的单株叶面积有互作效应。由图 9-3 可以看出在施氮量 200 kg/hm² 下施用化学调控剂，各生育时期叶面积大小较为合理。

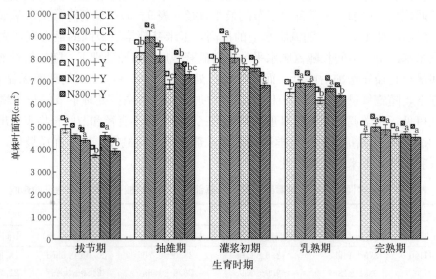

图 9-3　高密度化学调控和氮肥对玉米各生育期单株叶面积的影响

注：不同字母表示同一生育期不同处理间差异显著（$P<0.05$）。N100＋CK、N200＋CK 和 N300＋CK 分别表示施氮量 100 kg/hm²、200 kg/hm² 和 300 kg/hm² 下喷施清水，N100＋Y、N200＋Y 和 N300＋Y 分别表示施氮量 100 kg/hm²、200 kg/hm² 和 300 kg/hm² 下喷施化学调控剂。

五、产量、产量构成因素和果穗性状相关分析

通过相关性分析可知（表 9 - 10），玉米产量与穗粒数（$r=0.438$，$P<0.05$）、千粒重（$r=0.547$，$P<0.01$）和行粒数（$r=0.425$，$P<0.05$）显著正相关，与秃尖长（$r=-0.430$，$P<0.05$）显著负相关。行粒数与穗长（$r=0.426$，$P<0.05$）显著正相关，与秃尖长（$r=-0.587$，$P<0.01$）显著负相关。

表 9 - 10　玉米产量、产量构成因素和果穗性状的相关分析

指标	穗粒数	千粒重（g）	穗长（cm）	行粒数	秃尖长（cm）
产量（kg/hm²）	0.438*	0.547**	0.12	0.425*	−0.430*
行粒数			0.426*		−0.587**

注：*和**分别表示差异显著、极显著。

$200\ kg/hm^2$ 施氮量下单株叶面积和干物质积累多，抗倒伏能力相对较高，产量达到最高水平。化学调控剂能显著降低玉米单株叶面积，显著提高茎秆抗折断力和穿刺强度，降低节间长度并增加茎粗，提高茎秆抗倒伏能力，显著提高花后干物质积累，实现产量的提高。因此，$200\ kg/hm^2$ 施氮量下喷施化学调控剂有助于塑造合理的群体结构，提高干物质积累量和抗倒能力，最终实现高产。

第三节　化学调控对春玉米植株衰老及渗透调节特性的影响

东北春玉米区玉米种植密度普遍偏低，增加密度是一项增加玉米产量的重要栽培措施。但密度过高也会导致单株产量降低，控制不当甚至会造成减产。如何在增加密度的同时又能保持玉米具有合理的单株产量已成为实现高产的关键。植物生长调节剂是一种人工合成具有植物激素活性的植物生长调节物质，化学调控调节剂能有效地调节作物的生长发育进程。近年来许多研究表明，化学调控剂在改善作物品质，塑造理想株型，增加产量方面具有积极的作用。玉米叶片衰老进程反映了其功能期的长短，与产量的形成具有直接的关系。因此，研究不同密度和化学调控措施下玉米产量与衰老生理具有重要的现实意义。

一、化学调控和密度对产量及 SPAD 值的影响

1. 化学调控和密度对春玉米产量的影响　玉米的产量因素主要有单位面积有效穗数、每穗粒数和粒重。其中，单位面积穗数是最好控制的因素。因此，通过增加密度来获得高产是一条有效途径。研究证明，随着密度的增加，穗粒数、千粒重减小，有效穗数增加，产量在一定范围内增加，因此，协调好单位面积有效穗数和单株籽粒产量是夺取高产的关键。清水处理随密度的增加，产量呈先升高后降低的趋势，在 7 万株/hm² 密度时最高，产量为 12 346.40 kg/hm²（表 9 - 11）。

表 9 - 11　玉黄金和密度措施对玉米产量构成因素的影响

密度	处理	有效穗数（穗/hm²）	穗行数	行粒数	百粒重（g）	理论产量（kg/hm²）
5 万/hm²	清　水	49 428.57	16.05aA	33.95bcAB	33.97aA	9 150.31dE
	玉黄金	49 571.43	15.80aA	33.95abA	34.49aA	9 711.98dDE
6 万/hm²	清　水	59 714.29	15.93aA	35.58abcA	32.31aAB	10 937.00cCD
	玉黄金	59 857.14	15.95aA	33.50cdAB	34.36aA	10 989.10cCD
7 万/hm²	清　水	67 894.29	16.39aA	33.89bcAB	32.74aAB	12 346.40bAB
	玉黄金	68 085.71	15.45aA	36.50aA	34.61aA	13 290.95aA
8 万/hm²	清　水	75 857.14	16.00aA	31.50deB	29.47bB	11 266.74cBC
	玉黄金	76 942.86	15.90aA	31.28eB	31.71abAB	11 694.96bcBC

注：用 CK 代表清水对照，Y 代表玉黄金处理，5CK 代表 5 万株/hm² 喷施清水对照组，5Y 代表 5 万株/hm² 喷施玉黄金。6CK、6Y、7CK、7Y、8CK、8Y 类推。不同小写字母表示处理间差异达显著水平（$P<0.05$），不同大写字母表示处理间差异达极显著（$P<0.01$）。

化学调控剂玉黄金处理与清水处理相比，玉米的产量均有所增加但未达到显著水平，与对照一样均在 7 万株/hm² 密度下达到最高产量为 13 290.95 kg/hm²。由此可以看出，玉黄金浓度处理下 7 万株/hm² 密度下增产效果最好，玉黄金和密度的合理搭配能够提高产量。

2. 化学调控和密度措施对玉米株高和干物重的影响　清水处理随种植密度的增加，株高逐渐增加，单株干物重逐渐降低；8 万株/hm² 密度的株高比 5 万株/hm² 密度的增加了 23.3 cm，干物重却降低了 100.01 g，这说明片面地追求增加单位面积内株数的增加会导致株高增加，干物重降低，大大增加了倒伏的风险，结合产量可以发现依靠群体结构增产是有一定限度的。从化学调控措施方面看，玉黄金处理比清水处理株高分别降低了 3.83%（5 万株/hm²）、2.47%（6 万株/hm²）、2.62%（7 万株/hm²）和 4.26%（8 万株/hm²），干物重增加了 8.80%（5 万株/hm²）、7.86%（6 万株/hm²）、8.51%（7 万株/hm²）和 3.61%（8 万株/hm²）。由此可以看出，玉黄金处理能够在一定程度上降低株高，增加玉米干物重，促进更多的营养物质向籽粒转运，这样不仅能增加植株的抗倒伏性能，而且增加了籽粒产量。综上，玉黄金能够改善高密度下个体叶片的生理功能，塑造合理株型，依靠个体性能增产（图 9 - 4）。

3. 化学调控和密度措施对散粉后玉米穗位叶 SPAD 值的影响　叶绿素是叶片光合过程中参与光能吸收和转化的重要物质，其含量反映了叶片衰老程度。SPAD 值可以反映叶片的叶绿素含量，本试验中用 SPAD 值的变化代表叶绿素含量的变化情况。图 9 - 5 表明，在叶片衰老过程中，清水处理 SPAD 值随密度增加而降低，在散粉后 0 d 时 6CK、7CK、8CK 的 SPAD 值分别比 5CK 低 11.16%，17.59% 和 20.28%；而 5CK、6CK、7CK 和 8CK 散粉后 40 d 的 SPAD 值比 0 d 降低 20.08%、30.76%、33.34% 和 34.65%。随着密度增加，叶片 SPAD 值降幅增加，叶片的衰老程度增加。图 9 - 6 还说明玉黄金处理玉米

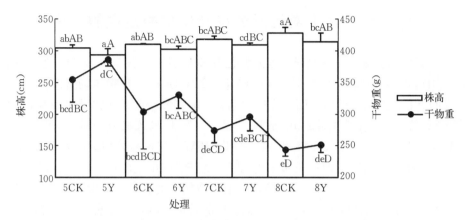

图 9-4 化学调控和密度措施对玉米株高和干物重的影响

注：用 CK 代表清水对照，Y 代表玉黄金处理，5CK 代表 5 万株/hm² 喷施清水对照组，5Y 代表 5 万株/hm² 喷施玉黄金。6CK、6Y、7CK、7Y、8CK、8Y 类推。不同小写字母表示处理间差异达显著水平（$P<0.05$），不同大写字母表示处理间差异达极显著（$P<0.01$）。

穗位叶 SPAD 值在散粉后也是下降趋势，不同密度不同时期的 SPAD 值均较清水处理高；5Y、6Y、7Y 和 8Y 从散粉后 0 d 到散粉后 40 d 的 SPAD 值分别下降了 18.52%、16.54%、12.30% 和 16.71%；在散粉后第 40 d 测定的 SPAD 值玉黄金处理较清水处理高 4.83%（5 万株/hm²）、19.16%（6 万株/hm²）、26.12%（7 万株/hm²）和 22.00%（8 万株/hm²）。

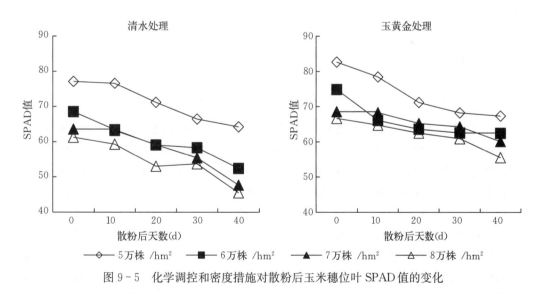

图 9-5 化学调控和密度措施对散粉后玉米穗位叶 SPAD 值的变化

综上，随着密度的增加穗位叶 SPAD 值降低，玉黄金处理通过延缓叶片衰老进程，延长功能期，使更多的营养物质向籽粒转运，获得更高产量，本试验条件下 7 万株/hm² 密度效果最好。

二、化学调控和密度对玉米穗位叶保护酶活性的影响

1. 化学调控和密度措施对散粉后玉米穗位叶 SOD 活性的影响 SOD（超氧化物歧化酶）是生物体内的一种保护酶，它能使 O_2^- 歧化为 H_2O 和 O_2，保护生物膜系统。清水处理穗位叶 SOD 活性随着密度的增加而呈降低的趋势，随着散粉后天数的增加基本呈先降后增再降的趋势；峰值大约在散粉后 20 d，5CK、6CK、7CK 和 8CK 峰值分别为 208.58 U/g FW、178.89 U/g FW、169.49 U/g FW 和 147.84 U/gFW。玉黄金处理后，其 SOD 活性变化趋势与清水处理变化曲线近似；玉黄金处理最大值较对照增加了 6.83%（5Y）、6.17%（6CK）、27.87%（7Y）、23.42%（8Y）。综上，增加密度会导致玉米穗位叶 SOD 活性降低，超氧离子自由基的清除能力减弱，细胞结构的破坏加剧，叶片衰老进程加快。玉黄金处理后的穗位叶 SOD 活性较高，对延缓叶片衰老进程有积极的作用（图 9-6）。

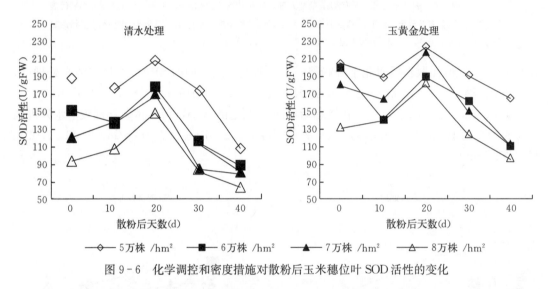

图 9-6　化学调控和密度措施对散粉后玉米穗位叶 SOD 活性的变化

2. 化学调控和密度措施对散粉后玉米穗位叶 POD 活性的影响 POD（过氧化物酶）是植物体保护酶系统中的另一种重要酶，它能有效清除植物体内过氧化物的积累，减轻膜脂过氧化程度，对叶片保持绿色有积极作用。清水处理 POD 活性随密度增加而降低，随着散粉后天数的增加呈先增加后降低的趋势；POD 活性的最高值出现在散粉后 20 d 左右，5CK、6CK、7CK 和 8CK 最大值分别为 64.8△A470/（min·g FW）、66.47△A470/（min·g FW）、56.13△A470/（min·g FW）和 52.5△A470/（min·g FW）。玉黄金处理后期 POD 活性有所提高，其最大值比清水处理提高了 21.14%（5 万株/hm²）、7.28%（6 万株/hm²）、27.38%（7 万株/hm²）和 16.72%（8 万株/hm²），以 7 万株/hm² 密度的 POD 活性增加的最多。综上，增加密度会导致群体 POD 活性降低，这会导致叶片 H_2O_2 积累，细胞膜系统遭到破坏，叶片持绿性能降低。而喷施玉黄金能改善高密度群体的冠层结构，增强穗位叶 POD 活性，增强叶片持绿性能，为产量的形成创造良好的条件（图 9-7）。

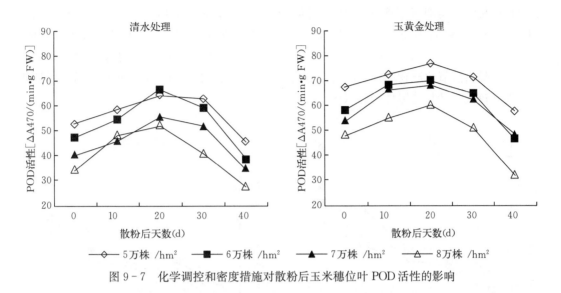

图 9-7　化学调控和密度措施对散粉后玉米穗位叶 POD 活性的影响

3. 化学调控和密度措施对散粉后玉米穗位叶 CAT 活性的影响　CAT（过氧化氢酶）是能促进过氧化氢分解为分子氧和水，防止细胞内过氧化氢的积累。清水处理 CAT 的活性随密度的增加而降低，随散粉后天数的增加呈先降后增再降的变化趋势，峰值在散粉后 20 d 左右，6CK、7CK 和 8CK 分别比 5CK 峰值低 10.47％、16.95％和 35.22％。玉黄金处理的变化趋势与清水处理类似，其峰值较对照组分别增加了 4.62％（5 万株/hm²）、10.34％（6 万株/hm²）、11.11％（7 万株/hm²）和 7.14％（8 万株/hm²）。因此，增加密度导致群体穗位叶生理机能减弱，CAT 活性降低，而经玉黄金处理能提高 CAT 活性，这对增强叶片持绿性能具有积极的作用（图 9-8）。

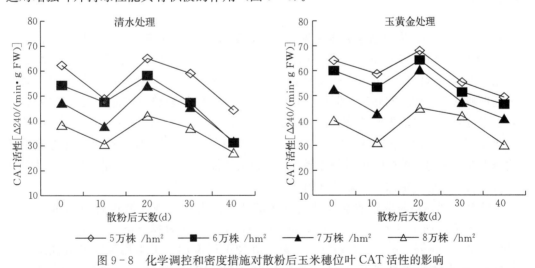

图 9-8　化学调控和密度措施对散粉后玉米穗位叶 CAT 活性的影响

4. 化学调控和密度措施对玉米穗位叶膜脂过氧化产物 MDA 含量的影响　作为膜脂过氧化作用的终产物之一，MDA（丙二醛）含量在一定程度上反映了叶片的衰老情况，MDA 积累会严重破坏植物的亚细胞结构。总的来看，清水处理与玉黄金处理 MDA 含量变化趋势相同，均随密度增加而增加，随散粉后天数增加而增加。但玉黄金处理降低了MDA含量，散粉后40 d的玉米MDA含量比清水处理低8.71％（5万株/hm²）、7.86％（6万株/hm²）、8.36％（7万株/hm²）和7.41％（8万株/hm²）。结果表明，增加密度会导致细胞膜脂过氧化产物增加，叶片衰老程度增加，玉黄金处理MDA积累较低，膜脂过氧化程度较低，叶片持绿性较好（图9-9）。

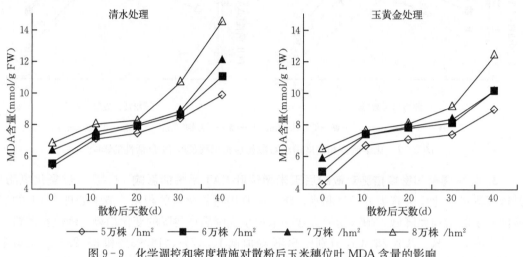

图9-9 化学调控和密度措施对散粉后玉米穗位叶MDA含量的影响

三、化学调控和密度对玉米穗位叶渗透调节的影响及生理指标相关分析

1. 化学调控和密度对散粉后玉米穗位叶渗透调节物质的影响 玉米叶片可溶性蛋白是包含PEP羧化酶和RuBP羧化酶在内的一些酶蛋白，其含量的变化反映了这些酶的活性变化，可溶性蛋白含量也与叶片代谢水平有关，是反应叶片衰老程度的另一重要指标。清水处理随密度增加不同测定时期穗位叶可溶性蛋白呈降低趋势；随散粉后天数的增加，不同密度可溶性蛋白呈先升后降，峰值出现在散粉后10 d左右；6CK、7CK、8CK分别比5CK可溶性蛋白含量低20.72％、23.37％和27.11％；结果说明，密度增加会导致植株的透光性能减弱，单株的环境条件恶化，导致植株体内可溶性蛋白含量降低，氮代谢等一些酶的活性降低，单株产量降低（图9-10）。

玉黄金处理在各时期较清水处理均有所增加，最大值出现在散粉后20 d左右，较清水处理分别增加了8.57％（5万株/hm²）、17.35％（6万株/hm²）、15.42％（7万株/hm²）和7.43％（8万株/hm²）；玉黄金处理不仅增加了玉米穗位叶可溶性蛋白某些代谢酶的活性，而且延长了其寿命，增强了叶片的持绿性，为创造高产提供了条件。

2. 叶片衰老与抗氧化酶活性、MDA含量及可溶性蛋白含量的相关分析和通径分析 由相关分析可以看出，7万株/hm²密度下清水处理穗位叶的衰老程度与MDA含量成极显著

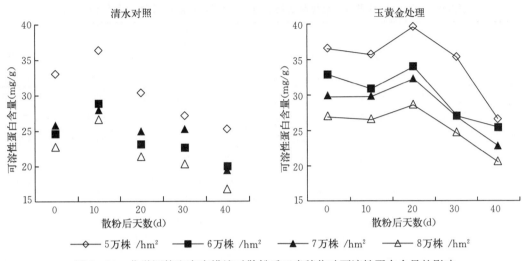

图 9-10　化学调控和密度措施对散粉后玉米穗位叶可溶性蛋白含量的影响

正相关（0.95**），与可溶性蛋白含量（-0.86**）、CAT（-0.68**）、SOD（-0.66**）、成极显著负相关；MDA 含量与可溶性蛋白（-0.86**）成极显著负相关，与 SOD（-0.59*）、CAT（-0.52*）也呈负相关且达到了显著水平；POD 与 SOD（0.58*）呈显著正相关。玉黄金处理穗位叶的衰老程度与 MDA 含量成及显著正相关（0.94**），与可溶性蛋白成极显著负相关（-0.90**），与 POD（-0.51*）、SOD（-0.62*）；MDA 与可溶性蛋白（-0.92**）（表 9-12）。

表 9-12　对叶片衰老与抗氧化酶活性、MDA 含量及可溶性蛋白含量的相关性

通径		可溶蛋白 x_1	CAT x_2	POD x_3	SOD x_4	MDA x_5	叶片衰老程度 x_6
清水	x_1	1					
	x_2	0.61*	1				
	x_3	0.50*	0.47	1			
	x_4	0.52*	0.92**	0.58*	1		
	x_5	-0.86**	-0.52*	-0.36	-0.59*	1	
	x_6	-0.86**	-0.68**	-0.24	-0.66**	0.95**	1
玉黄金	x_1	1					
	x_2	0.53*	1				
	x_3	0.58*	0.64**	1			
	x_4	0.84**	0.89**	0.70**	1		
	x_5	-0.92**	-0.35	-0.34	-0.69**	1	
	x_6	-0.90**	-0.29	-0.51*	-0.62*	0.94**	1

注：*和**分别表示在 0.05 和 0.01 水平上差异显著。

表 9 - 13　对叶片衰老与抗氧化酶活性、MDA 含量及可溶性蛋白含量的通径分析

通径		直接通径	间接通径					总通径系数
			可溶蛋白 x_1	CAT x_2	POD x_3	SOD x_4	MDA x_5	
清水	$x_1 \to y$	−0.137 2		−0.424 2	0.061 6	0.228 3	−0.867 8	−0.864 9
	$x_2 \to y$	−0.696 9	−0.083 6		0.058 3	0.403 4	−0.525 2	−0.676 8
	$x_3 \to y$	0.123 4	−0.068 5	−0.329 2		0.255 3	−0.361 1	−0.243 1
	$x_4 \to y$	0.438 8	0.071 4	−0.640 7	0.071 8		−0.601 8	−0.660 5
	$x_5 \to y$	1.012 8	−0.117 6	0.361 4	−0.044	−0.260 8		0.951 8
玉黄金	$x_1 \to y$	−0.513 1		−0.329 2	−0.239 3	1.150 2	−0.970 5	−0.896 9
	$x_2 \to y$	−0.617	−0.269 6		−0.265 3	1.229 9	−0.372 7	−0.294 7
	$x_3 \to y$	−0.413 9	−0.296 7	−0.396 5		0.959 1	−0.358 9	−0.506
	$x_4 \to y$	1.376	−0.428 9	−0.551 5	−0.288 5		−0.725 8	−0.618 7
	$x_5 \to y$	1.055 6	0.471 9	0.217 9	0.140 7	−0.946 2		0.939 7

　　虽然相关系数在一定程度上反映了各因子与叶片衰老程度之间的相关程度，但要想弄清楚其对衰老作用的大小，还必须做进一步的通径分析。通径分析能把相关系数分解为直接和间接系数两部分，从而清楚地显示各因素对衰老的作用途径和重要性。通径分析结果表明（表 9 - 14），清水处理穗位叶各指标对叶片衰老的直接通径系数按绝对值为 MDA＞CAT＞SOD＞可溶性蛋白＞POD，绝对值越大，对叶片衰老影响的直接作用越大；玉黄金处理 SOD＞MDA＞CAT＞可溶性蛋白＞POD。若仅从直接通径上比较是片面的，因为影响衰老的各因子之间是相互关联的，一种因子绝不仅限于直接作用这么简单。通过仔细观察可以看出，清水处理中 POD、SOD 由于通过其他因子的间接副作用抵消了其直接的正效应，而使其整体表现为对衰老程度的副作用；同理，玉黄金处理中 SOD 由于其较大的负向间接作用抵消了正的直接作用，整体表现为对衰老的负向作用。表明化学调控能够通过调控叶片衰老过程中酶的活性及各因子之间的关系来增强叶片的持绿性，进而增加产量。

第十章

东北春玉米缩差增效技术及典型案例

一、东北西部春玉米"培肥密植扩库促转"超高产技术

依据措施分析因果，优化密度和养分管理可实现产量、效率协同提高 15％以上的高产高效目标，优化土壤、品种、密度、养分、植保 5 项因子可实现产量、效率协同提高 30％以上的超高产高效目标（图 10－1），据此提出了：以改土、改品种为基础，以增密为核心，以优肥植保和全程机械化保障为思路的"两改一增二保"缩差增效技术途径（图 10－2）。2018—2020 年，该途径分别实现了玉米粒收单产 1 132.1 kg/亩、1 068.8 kg/亩、1 044.5 kg/亩和 1 252.9 kg/亩，灌溉区产量、光能生产效率、热量生产效率和氮肥利用效率较农户措施都提高了 50％以上，旱作区产量、光能生产效率、热量生产效率和氮肥利用效率较农户措施都提高了 40％以上。

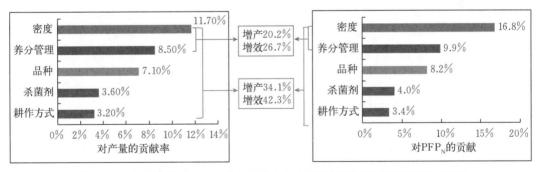

图 10－1　栽培措施对玉米产量和氮效率的定量贡献及缩差增产增效技术思路

二、东北中部春玉米"密植扩库减源提质"超高产技术

针对密植群体冠层透光率低、生育中后期叶源质量性能差、物质分配不合理、籽粒发育不充实等问题，通过耐密紧凑性品种选择、前氮后移、调亏灌溉、化学调控等技术途

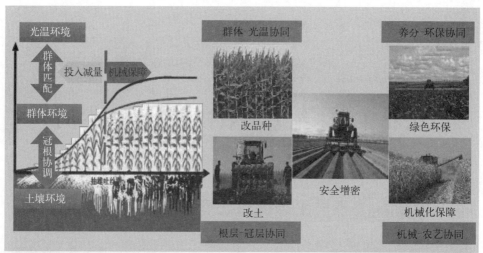

项目		主流生产模式	"两改一增二保"
目标产量(kg/亩)		<650	≥750或增产15%
改土		春季旋耕15 cm	秋深翻秸秆还田/深松35 cm以上+春浅耕整地
改品种		耐密性差、中晚熟的品种	耐密、抗逆、高产、相对早熟的品种
再增密		3 500~4 000株/亩	较当地密度增加500~1 000株/亩
绿色环保	水肥减量 (kg/亩)	氮磷为主、一次追肥 N：17；P_2O_5：7	区域总量优化、氮肥分期调控 N：13.5(−3.5)；P_2O_5：5(−2)；K_2O：3(+)
		春灌水+全生育期灌水4~5次	冬灌水+关键时期补灌2~3次
	绿色防控	化学除草	抗病包衣品种防病、"化防+中耕"除草 生物+物理防虫
机械化保障		部分生产环节半机械化	全程机械化
氮肥效率		≤45 kg/kg	55 kg/kg
水分生产效率		<1.5 kg/mm	≥2.0 kg/mm
节约成本(元/亩)		—	较普通农户种植节本10元左右

图 10-2　东北西部春玉米培肥密植扩库促转超高产技术途径

径，实现控冠促根、蹲苗抑源，从而塑造高光效群体结构，延缓叶片衰老、提高物质生产能力，减少籽粒败育，增加穗粒数和粒重。

典型案例分析：2017—2020 年，吉林省农业科学院玉米栽培课题组在吉林省东部湿润区的桦甸市金沙乡民隆村开展不同栽培模式研究，以紧凑性耐密玉米品种富民 108 为材料，以密植精播、前氮后移、化学调控为主要技术途径进行玉米超高产攻关研究，其中在 2017 年和 2019 年均实现亩产超过 1 000 kg 的超高产水平，经专家现场测产，产量分别为 1 058.6 kg/亩（2017）和 1 136.3 kg/亩（2019）（图 10-3）。

超高产栽培主要技术要点：①选择生态条件优越的地区，最好选择光照充足、昼夜温差大；②增施有机肥（亩施 4 t 有机肥），深松促根，深松深度 30~35 cm；③选择坚秆、矮秆、耐密、抗逆、紧凑、结实性好品种；④缩行增密扩库，建构高光效群体，群体调控应遵循"前控壮根，后促保叶"的原则，尽量地延长光合作用持续期，充分利用根冠功

图 10 - 3　超高产玉米长势（2019 年拍摄于桦甸市金沙乡民隆村）

能，发挥品种潜力；⑤精量施肥，轻施苗肥、重施穗肥、补追花粒肥，实现控冠促根、蹲苗抑源；⑥化学调控，缩株壮秆抗倒伏，缩小玉米营养体且不改变玉米穗部性状、建构高质量群体；⑦防病、控草、治虫，保产增收；⑧适时晚收，延长籽粒灌浆期，增加粒重，提高产量。

对超高产田群体产量特征研究显示，超高产群体亩收获穗数不少于 5 400 株，单穗粒数 550 左右，百粒重 39.0 g 左右，收获指数在 0.5 以上。而农户对照田亩收获穗数不足 3 600 株/亩，百粒重 34 g 左右，超高产田比农户对照田增产 419 kg/亩，增产率达 36.9%（表 10 - 1）。

表 10 - 1　超高产玉米产量构成

处理	产量（kg/亩）	穗数（穗/亩）	穗粒数	百粒重（g）	收获指数	阶段干物质积累所占比例（%）	
						苗期—开花	开花—成熟
超高产	1 136.3	5 422	557	38.95	0.52	50.35	49.65
对照	717.3	3 580	58.2	33.97	0.49	55.17	44.83

三、东北北部春玉米"密植抗逆提质增效"超高产技术

通过系统研究黑龙江春玉米区产量差、效率差的区域分布和障碍因素，发现在生产上玉米种子萌发出苗率不高，密植群体的倒伏率较高，光热水氮资源利用率低、玉米

籽粒灌浆不高及后期籽粒脱水慢等问题较为突出，从而制约了玉米产量和效率的协同提升。形成以"耐密品种、精细整地、包衣种子、机播密植、有机无机肥结合、适时化学促控、防病灭虫"等为核心的玉米超高产技术途径一套，并在生产上进行试验示范，效果明显（图10-4）。

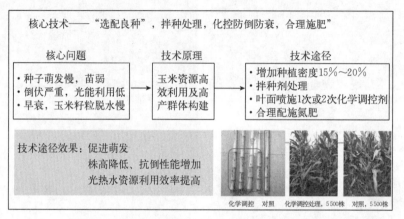

图10-4　春玉米化学调控抗逆超高产栽培技术途径

2019年10月11日，由东北农业大学、黑龙江省农业科学院、黑龙江省农垦科学院和黑龙江省农业技术推广站等单位玉米专家组成的验收专家组，对位于黑龙江省北林区永安镇跃进村的春玉米缩差增效技术模式超高产示范田进行实收测产，展示田块的玉米品种为鑫鑫1号，验收组依据中国作物学会玉米栽培学组产量验收方法，对8.65亩的技术示范田块进行实地踏察的基础上，随机选取5个样点，每个样点面积67.2 m²，每点称取全部果穗鲜重，准确数出全部穗数，并计算平均鲜穗重；随机选取代表性果穗20穗作为样品，使样品重＝平均鲜穗重×20穗；脱粒后测定籽粒鲜重量，采用PM-8188型谷物水分测定仪测定籽粒含水量（％）。按国家标准含水量14.0％计算出实际产量。测产结果的平均实收鲜果穗426穗，平均鲜果单穗重0.393 g，平均出籽率为84.13％，籽粒平均含水量为31.52％，折合标准含水量（14％）平均产量为1 128.5 kg/亩。

第二节　不同生态区春玉米高产高效技术

一、东北南部春玉米"冠耕同调密植"高产高效技术

针对辽宁地区春玉米农田土壤板结、养分供应失衡等问题，通过研讨不同秸秆还田模式，探究秸秆还田对于缓解耕层失调的问题，通过增加春玉米群体的种植密度以及宽窄行配置进而实现群体资源的高效利用。耕层及冠层的匹配技术原理，即高产群体与光温资源相互匹配，总体包括密植群体提高光能截获、耐密品种强化光能截获、行距调整提高 CO_2 利用等三大方面。耕冠层协同匹配有利于高产群体的构建以及高效耕层的调控，对于地上冠层系统的构建，增密可有效匹配光温潜力，宽窄行配置则有利于提高增碳效应，即实现

透风透光。在地下耕层系统方面则有利于水的渗入以及肥水的聚集，有助于实现扩库促根放倒、促渗蓄水保墒和增碳调氮增效（图10-5）。

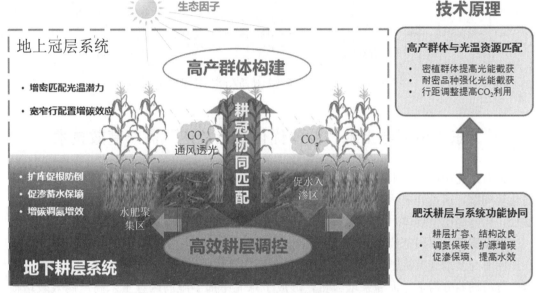

图10-5 春玉米"冠耕同调密植"高产技术

玉米冠耕同调间隔耕作秸秆条带还田技术模式主要内容包括：玉米秋季机收后高留茬覆盖地表，翌年春季播种前将前茬秸秆原地灭茬粉碎、归带深旋混拌还田（非播种带）、还田带镇压等环节一次性完成；播种带（非还田带）地表基本处于无秸秆残茬的免耕状态，适时实施免耕播种机播种作业；还田带与非还田带年际间交替。不仅破解了我国北方玉米秸秆还田当年腐解率低导致的播种层环境恶化、秸秆腐解与作物幼苗"争氮"等系列问题，同时也开创了北方旱作农田保护性耕作新模式，为我国旱作农田玉米实现绿色丰产增效目标奠定了基础。该技术模式2019年在项目核心区示范100亩，经过专家田间现场测产验收，单产为796.23 kg/亩，相邻农民生产田单产为648.49 kg/亩，单产提高22.79%。其氮肥施用量与农民生产田均为16 kg/亩，氮肥利用效率提高22.77%。按每千克玉米1.4元计，亩增加收入206.8元。

二、东北中南部春玉米条带耕作缩行密植高产高效技术

通过区域调研确定了不同产量水平春玉米耕层结构的主要限制因子，明确了不同还田方式、耕种方式对耕层质量的综合调控作用，量化了长期秸秆还田下地力培肥效应及其减氮阈值，探索了条带还田调控土壤氨氧化和反硝化作用过程及氮素利用的变化规律，初步揭示了全量秸秆还田培地力、提肥效、增产量的生物学机制，建立了春玉米耕冠协同优化的条耕密植高产增效技术模式，2019—2020年在辽宁铁岭等地示范缩差增效显著，相比当地农户增产20%以上，显著提高了玉米出苗率和群体质量，氮肥利用效率提高10.5%，

光能利用率提高 12.5％，亩节本增收 150 元以上，有效支撑了春玉米丰产高效和绿色高质量发展。该技术 2019 年被农业农村部列为全国农业主推技术（图 10 - 6）。

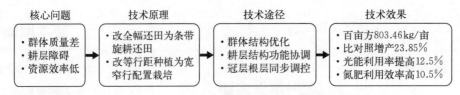

图 10 - 6　春玉米条耕密植高产增效技术验证

三、东北中部春玉米"群体优化改土抗逆"高产高效技术

针对东北中部春玉米群体结构不合理、群体大小与质量不匹配、耕层障碍严重、肥效弱化等问题，通过开展适期精播密植、深松改土、氮肥减量后移、有机无机肥配施等调控途径，构建高质量群体，实现玉米壮株防倒延衰，产量效益协同提高。

典型案例　以耐密抗倒品种的密植群体构建、续补式氮肥减施、深松等关键技术为核心，同时配套增施有机肥（15 t/hm²）和秸秆还田等培肥措施，通过改土培肥，以保证玉米生育后期养分需求，促灌浆增粒重，形成了东北中部半湿润区春玉米高产高效栽培模式。即在农户种植密度 6.0×10⁴ 株/hm² 的基础上，将种植密度提高到 7.5×10⁴ 株/hm²，将一次性施肥改为在播种期、拔节期、大口期、吐丝期按 2∶3∶3∶2 的比例追施。该模式改善了冠层结构和光合性能，提高了穗位叶层及底层透光率与叶片净光合速率，进而实现玉米产量和资源利用效率的协同提高，取得了显著的增产效果。2018—2019 年，应用该模式，在桦甸市金沙乡民隆村的定位试验田，平均亩产 848.0 kg，同比当地亩产平均提高 17.0％，氮肥农学效率平均提高 18.77％；在吉林省农安县的农缘农业机械专业合作社建立的千亩示范田，平均亩产 801.2 kg，较当地农户平均增产 15.5％，氮肥农学效率平均提高 22.3％（表 10 - 2）。

表 10 - 2　高产高效模式玉米产量、产量构成及氮肥利用率

年份	地点	处理	亩产量（kg）	亩穗数（穗）	穗粒数	百粒重（g）	氮肥偏生产力（kg/kg）	氮肥农学效率（kg/kg）
2018	桦甸	高产高效	853.3	4 753	529.2	32.5	55.2	11.78
		对照	720.0	3 733	510.6	33.6	46.6	9.68
	农安	高产高效	785.3	4 866	500.2	32.6	50.7	11.60
		对照	680.0	3 800	519.6	32.9	40.4	7.98
2019	桦甸	高产高效	841.6	4 740	510.6	33.6	52.3	10.36
		对照	728.7	3 866	547.2	31.5	43.5	8.96
	农安	高产高效	817.3	4 870	530.9	31.3	52.7	7.93
		对照	708.0	3 800	532.3	33.3	42.2	6.59

四、东北北部春玉米"化学调控调群防衰促穗"高产高效技术

以化学调控为主体核心，以"增密"和"减氮"为两翼保障，选择耐密脱水快的品种，形成黑龙江主产区玉米高产高效技术途径一套，即黑龙江春玉米"高群体、壮个体、促大穗"缩差增效技术体系模式。该模式在 2019 年和 2020 年玉米生育期间遭遇多次台风的情况下，形成了显著的增产效果。其中，在黑龙江哈尔滨香坊区向阳乡向阳村（第一积温），黑龙江哈尔滨双城区双城镇长勇村（第一积温），黑龙江绥化市北林区永安镇跃进村（第二积温），黑龙江绥棱县靠山乡吉昌村（第三积温）等四地的示范缩差增效显著，平均亩产分别达到 888.6 kg、885.3 kg、866.4 kg、834.5 kg。该途径模式相比当地农户增产 19.2%，光能利用率提高 12.4%，水分利用率提高 8.6%，氮肥利用率提高 10.1%，实现玉米大面积试验区产量和效率缩差 10.2%，综合增效 20.2%，实现产量与效率协同提升（图 10 - 7）。

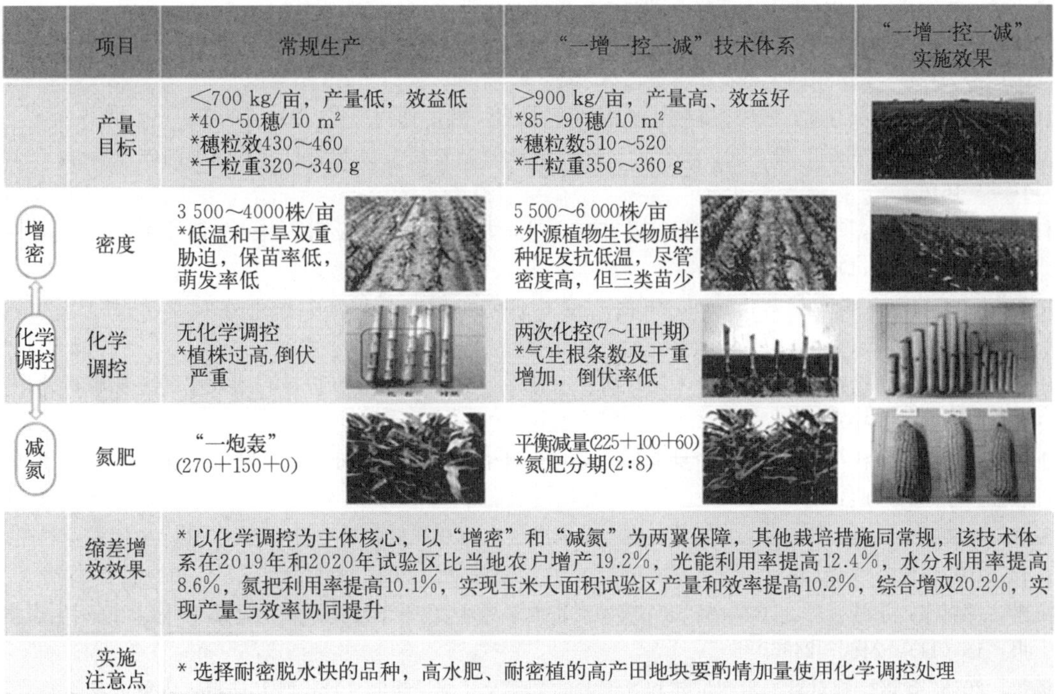

	项目	常规生产	"一增一控一减"技术体系	"一增一控一减"实施效果
	产量目标	＜700 kg/亩，产量低，效益低 *40～50穗/10 m² *穗粒效430～460 *千粒重320～340 g	＞900 kg/亩，产量高、效益好 *85～90穗/10 m² *穗粒数510～520 *千粒重350～360 g	
增密	密度	3 500～4000株/亩 *低温和干旱双重胁迫，保苗率低，萌发率低	5 500～6 000株/亩 *外源植物生长物质拌种促发抗低温，尽管密度高，但三类苗少	
化学调控	化学调控	无化学调控 *植株过高,倒伏严重	两次化控(7～11叶期) *气生根条数及干重增加，倒伏率低	
减氮	氮肥	"一炮轰" (270+150+0)	平衡减量(225+100+60) *氮肥分期(2:8)	
	缩差增效效果		* 以化学调控为主体核心，以"增密"和"减氮"为两翼保障，其他栽培措施同常规，该技术体系在2019年和2020年试验区比当地农户增产19.2%，光能利用率提高12.4%，水分利用率提高8.6%，氮把利用率提高10.1%，实现玉米大面积试验区产量和效率提高10.2%，综合增双20.2%，实现产量与效率协同提升	
	实施注意点		* 选择耐密脱水快的品种，高水肥、耐密植的高产田地块要酌情加量使用化学调控处理	

图 10 - 7　春玉米缩差增效技术体系

【主要参考文献】

曹云者，刘宏，王中义，等，2008. 基于作物生长模拟模型的河北省玉米生产潜力研究 [J]. 农业环境科学学报，27 (2)：826 - 832.

陈立军，唐启源，2008. 玉米高产群体质量指标及其影响因素 [J]. 作物研究 (S1)：428 - 434.

程建峰，沈允钢，2010. 作物高光效之管见 [J]. 作物学报，36 (8)：1235 - 1247.

谷冬艳，刘建国，杨忠渠，等，2007 作物生产潜力模型研究进展 [J]. 干旱地区农业研究，25 (5)：89 - 94.

侯鹏，陈新平，崔振岭，等，2013. 基于 Hybrid - Maize 模型的黑龙江春玉米灌溉增产潜力评估 [J]. 农业工程学报，29 (9)：103 - 112.

李少昆，王崇桃，2010. 玉米生产技术创新·扩散 [M]. 北京：科学出版社.

李雅剑，王志刚，高聚林，等，2016. 基于密度联网试验和 Hybrid - Maize 模型的内蒙古玉米产量差和生产潜力评估 [J]. 中国生态农业学报，24 (7)：935 - 943.

林忠辉，莫兴国，项月琴，2003. 作物生长模型研究综述 [J]. 作物学报，29 (5)：750 - 758.

刘志娟，杨晓光，吕硕，等，2017. 东北三省春玉米产量差时空分布特征 [J]. 中国农业科学 (9)：1606 - 1616.

朴琳，任红，展茗，等，2017. 栽培措施及其互作对北方春玉米产量及耐，密性的调控作用 [J]. 中国农业科学，50 (11)：1982 - 1994.

王纯枝，李良涛，陈健，等，2009. 作物产量差研究与展望 [J]. 中国生态农业学报，17 (6)：1283 - 1287.

王洪章，刘鹏，贾绪存，等，2019. 不同栽培管理条件下夏玉米产量与肥料利用效率的差异解析 [J]. 作物学报，45 (10)：1544 - 1553.

王洪章，刘鹏，董树亭，等，2019. 夏玉米产量与光温生产效率差异分析——以山东省为例 [J]. 中国农业科学，52 (8)：1355 - 1367.

王静，杨晓光，吕硕，等，2012. 黑龙江省春玉米产量潜力及产量差时空分布特征 [J]. 中国农业科学，45 (10)：1914 - 1925.

王琳，郑有飞，于强，等，2007. APSIM 模型对华北平原小麦-玉米连作系统的适用性 [J]. 应用生态学报，18 (11)：2480 - 2486.

杨哲，2018. 栽培措施对春玉米产量差和效率差的贡献及其调控机制 [D]. 呼和浩特：内蒙古农业大学.

张仁和，胡富亮，高杰，等，2013. 不同栽培模式对旱地春玉米光合特性和水分利用率的影响 [J]. 作物学报，39 (9)：1619 - 1627.

ABELEDO L G, SAVIN R, SLAFER G A, 2008. Wheat productivity in the Mediterranean Ebro Valley: Analyzing the gap between attainable and potential yield with a simulation model [J]. European Journal of Agronomy, 28: 541 - 550.

ALTIERI M A, ROSSET P, 1996. Agroecology and the conversion of lárge - scale conventional systems to sustainable management [J]. International Journal of Environmental Studies, 50 (3 - 4): 165 - 185.

ANDERSON W K, 2010. Closing the gap between actual and potential yield of rainfed wheat. The impacts of environment, management and cultivar [J]. Field Crops Research, 116: 14 - 22.

BHATIA V S, SINGH P, Wani S P, et al, 2008. Analysis of potential yields and yield gaps of rainfed soybean in India using cropgro - Soybean model [J]. Agricultural and Forest Meteorology, 148: 1252 - 1265.

CHEN X P, CUI Z L, FAN M S, et al, 2014. Producing more grain with lower environmental costs [J]. Nature, 514 (7523): 486 - 489.

CHEN X P, CUI Z L, PETER M V, et al, 2011. Integrated soil - crop system management for food security [J]. Proceedings of the National Academy of Sciences of the United States of America, 108 (16): 6399 - 6404.

CUI Z L, WANG G L, YUE S C, et al, 2014. Closing the N - use efficiency gap to achieve food and environmental security [J]. Environment Science Technology, 48: 5780 - 5787.

DE BIE, 2004. The yield gap of mango in Phrao, Thailand, as investigated through comparative performance evaluation [J]. Scientia Horticulturae, 102: 37 - 52.

DUVICK D N, 2005. The contribution of breeding to yield advances in maize (ZEA MAYS L.) [J]. Advances in Agronomy, 86: 83 - 145.

DUVICK D N, CASSMAN K G, 1999. Post - green revolution trends in yield potential of temperate maize in the north - central United States [J]. Crop Science, 39: 1622 - 1630.

EGLI D B, 2008. Comparison of corn and soybean yields in the United States: historical trends and future prospects [J]. Agronomy Journal, 100: S79 - S88.

EVANS L T, FISCHER R A, 1999. Yield potential: its definition, measurement, and significance [J]. Crop Science, 39: 1544 - 1551.

FOLEY J A, RAMANKUTTY N, BRAUMAN K A, et al, 2011. Solutions for a cultivated planet [J]. Nature, 478: 337 - 342.

FRESCO L O, 1984. Issues in farming systems research [J]. Netherlands Journal of Agricultural Science, 32: 253 - 261.

FUSUO ZHANG, ZHENLING CUI, XINGPING CHEN, et al, 2012. Integrated Nutrient Management for Food Security and Environmental Quality in China [J]. Elsevier Science & Technology: 116.

GRASSINI P, THORBURN J, BURR C, et al, 2011. High - yield irrigated maize in the Western U. S. Corn Belt: I. On - farm yield, yield potential, and impact of agronomic practices [J]. Field Crops Research, 120: 142 - 150.

GRASSINI P, YANG H, CASSMAN K G, 2009. Limits to maize productivity in Western Corn - Belt: A simulation analysis for fully irrigated andrainfed conditions [J]. Agricultural and Forest Meteorology, 149: 1254 - 1265.

HUI L, ZHAO H, WANG R, et al, 2016. Optimal nitrogen input for higher efficiency and lower environmental impacts of winter wheat production in China [J]. Agriculture Ecosystems and Environment, 224: 1 - 11.

JIN L, CUI H, LI B, et al, 2012. Effects of integrated agronomic management practices on yield and nitrogen efficiency of summer maize in North China [J]. Field Crops Research, 134: 30 - 35.

KUCHARIK C J, 2008. Contribution of planting date trends to increased maize yields in the central United States [J]. Agronomy Journal, 100 (2): 328 - 336.

KUCHARIK C J, RAMANKUTTY N, 2005. Trends and variability in U. S. corn yields over the twentieth century [J]. Earth Interactions, 9: 1 - 29.

LIANG W L, CARBERRY P, WANG G Y, et al, 2011. Quantifying the yield gap in wheat‐maize cropping systems of the Hebei Plain, China [J]. Field Crops Research, 124 (2): 180‐185.

LIU Z, YANG X, HUBBARD K G, et al, 2012. Maize potential yields and yield gaps in the changing climate of Northeast China [J]. Global Change Biology, 18: 3441‐3454.

LOBELL D B, CASSMAN K G, FIELD C B, 2009. Crop yield gaps: Their importance, magnitudes, and causes [J]. Annual Review of Environment & Resources, 34 (1): 179‐204.

LOBELL D B, IVAN ORTIZ‐MONASTERIO J, FALCON W P, 2007. Yield uncertainty at the field scale evaluated with multi‐year satellite data [J]. Agricultural Systems, 92: 76‐90.

LONG S P, ZHU X G, NAIDU S L, et al, 2006. Can improvement in photosynthesis increase crop yields? [J]. Plant Cell and Environment, 29 (3): 315‐330.

LU C, FAN L, 2013. Winter wheat yield potentials and yield gaps in the North China Plain [J]. Field Crops Research, 143: 398‐405.

MATIAS L. RUFFO, LAURA F. GENTRY, ADAM S. HENNINGER, et al, 2015. Evaluating Management Factor Contributions to Reduce Corn Yield Gaps [J]. Agronomy Journal, 107 (2): 495‐505.

MENG Q, HOU P, WU L, et al, 2013. Understanding production potentials and yield gaps in intensive maize production in China [J]. Field Crops Research, 143: 91‐97.

MUELLER N D, GERBER J S, JOHNSTON M, et al, 2012. Closing yield gaps through nutrient and water management [J]. Nature, 490: 254‐257.

PIAO L, LI M, XIAO J L, et al, 2019. Effects of soil tillage and canopy optimization on grain yield, root growth, and water use efficiency of rainfed maize in Northeast China [J]. Agronomy, 9: 336.

RABBINGE R, 1986. The bridge function of crop ecology [J]. Netherlands Journal of Agricultural Science, 3: 239‐251.

REN H, JIANG Y, ZHAO M, et al, 2021. Nitrogen supply regulates vascular bundle structure and matter transport characteristics of spring maize under high plant density [J]. Front Plant Sci. 11, 602‐739.

SHEN J, CUI Z, MIAO Y, et al, 2013. Transforming agriculture in China: From solely high yield to both high yield and high resource use efficiency [J]. Global Food Security, 2 (1): 1‐8.

SLATTERY R A, AINSWORTH E A, ORT D R, 2013. A meta‐analysis of responses of canopy photosynthetic conversion efficiency to environmental factors reveals major causes of yield gap [J]. Journal of Experimental Botany, 64 (12): 3723‐3733.

TEATTER M, LANGRIDGE P, 2010. Breeding technologies to increase crop production in a changing world [J]. Science, 327 (5967): 818‐822.

TOLLENAAR M, LEE E A, 2002. Yield potential, yield stability and stress tolerance in maize [J]. Field Crops Research, 75 (2‐3): 0‐169.

VAN ITTERSUM M K, RABBINGE R, 1997. Concepts in production ecology for analysis and quantification of agricultural input‐output combinations [J]. Field Crops Research, 52: 197‐208.

WANG J, WANG E, YANG X, et al, 2013, Increased yield potential of wheat‐maize cropping system in the North China Plain by climate change adaptation [J]. Climatic Change, 113 (3): 825‐840.

WART J V, KERSEBAUM K C, PENG S, et al, 2013. Estimating crop yield potential at regional to national scales [J]. Field Crops Research, 143 (1): 34‐43.

WU D, YU Q, LU C, et al, 2016. Quantifying production potentials of winter wheat in the North China Plain [J]. European Journal of Agronomy, 24: 226‐235.